Günter Vollmer (Hrsg.)

Lebensmittel-
überwachung
transparent

Mißstände · Rückstände · Verstöße

Zusammengestellt von
Dieter Schenker · Norbert Vreden · Margit D'Haese

Springer-Verlag Berlin Heidelberg New York
London Paris Tokyo Hong Kong Barcelona

Professor Dr. Günter Vollmer
Heinrich-Heine-Universität Düsseldorf
Lehrstuhl für Chemie und Ihre Didaktik
Universitätsstraße 1, 4000 Düsseldorf

Dr. Dieter Schenker,
Norbert Vreden
Chemisches- und Lebensmittel-Untersuchungsamt Duisburg
Wörth Straße 120, 4100 Duisburg 1

Dr. Margit D'Haese
Erlenweg 20, 4000 Düsseldorf

ISBN 3-540-52437-1 Springer-Verlag Berlin Heidelberg New York
ISBN 0-387-52437-1 Springer-Verlag New York Berlin Heidelberg

CIP-Titelaufnahme der Deutschen Bibliothek
Lebensmittelüberwachung transparent: Mißstände, Rückstände, Verstöße /
Günter Vollmer (Hrsg.). Zsgest. von Dieter Schenker ...
– Berlin; Heidelberg; New York; London; Paris; Tokyo; Hong Kong; Barcelona:
Springer, 1990
ISBN 3-540-52437-1 (Berlin ...)
ISBN 0-387-52437-1 (New York ...)
NE: Vollmer, Günter [Hrsg.]; Schenker, Dieter [Mitverf.]

© Springer-Verlag · Heidelberg 1990
Printed in Germany

Die Wiedergabe von Gebrauchsnamen, Handelsnamen, Warenbezeichnungen usw. in diesem
Werk berechtigt auch ohne besondere Kennzeichnung nicht zu der Annahme, daß solche
Namen im Sinne der Warenzeichen- und Markenschutz-Gesetzgebung als frei zu betrachten
wären und daher von jedermann benutzt werden dürften.

Produkthaftung: Für Angaben über Dosierungsanweisungen und Applikationsformen kann
vom Verlag keine Gewähr übernommen werden. Derartige Angaben müssen vom jeweiligen
Anwender im Einzelfall anhand anderer Literaturstellen auf ihre Richtigkeit überprüft werden.

Satz und Druck: Meininger, Neustadt
Bindung: Schäffer, Grünstadt
2129/3145-543210 – Gedruckt auf säurefreiem Papier

Vorwort

Das deutsche Lebensmittel- und Bedarfsgegenständerecht gilt als eines der strengsten der Welt. Trotzdem scheint der Verbraucher zunehmend verunsichert. Medien berichten von mehr oder weniger gravierenden Verstößen gegen die bestehenden Vorschriften und Gesetze. Der Begriff „Lebensmittelskandal" ist zu einem stehenden Ausdruck geworden. Dabei scheint sich die Meinung zu verstärken, von offizieller Seite werde zu wenig zur Durchsetzung der gesetzlichen Normen getan.

Der Öffentlichkeit ist kaum bewußt, daß die weitaus meisten der in den Medien aufgegriffenen Verstöße von staatlichen Kontrollorganen aufgedeckt, zumindest aber von diesen weiterverfolgt werden. In 50 Chemischen und Lebensmitteluntersuchungsanstalten werden jährlich Hunderttausende von Proben untersucht und beurteilt. Man kann sagen, daß die Erkenntnisse über den Stand unserer Lebensmittel im wesentlichen auf der Fülle der Daten beruhen, die dort ermittelt werden.

Bei dem gestiegenen Interesse am Thema Lebensmittel wurde wiederholt die Frage gestellt, warum diese Ergebnisse nicht einer breiten Öffentlichkeit zugänglich gemacht werden.

Hier spielen vor allem verlegerische Gründe eine Rolle: Viele Untersuchungsämter geben zwar Jahresberichte heraus; diese Einzelberichte sind aber primär für die zuständige Behörde bestimmt und in ihrer ursprünglichen Form für den Verbraucher von geringem Interesse und kaum lesbar: zu fachsprachlich, zuviel statistisches Material, zu bruchstückhaft. Leider gibt es aber auch immer noch Ämter, die ihre Berichte einer breiten Öffentlichkeit nicht direkt zugänglich machen dürfen. So war es erforderlich, Monate nach Abgabe des Manuskripts noch zahlreiche Beiträge zu streichen, da die Verwertung eines Berichtes von der zuständigen Stelle im Ministerium nach einer schriftlichen Anfrage abgelehnt wurde. Aber es gibt auch einige Ämter, die mit erfreulich guten Darstellungen an die Öffentlichkeit gehen und gezielt den Verbraucher informieren wollen.

Die jährlich erscheinende „Lebensmittelüberwachung transparent" soll Fachleuten und Verbrauchern einen Jahresüberblick über den Lebensmittel- und Bedarfsgegenständemarkt geben, so wie er sich in den Jahresberichten der Chemischen und Lebensmitteluntersuchungsanstalten darstellt. Die dort referierten Fakten werden zu einem Gesamtbild zusammengefaßt und allgemein interessierende Artikel aus den Einzelberichten unverändert übernommen oder in eine verständliche Form gebracht.

Der Auftrag an die Untersuchungsämter, „Verdachtsmomenten nachzugehen", bringt mit sich, daß negative Vorkommnisse eine hervorgehobene Rolle in den Jahresberichten spielen. Für eine angemessene Einschätzung der Lebensmittelsituation sollte berücksichtigt werden, daß der „Lebensmittelüberwachung transparent" kein Fachbuch ist, in dem die einzelnen Produktgruppen ausgewogen behandelt werden können, sondern daß er aus dem oben erwähnten Grund eher den Charakter einer „Jahresmängelliste" hat, in der Verstöße eine überproportionale Rolle spielen.

Aus redaktionellen Gründen konnten nur die Jahresberichte 1988 berücksichtigt werden, die bis zum 1. 8. 1989 verfügbar waren.

Bonn, Duisburg   GÜNTER VOLLMER
und Düsseldorf im Mai 1990   DIETER SCHENKER
                                                    NORBERT VREDEN
                                                    MARGIT D'HAESE

Inhalt

* Die Zahlen in Klammern sind die Warenobergruppen des bundeseinheitlichen Warencodes. Die Lücken sind bewußt vorhanden!

Erläuterungen von Fachausdrücken, Zeichen und Abkürzungen

PAK = Polycyclische aromatische Kohlenwasserstoffe.
Stoffgruppe, die bei unvollständiger Verbrennung organischer Materialien entsteht. Charakteristisch für Räucherrauch. Einige Substanzen dieser Gruppe sind krebserregend.

PCB = Polychlorierte Biphenyle.
Langlebige, schwer abbaubare chlorierte Verbindungen. Sie sind durch frühere Anwendungen in der Umwelt weitverbreitet und teilweise auch in fetthaltigen Nahrungsmitteln angereichert. Gesundheitlich bedenklich, weil sie im Verdacht stehen, krebserregend zu sein.

PCP = Pentachlorphenol.
Fungizides Holzschutzmittel, das seit einigen Jahren wegen seiner gesundheitlichen Bedenklichkeit keine Verwendung mehr findet.

QAV = Quaternäre Ammoniumverbindungen.

mg/kg = Milligramm pro Kilogramm = 1 Millionstel Kilogramm = ppm

μg/kg = Mikrogramm pro Kilogramm = 1 Milliardstel Kilogramm = ppb

ng/kg = Nanogramm pro Kilogramm = 1 Billionstel Kilogramm = ppt

n.n. = nicht nachweisbar
n.b. = nicht bestimmbar
NG = Nachweisgrenze
BG = Bestimmungsgrenze
> = Zeichen für „größer als"
< = Zeichen für „kleiner als"
N, n = Anzahl Proben
M, x = Mittelwert
Max. = Höchstwert
Min. = kleinster Wert
H = zulässige Höchstmenge
R = Rückstand

Liste der verwendeten Jahresberichte

(AC) – Chemisches und Lebensmitteluntersuchungsamt
        der Stadt Aachen, Blücherplatz 43, 5100 Aachen,
        Tel. 02 41/51 40 48 und 51 40 45.
(BI) – Chemisches Untersuchungsamt der Stadt Bielefeld,
        Oststr. 55, 4800 Bielefeld 1, Tel. 05 21/51 26 57.
(BO) – Chemisches Untersuchungsamt der Stadt Bochum,
        Carolinenglückstr. 27, 4630 Bochum 1,
        Tel. 02 34/6 21 87 12-14 und 6 21 87 23-25.
(D)   – Chemisches und Lebensmitteluntersuchungsamt
        der Landeshauptstadt Düsseldorf, Lambertusstr. 1,
        4000 Düsseldorf 1, Tel. 02 11/8 99 32 58.
(DU) – Chemisches und Lebensmitteluntersuchungsamt
        der Stadt Duisburg, Wörth Str. 120, 4100 Duisburg 1,
        Tel. 02 03/2 83 59 08.
(HA) – Chemisches Untersuchungsamt der Stadt Hagen,
        Pappelstraße 1, 5800 Hagen, Tel. 0 23 31/2 07 47 15-16.
(HAM) – Chemisches Untersuchungsamt der Stadt Hamm,
        Sachsenweg 6, 4700 Hamm 1, Tel. 0 23 81/68 30.
(HH) – Chemische und Lebensmitteluntersuchungsanstalt im
        Hygienischen Institut der Gesundheitsbehörde der Freien
        und Hansestadt Hamburg, Marckmannstraße 129 a,
        2000 Hamburg 28, Tel. 0 40/7 89 64 11.
(KA) – Chemische Landesuntersuchungsanstalt Karlsruhe,
        Hoffstraße 3, 7500 Karlsruhe 1, Tel. 07 21/1 35 36 11, 36 00.
        Außenstelle Mannheim: C 6, 6800 Mannheim 1,
        Tel. 06 21/2 92 22 34.
(ME) – Chemisches und Lebensmitteluntersuchungsamt des
        Kreises Mettmann, Düsseldorfer Str. 26, 4020 Mettmann,
        Tel. 0 21 04/79 04 32.
(NE) – Chemisches und Lebensmitteluntersuchungsamt für die
        Stadt Mönchengladbach und den Kreis Neuss,
        Königstr. 34, 4040 Neuss 1, Tel. 0 21 01/52 82 66-68.
(OB) – Chemisches Untersuchungsamt Oberhausen,
        Buschhausener Str. 77, 4200 Oberhausen,
        Tel. 02 08/8 25-28 79, -22 12, -22 08, -22 24.

(OG)   – Chemische Landesuntersuchungsanstalt Offenburg,
       Gerberstraße 24, 7600 Offenburg, Tel. 07 81/2 40 34.
       Außenstelle Freiburg: Stefan-Meier-Str. 17, 7800 Frei-
       burg,
       Tel. 07 61/27 52 55.

(PB)   – Chemisches und Lebensmitteluntersuchungsamt des
       Kreises Paderborn, Aldegrever Str. 10-14,
       4790 Paderborn, Tel. 0 52 51/30 83 56.

(PF)   – Chemisches Untersuchungsamt Pforzheim,
       Am Schulberg 17, 7530 Pforzheim, Tel. 0 72 31/39 24 44.

(RE)   – Chemisches Untersuchungsamt des Kreises
       Recklinghausen, Kurt-Schumacher-Allee 1,
       4350 Recklinghausen, Tel. 0 23 61/53 21 07.

(RS)   – Chemisches Untersuchungsamt der Stadt Remscheid,
       Hastener Str. 15, 5630 Remscheid, Tel. 0 21 91/44 79 17-18.

(S)   – Chemische Landesuntersuchungsanstalt Stuttgart,
       Breitscheidstraße 4, 7000 Stuttgart 1, Tel. 07 11/20 50 47 11.

(SIG) – Chemische Landesuntersuchungsanstalt Sigmaringen,
       Hedingerstraße 2/1, 7480 Sigmaringen, Tel. 0 75 71/1 01-1.

(W)   – Chemisches Untersuchungsinstitut der Städte Wuppertal
       und Solingen, Sanderstr. 161, 5600 Wuppertal 2,
       Tel. 02 02/5 63-62 06, -61 32, -64 74, -66 01.

(BGA) – Bundesgesundheitsamt, Thielallee 88-92, 1000 Berlin 33,
       Tel. 0 30/83 08-0.

1 Praxis und Aufbau der Lebensmittel- und Bedarfsgegenständeüberwachung

1.1 Geschichtliches

Berichte über Strafen für Fälschungen von Nahrungsmitteln gehen bis weit in die vorchristliche Zeit zurück. Aus dem frühen Mittelalter sind bereits behördliche Normen über Nahrungsmittel bekannt.

Als Mitte des 19. Jahrhunderts die Umschichtung der Bevölkerung durch Landflucht in die Städte einsetzte und die Industrialisierung begann, kam es zu erheblichen Mißständen in der Lebensmittelherstellung und im Lebensmittelhandel. Daraus entwickelte sich die Notwendigkeit einer gesetzlichen Regelung. 1879 war dann das Geburtsjahr für ein im Bereich des Deutschen Reichs gültiges Nahrungs- und Genußmittelgesetz.

In einer Vielzahl von Rechtsreformen ist dann dieses erste Nahrungsmittelgesetz zum heute gültigen »Gesetz über den Verkehr mit Lebensmitteln, Tabakerzeugnissen, kosmetischen Mitteln und sonstigen Bedarfsgegenständen« weiterentwickelt worden. Es stellt das Kernstück des deutschen Lebensmittelrechts dar. Aufgrund der darin enthaltenen Ermächtigungen sind annähernd 200 Einzelverordnungen zu besonderen Problemen des Verkehrs mit Lebensmitteln und Bedarfsgegenständen ergangen. In vergangenen Krisenzeiten galt es zusätzlich zum allgemeinen Lebensmittelgesetz einzelne Grundnahrungsmittel besonders zu schützen. Milch, Getreide, Brot, Fett und Margarine sind beispielsweise mit solchen lebensmittelrechtlichen Nebengesetzen belegt worden. Sie sind teilweise auch noch heute in Kraft. Lebensmittel und Bedarfsgegenstände werden auch von Rechtsnormen tangiert, die nicht aus dem Lebensmittelrecht stammen. In ihnen finden sich häufig Festlegungen zur Beschaffenheit und auch zur Kennzeichnung. Bei einer lebensmittelrechtlichen Beurteilung werden diese Normen natürlich auch hinzugezogen. Beispielhaft seien hier nur das Branntweinmonopolgesetz, das Biersteuergesetz, das Handelsklassengesetz und die Gefahrstoffverordnung genannt.

1.2 Lebensmittel- und Bedarfsgegenständeüberwachung heute

1.2.1 Die Organisation und Weiterverfolgung

Rechtsnormen des Lebensmittel- und Bedarfsgegenständegesetzes (LMBG) sind bundeseinheitlich formuliert. Allen Verordnungen muß der Bundesrat zustimmen, da die Länder für die Durchführung der Überwachung zuständig sind. Die Einbindung der Lebensmittel- und Bedarfsgegenständeüberwachung in die Verwaltung wird in den einzelnen Bundesländern sehr unterschiedlich gehandhabt. In manchen Bundesländern teilen sich auch mehrere Ministerien die Kompetenz der Lebensmittel- und Bedarfsgegenständeüberwachung.

Die Überwachung geht in der Regel von zuständigen Behörden auf Kreisebene aus. Dies können Ordnungsämter, Veterinärämter oder Polizeidienststellen sein. Hier sind Lebensmittelkontrolleure tätig, die Betriebskontrollen und Probeentnahmen durchführen. Dabei werden sie von wissenschaftlichen Sachverständigen (meist Lebensmittelchemiker und Tierärzte, vereinzelt auch Ärzte), die außer Tierärzte meist nicht Bedienstete dieser Dienststellen sind, unterstützt. Die Aufgabe der Untersuchung von Proben und deren lebensmittelrechtliche Beurteilung wird in Chemischen und Lebensmitteluntersuchungsanstalten, teilweise auch an Veterinär- und Medizinaluntersuchungsstellen vorgenommen.

Ist ein Verstoß gegen lebensmittelrechtliche Vorschriften bei den Kontrollmaßnahmen der Überwachungsbehörden festgestellt worden, wird eine Weiterverfolgung eingeleitet. Ist der Verstoß mit großen Gefahren für die Verbraucher verbunden, können Waren sichergestellt oder Betriebe geschlossen werden. Stellen die Verstöße im Lebensmittel- und Bedarfsgegenständegesetz verankerte Straftatbestände dar, müssen die Staatsanwaltschaften eingeschaltet werden. Lebensmittelrechtliche Ordnungswidrigkeiten können von den Behörden in eigener Zuständigkeit weiterverfolgt werden. Hier gibt es auch einen Ermessensspielraum, der die Möglichkeit gibt, kleinere Mängel durch Ermahnungen und Belehrungen abzustellen.

Um eine einheitliche Handhabung der Lebensmittelüberwachung in den Bundesländern zu sichern, gibt es gemeinsame Gremien, in denen Fachfragen abgestimmt werden können. Das Bundesgesundheitsamt ist eine Gutachterinstitution, die insbesondere von den Ländern über das Bundesgesundheitsministerium für gesundheitliche Bewertungen im Rahmen der Lebensmittel- und Bedarfsgegenständeüberwachung in Anspruch genommen wird. Entgegen landläufiger Meinung hat das BGA keine eigene Zuständigkeit im Bereich der Überwachung.

1.2.2 Der Umfang der Überwachung

Die Einhaltung der Vorschriften des Lebensmittel- und Bedarfsgegenständerechts werden durch 2 im Gesetz verankerte Kontrollmaßnahmen überprüft:

– Betriebskontrollen und
– Untersuchung erzeugter oder produzierter Waren.

Die Überwachung des Verkehrs mit Lebensmitteln und Bedarfsgegenständen durch Betriebskontrollen erfordert einen Außendienst, der fachlich so kompetent ist, daß er auch die für die Erzeugung oder Produktion notwendigen Technologien beurteilen kann. Der Außendienst nimmt Betriebe auf Erzeuger-, Produktions- und Handelsstufen in Augenschein. Geprüft werden die Beschaffenheit der Ausrüstung der Betriebe und der eingesetzten Rohwaren, die Art der verwendeten Zusätze, Kennzeichnungen, Verpackungen und verwendete Reinigungsmittel, die betriebene Werbung, die Betriebshygiene und eventuelle Fremdeinflüsse auf die produzierten Waren (wie z. B. der Einfluß von Perchlorethylen aus Chemischen Reinigungen).

Zu den Aufgaben des Außendienstes gehört auch die Entnahme von Proben, die dann einer spezifischen Untersuchung auf Einhaltung lebensmittelrechtlicher Vorschriften (Zusammensetzung, Verunreinigungen, Grenzwerten), als zweite Kontrollmaßnahme der Lebensmittel- und Bedarfsgegenständeüberwachung, zugeführt werden.

Die Entnahme von Proben wird in der Regel stichprobenartig vorgenommen, teilweise jedoch auch gezielt, um bestimmten Verdachtsmomenten nachgehen zu können. Meist werden Probeentnahmepläne aufgestellt, um sich einen Überblick über den Zustand des im jeweiligen Überwachungsbereich angebotenen Warensortiments zu verschaffen. Ein Teil der Untersuchungen werden häufig auch regional oder überregional in Form von Schwerpunktüberprüfungen organisiert. Diese Untersuchungen, sie werden unter dem Begriff »monitoring« zusammengefaßt, sollen Auskünfte über Schadstoffbelastungen geben und Grundlagen für eine bessere gesundheitliche und rechtliche Bewertung schaffen.

1.2.3 Die Aufgaben der Chemischen und Lebensmitteluntersuchungsämter

Der Aufgabenbereich der Chemischen und Lebensmitteluntersuchungsanstalten ist je nach Trägerschaft in den einzelnen Bundesländern sehr unterschiedlich. Allen gemeinsam ist zumindest die Aufgabe der Überwachung des Verkehrs mit Lebensmitteln und Bedarfsgegenständen durch Untersuchung, Begutachtung und Betriebskontrollen. Daneben werden sie in erheblichem Umfang für die verschiedensten chemischen Fragestellungen und Probleme in Anspruch genommen.

Zur Zeit gibt es in der Bundesrepublik Deutschland 50 solcher Untersuchungsanstalten (außer den sanitätsdienstlichen Untersuchungseinrichtungen der Bundeswehr). Davon werden 22 Anstalten von den Bundesländern unterhalten und 28 Anstalten sind in kommunaler Trägerschaft (allein 25 davon in Nordrhein-Westfalen).

Die Gesamtheit der Aufgaben dieser Untersuchungsanstalten läßt sich wie folgt zusammenfassen:

– Untersuchung und Beurteilung von Lebensmitteln, Tabakerzeugnissen, kosmetischen Mitteln und Gegenständen des täglichen Bedarfs.
– Untersuchungen von Wein und Branntwein (einschließlich Qualitätsprüfungen).
– Veranlassung von Probeentnahmen.

– Kontrolle von Betrieben (Erzeuger, Hersteller, Importeure, Großhändler, Einzelhändler u. ä.).
– Fachliche Beratung der Ermittlungsergebnisse in lebensmittelrechtlichen Verfahren (einschließlich Vertretung vor den Gerichten).
– Beratung von Verbrauchern und Gewerbetreibenden.
– Ausstellung von Bescheinigungen im nationalen und internationalen Warenverkehr.
– Amtliche Anerkennung und Nutzungsgenehmigung für Mineralwässer.
– Genehmigungen zur Herstellung von Nitritpökelsalz und jodiertem Speisesalz.
– Untersuchungen und Beurteilungen nach dem Waschmittelgesetz (einschließlich Prüfung der Abbaubarkeit von Detergentien).
– Untersuchungen und Beurteilungen von Arzneimitteln (einschließlich Heilwässer).
– Untersuchungen im Umweltbereich (Wässer, Gewässer, Abwässer, Böden, Abfälle, Luft).
– Beratung von Behörden in chemischen Fragen und Fragen des Umweltschutzes.
– Überwachung von Giften, giftigen Pflanzenschutzmitteln, Chemikaliengesetz.
– Überwachung der Umweltradioaktivität.
– Ausbildung von Lebensmittelchemikern, Chemielaboranten, Lebensmittelkontrolleuren.
– Wahrnehmung von Aufgaben im Katastrophenschutz.

1.3 Das Lebensmittelrecht in der EG

1.3.1 Rechtsangleichung durch Richtlinien und Verordnungen

Die Mitgliedstaaten der Europäischen Gemeinschaften haben sehr unterschiedliche nationale lebensmittelrechtliche Regelungen. Schon frühzeitig hat man erkannt, daß solche Rechtsnormen als sog.»technische Handelshemmnisse« wirken. Seit vielen Jahren wird deshalb versucht, eine Harmonisierung des Lebensmittelrechts in der EG voranzutreiben.

Rat und Kommission der Europäischen Gemeinschaften erlassen zur Erfüllung dieser Harmonisierungsaufgabe u. a. Verordnungen und Richtlinien. Die Verordnung ist in allen ihren Teilen verbindlich und gilt unmittelbar in jedem Mitgliedstaat. Die Richtlinie dagegen ist nur hinsichtlich des zu erreichenden Ziels verbindlich, überläßt jedoch den innerstaatlichen Stellen die Wahl der Form und der Mittel. Das heißt also, daß eine Richtlinie erst in nationales Recht umgesetzt werden muß. Man unterscheidet bei den Richtlinien häufig zwischen den horizontalen Richtlinien mit globalem Charakter (dazu gehören z. B. die Richtlinien über Zusatzstoffe, Kennzeichnung oder Hygiene) und den vertikalen, die jeweils auf einen spezifischen Bereich bezogen sind (Beispiele: Mineralwasserrichtlinie, Diätetische Lebensmittel u. ä.).

1.3.2 Die Rechtsprechung des Europäischen Gerichtshofs

Nach Artikel 164 des EWG-Vertrags hat der Europäische Gerichtshof die Aufgabe, die Wahrung des Rechts bei der Auslegung und Anwendung des EG-Vertrags zu sichern. Er kontrolliert damit die einheitliche Auslegung des Gemeinschaftsrechts. Anders als in den Gremien der EG sucht der Gerichtshof nicht nach Kompromiß und Konsens, sondern entscheidet unabhängig nach den Regeln des Rechts. Wesentliche Leitsätze sind dabei: 1. Die Bestimmungen und Kompetenzen der Gemeinschaft sind so auszulegen, daß sie ihrer Aufgabe gerecht werden. 2. Hohe Priorität hat eine einheitliche Anwendung und Auslegung der Bestimmungen durch alle Mitgliedstaaten. 3. Schutz des Einzelnen (also auch der Unternehmen) gegenüber der Hoheitsgewalt der Gemeinschaft. 4. Sicherung des gemeinsamen Marktes durch Öffnung der nationalen Märkte.

Der Europäische Gerichtshof hat in der Vergangenheit eine Reihe von Urteilen gesprochen, die in der Bundesrepublik Deutschland heiß diskutiert wurden. So wurde vom Gerichtshof für Recht befunden, daß Bier, das nicht nach dem Reinheitsgebot gebraut, und Wurst, die mit anderen Eiweißträgern hergestellt wurde, in Deutschland verkehrsfähig sind. Anders lautende deutsche Verbraucherschutzbestimmungen sind also mit dem Gemeinschaftsrecht nicht vereinbar. Der Gerichtshof ging davon aus, daß dem Verbraucherschutz genüge getan wird, wenn Waren, die in anderen EG-Ländern nach anderen Gesichtspunkten hergestellt werden, bei Vermarktung in der Bundesrepublik lediglich eine entsprechende Kennzeichnung tragen. Die von den Deutschen vorgetragenen Gesundheitsbedenken waren für das Gericht, insbesondere beim Bier, nicht plausibel. Wenn die von den anderen bierbrauenden Staaten verwendeten Zusatzstoffe auch in Deutschland für andere Lebensmittel verwendet werden, war nicht einsehbar, warum sie dann, beim Bier eingesetzt, schädlich sein sollten.

2 Beobachtungen bei Betriebskontrollen

2.1 Allgemeines

Da die Überwachungsaufgaben nach dem LMBG Angelegenheit der Länder sind, findet man in fast jedem Bundesland eine unterschiedlich geregelte Zuständigkeit, d. h. man wendet sich entweder an den Wirtschaftskontrolldienst oder an die Polizei, an die Ordnungsbehörde, an die Veterinärämter oder an die Kreisverwaltungsbehörde. Wegen dieser Vielfalt und der damit verbundenen unterschiedlichen Benennung der beteiligten Behörden soll hier als Einstieg, stellvertretend für die anderen Ämter, der Bericht des Amtes Düsseldorf über Art, Ablauf und Bewertung seiner Betriebskontrollen stehen.

„Im Rahmen des Vollzugs des Lebensmittel- und Bedarfsgegenständerechtes waren 1988 in Düsseldorf unverändert über 6100 Betriebe und rund 400 Süßwaren-, Getränke- und Spielwarenautomaten zu überwachen. Im lebensmittelchemischen Bereich werden unter der Fachaufsicht des Chemischen und Lebensmittel-Untersuchungsamtes die Einzelkontrollen überwiegend selbständig von den Lebensmittelkontrolleuren mit der Maßgabe durchgeführt, daß bei schwerwiegenden Verstößen sofort eine/ein Lebensmittelchemikerin/Lebensmittelchemiker hinzuzuziehen ist. Diese Verfahrensweise hat sich bewährt. Die Lebensmittelkontrolleure sind in der Lage, die routinemäßigen Revisionen zuverlässig zu erledigen. In der Regel ist dafür nicht die Anwesenheit von wissenschaftlich ausgebildeten Mitarbeiterinnen und Mitarbeitern notwendig. Sie beteiligen sich nach eigenem Ermessen an den Kontrollen. Im Vordergrund stehen dabei große Produktionsbetriebe, Importeure und Verkaufsstätten mit großem Warenangebot.

Insgesamt führten die Lebensmittelkontrolleure rund 11 700 Einzelrevisionen durch. In 315 Fällen waren Lebensmittelchemikerinnen/Lebensmittelchemiker des Untersuchungsamtes beteiligt und zwar:

- Herstellungsbetriebe (Fabriken, Brauereien, Handwerksbetriebe)   64
- Importeure   7
- Großhandel   15
- Einzelhandel/Supermärkte   89
- Stände auf Schützenfesten, Weihnachtsmärkten und sonstigen
  Veranstaltungen   77
- Gaststätten, Kantinen, Imbißstuben   63

Auf Ordnung und Sauberkeit wird in den meisten Betrieben geachtet. Bei den Kontrollen sind deshalb im Regelfall in dieser Beziehung nur kleine Bemängelungen auszusprechen, wie beginnende Schwarzschimmelbildung an Decken und Wänden, Spinnengewebe in Betriebsräumen und leichte Verschmutzung an unzugänglichen Stellen, leicht beschädigte Gerätschaften, abblätternde Decken- und Wandanstriche usw.

Es ist allerdings immer wieder unverständlich, wie wenig Aufmerksamkeit einige Betriebe für die notwendige Ordnung und Sauberkeit aufwenden. Die Folge von solch unverantwortlichen Betriebsführungen müssen dann automatisch Betriebsschließungen sein. Sie blieben auch 1988 nicht aus. Vorübergehend mußten 11 Betriebe ganz oder teilweise geschlossen werden.

Erst nach völliger Beseitigung aller Mängel durften die Betriebe weitergeführt werden. Selbstverständlich waren alle Lebensmittel, die offen oder in nicht luftdicht verschlossenen Behältnissen gelagert wurden, unschädlich zu beseitigen. Hier gilt der Rechtsgrundsatz, daß Artikel, die unhygienisch gelagert werden und nicht in luftdicht verschlossenen Behältnissen enthalten sind, nicht mehr zum Verzehr geeignet sind" (D).

2.2 Fahrzeuge

Schwerpunktkontrollen von Fahrzeugen, die Lebensmittel transportieren

„Auf Weisung des Ministers für Umwelt, Raumordnung und Landwirtschaft wurden ab Juni 1988 monatlich einmal nachts Schwerpunktkontrollen von Fahrzeugen durchgeführt, die Fleisch und andere Lebensmittel transportieren. An diesen Sondermaßnahmen waren jeweils beteiligt

- ein(e) Lebensmittelchemiker(in),
- ein(e) Tierarzt/Tierärztin,
- Lebensmittelkontrolleure,
- Polizeibeamte,
- ein Zollbeamter.

Insgesamt wurden von Juli bis Dezember 1988 160 Fahrzeuge mit Lebensmitteln überprüft. Mängel lagen in 30 Fällen vor und zwar

▷ 26 × zu hohe Transporttemperaturen bei Fleisch (Verstoß gegen Fleischhygiene-VO),
▷ 1 × Mängel nach Lebensmittel-Hygiene-VO,
▷ 1 × Bäckereibedarfsartikel nicht mehr verkehrsfähig,
▷ 2 × ungekühlter Transport von Milch und Milcherzeugnissen" (D).
▷ An 8 Terminen „wurden insgesamt 75 Fahrzeuge überprüft, davon 18 Fleischtransporte. Die Kontrolle der Fleischtransporte oblag zuständigkeitshalber dem Amtstierarzt. Hier wurden erhebliche Mängel, insbesondere hinsichtlich der notwen-

digen Kühlung und Lagerung der transportierten Tierkörperhälften festgestellt"
(W).

▷ Bei den kontrollierten Lebensmitteltransporten allgemeiner Art waren nur in
Einzelfällen Mängel festzustellen. Bei einem Fahrzeug wurde die notwendige
Lagertemperatur für Milcherzeugnisse nicht eingehalten, bei anderen Fahrzeugen
war der Laderaum in erheblichem Umfang verschmutzt und die darin transportierten Erzeugnisse negativ beeinflußt (W).

▷ In einem Kühllastzug mit *tiefgefrorenem* Truthahnfleisch herrschte eine Lufttem-
peratur von $-5\,°C$, die verschiedenartigen Fleischpackungen wiesen Temperaturen von -6 bis $-12\,°C$ auf. Der Kühltransportzug war vermutlich vor dem
Beladen und der nächtlichen Abfahrt nicht vorgekühlt worden (KA).

> Die nachfolgenden detaillierten Ergebnisse stellen eine Negativauswahl
> dar und können nicht als repräsentativ für die Gesamtsituation gewertet
> werden.

2.3 Bäckereien

Die hohe Beanstandungsquote bei Bäckereikontrollen der vergangenen Jahre
führte im Berichtsjahr zur schwerpunktmäßigen Überwachung dieser Betriebe
durch sehr viele Ämter. 82 % der 285 überprüften Betriebe wiesen teilweise
schwerwiegende hygienische, bauliche und sonstige Mängel auf (SIG). In 45
Betrieben (67,1 %) gab es Grund zur Beanstandung oder Bemängelung (PF). Von
den 389 kontrollierten Bäckereien/Konditoreien blieben 33 ohne Beanstandung,
bei 312 war eine mündliche Belehrung ausreichend, nur 17 wurden förmlich
beanstandet (KA).

▷ Besonders schlecht waren wiederum die Bedingungen in Großbäckereien. Häufig
sind die Betriebe zu einer Größe herangewachsen, die von den Verantwortlichen
nicht mehr übersehen werden kann. Aufgrund ständig steigender Produktions-
zahlen und nicht zuletzt wegen des starken Preisdrucks durch Konkurrenzbetriebe
wird die Betriebshygiene vernachlässigt. Notwendige bauliche Maßnahmen und
Erweiterungen müssen ohne Rücksicht auf die laufende Produktion durchgeführt
werden, so daß die Betriebe stellenweise einer Baustelle gleichen. Problematisch
ist bei Großbäckereien auch der Auslieferungsbereich bzw. die Versandhalle.
Vogelnester und die damit verbundenen Verschmutzungen sind keine Seltenheit.
In Großbäckereien ist im allgemeinen eine regelmäßige fachmännische Schädlingsbekämpfung notwendig. Da dies häufig nicht für erforderlich gehalten wird,
muß bei Kontrollen in Lagerräumen, teilweise aber auch im Produktionsbereich,
oft Mäuse-, Schaben- und Reismehlkäferbefall festgestellt werden (SIG).

▷ Mikrobiologische Untersuchungen an feinen Backwaren, insbesondere Creme-
und Sahneteilchen, ergaben teilweise erhebliche Keimbelastungen. Die Befunde
wiesen auf hygienische Mängel in verschiedenen Betrieben hin. Zur Verbesserung
der Verhältnisse wurden deshalb in verstärktem Maße Kontrollen durchgeführt
und notwendige Maßnahmen eingeleitet. Als bisheriges Ergebnis kann festgestellt
werden, daß die überwiegende Zahl der Handwerksbetriebe nach den Grundsät-
zen guter Herstellungspraxis geführt wird, daß daneben aber einige schwarze
Schafe mit einem offensichtlich gestörten Verhältnis zu Ordnung und Sauberkeit
eines Lebensmittelherstellungsbetriebes tätig sind (ME).

▷ Wie wenig Hygienebewußtsein bei manchen Verantwortlichen vorhanden ist, sei
an einem besonders gravierenden Beispiel aufgezeigt: In einer Bäckerei, der bis
zum Abschluß gründlicher Reinigungsarbeiten der Backbetrieb bereits untersagt
worden war, wurden bei einer angekündigten (!) Nachkontrolle erneut äußerst
unhygienische Zustände angetroffen: Aufbewahrung offener Backwaren im
Freien zwischen Reinigungsgeräten, Gerümpel und Abfällen; Mäusekot im
Lebensmittellager, Ungeziefer und Gespinste in Kartons mit Zutaten, stark ver-
schmutztes Spülbecken, das gleichzeitig als Handwaschbecken genutzt wurde
u. a. m. Insgesamt fällt auf, daß Problembetriebe sich auch durch relativ hohe
Bußgelder nicht dazu bewegen lassen, mehr Wert auf Hygiene und Ordnung zu
legen (SIG).

▷ In 4 Bäckereien waren Herstellungs- und Lagerräume stark verschmutzt. Mäuse
und Schadinsekten hatten ihre Spuren hinterlassen (D).

▷ In den Betriebsräumen einer Konditorei wurden Abfälle in nicht abgedeckten
Containern unmittelbar neben Transportwagen mit Frischware gelagert. Faulig-
säuerlich-gäriger Geruch von zersetzendem Abfall beeinflußte die Backwaren
negativ. Verfliesungen, Anstriche, Fensterauskleidungen, Bodenabflüsse waren
völlig verdreckt, verschmiert bzw. defekt. Zigarettenkippen lagen umher. An
weniger zugänglichen Stellen fanden sich Gespinste und Ungeziefer (W).

▷ In einer Konditorei krochen Maden an Fenstersims und Decke. Schokoladen-
und Marzipanmassen waren mit Ungeziefer befallen. Die Räumlichkeiten waren
offensichtlich seit Wochen nicht mehr gereinigt worden. Eingelagerte Sahne war
durch Fäkalkeime verdorben, Mehl und Backzutaten mit Ungeziefer durchsetzt.
Die Konditorei mußte zeitweilig geschlossen werden. Alle dort hergestellten und
gelagerten Lebensmittel waren als verdorben zu beurteilen (W).

▷ Ein Bäckerei- und Konditoreibetrieb wurde wegen großer hygienischer Mängel
bis zur Abstellung der Mängel geschlossen (AC).

Besonderheiten:

► „Das Ausbacken von gefrosteten Backwaren oder frisch angelieferten Backwaren-
Rohlingen in Backstationen hinter der Verkaufstheke in Ladengeschäften nimmt
weiterhin zu. Die straßenweite Öffnung der Ladengeschäfte stellt eine Gefahr der
Verunreinigung der Lebensmittel durch Straßenschmutz und -verkehr dar. Mindestens sollte über die gesamte Öffnungsbreite ein Luftschleiergerät installiert

werden, um das Eindringen von Straßenstaub, Gerüchen, Insekten usw. wirksam zu verhindern" (S).

▶ Bei *Schaubäckereien*, „in denen Backwaren von Grund auf aus den Rohstoffen hergestellt werden, sind die Backbereiche oftmals nicht vom Ladengeschäft oder Kundenbereich abgetrennt. Nach Ansicht der Chemischen Untersuchungsämter in Baden-Württemberg ist ein deckenhoch abgetrennter Backraum mit eigener Be- und Entlüftung oder eine mindestens zwei Meter hohe Abtrennung bei gleichzeitiger Einrichtung einer Überdruckbelüftungsanlage erforderlich, um den Schutz der Lebensmittel vor einer nachteiligen Beeinflussung zu gewährleisten" (S).

▷ In Bäckereibetrieben bereiten auch abgehängte Decken und Wandverkleidungen aus Holz- oder Metall-Lamellen Schwierigkeiten, weil auf und hinter den Lamellen Staub und Schmutz lagern, z. T. auch Gespinste und Ungeziefer hinter den Lamellen anzutreffen sind. Zudem besteht die Gefahr, daß das dahinter befindliche Mauerwerk versport. Deshalb ist von dem Einbau nicht fugenloser und nicht völlig abgedichteter Lamellendecken abzuraten (S).

Die folgende Aufstellung gibt einen Überblick über die bei den Kontrollen von Bäckereien und Konditoreien angetroffenen Mängel:

▷ „versporte Wände und Decken in der Backstube,
betriebsfremde Gegenstände in der Backstube und in Lagerräumen,
fehlende Handwaschgelegenheiten,
Insekten- und Nagetierbefall,
Unsauberkeit der Betriebsräume und Geräte,
Aufbewahrung von verschimmelten, verdorbenen Lebensmitteln,
Verwendung von defekten, verspinsteten Backkörben" (PF)

▷ „Zigarettenkippen auf dem Fußboden,
Bodeneinläufe stark verschmutzt,
Transportkörbe stark verschmutzt, mit verkrusteten Teig-Marmeladen- und Zuckerresten,
Dichtungsgummis versport, eingerissen, verschmutzt,
Sahneautomaten mit Schimmelwachstum im Innenraum,
Mäusekot in Mohn, Mandelblättchen usw.,
Backfette von Mäusen angenagt,
Mehlmotten und Gespinste in Backvormischungen" (ME).

▷ „Verwendung von gebrauchten Eier-, Obst- und Bananenkartons als Transportbehältnis,
direkte räumliche Verbindung von Betriebsräumen mit Toiletten, Duschen, Wasch- und Wohnräumen,
Müllsäcke zum Lagern und Abdecken von Lebensmitteln,
zur Ungezieferbekämpfung wurde offenes Gift ohne stabile Köderboxen, die ein Verschleppen des Giftes verhindern, ausgelegt" (S)

▷ Backformen/Backbleche: „häufig stark verschmutzt, eingerissen, durchgerostet, eingebrannte Verkrustungen, Brot wurde in Tonblumentöpfen und in schwarz eingebrannten Konservendosen gebacken, Saisonbackformen wie Muttertagsherzen, Osterlammformen blieben über Monate ungereinigt liegen, das gleiche gilt für Kirschenentsteinmaschine und Füllapparate für Berliner" (KA).

▷ Ungeziefer: „wie Kakerlaken, Spinnen, Käfer, Larven, Gespinste, z. B. in Schubladen und Backkörben, Mäusekot in Vorräten, auf Regalböden, tote Mäuse hinterm Backofen, Mäusenest hinter einer Schublade mit Backzutaten, Gespinste in den Entlüftungsfilterschläuchen der Siloanlage und der Siebmaschine, Käfer in zusammengerollten Backtüchern, Fliegenschwarm auf dem Sauerteig" (KA).

▷ „Vogelkot auf Altbrot, das zu Weckmehl vermahlen werden sollte. Tauben sitzen in zum Abtransport bereitgestellten Körben mit Backwaren. Spatzen picken Sesamkörner vom Brot" (KA).

Verunreinigungen durch Schädlinge, deren Ausscheidungen und Gespinste gaben auch in kleineren Backbetrieben häufig Anlaß zu Beanstandungen.

▷ Ungeziefer jeder Art wie Fliegen, Mehlmotten, Schaben werden von einer Betriebsstätte wie Bäckerei/Konditorei geradezu „magisch" angezogen. Hier sind ideale Lebens- und Ernährungsbedingungen vorhanden. Insofern wurde im Verbund mit baulichen Mängeln und mangelhafter Reinigung der Betriebsräume mehrfach Ungezieferbefall festgestellt. Die ersatzlose Streichung der Back- und Konditoreiwaren-Verordnung – in NRW außer Kraft seit dem 18. 12. 1984 – macht sich hier negativ bemerkbar, da konkrete Hygiene-Vorschriften, wie sie z. B. für Betriebe, die Lebensmittel tierischer Herkunft be- und verarbeiten, gelten, hier nicht anwendbar sind. Der Erlaß einer entsprechenden Verordnung wird seitens der Überwachungsbehörden als unbedingt notwendig angesehen (W).

▷ Aufgrund einer Beschwerdeprobe („Käfer im Brot") erfolgte eine Betriebskontrolle, bei der sämtliche im Bäcker- und Konditoreibetrieb vorhandenen Fertiglebensmittel und Zutaten infolge massiven Schädlingsbefalls durch Reiskäfer und Kakerlaken vernichtet werden mußten (AC).

▷ Ein Stück Apfelkuchen enthielt eine eingebackene Küchenschabe. Bei der in dem entsprechenden Herstellerbetrieb durchgeführten Kontrolle wurde ein ganz massiver Befall mit Küchenschaben festgestellt (HAM).

▷ In einer Backware befanden sich eine ausgetrocknete Raupe und grauschwarze Partikel von unregelmäßiger Form. Eine weitere Probe enthielt eine etwa 1 cm lange Gespinsthülle. Als Ursache hierfür konnten bei einer daraufhin „erfolgreich" durchgeführten Kontrolle Backkörbe mit Mottenbefall festgestellt werden (PF).

▷ Eine in einem Bäckereibetrieb im Rahmen einer Betriebskontrolle entnommene Probe Kümmel war verunreinigt mit einer lebenden Küchenschabe, lebenden Maden und Reismehlkäfern, einer toten Wespe und Papierschnipseln (HAM).

▷ In 6 Fällen waren Fremdkörper im Brot eingebacken: Papieretiketten, ein Nagel, ein Drehspäneknäuel, Glassplitter, eine Zigarettenkippe und Heftklammern (AC).

▷ In einem Brot war ein 17 mm langer Stahlstift (= abgebrochene Nähnadel) eingebacken, in einem weiteren Brot mehrere kleine schaftkantige, harte Plastikpartikel. An der Unterseite mehrerer Laugenbrezeln (Beschwerde- und Vergleichsprobe) hafteten zahlreiche Aluspäne. Sie gelangten dadurch auf die Brezeln, daß das Gebäck nach dem Ausbacken auf Alublechen mit messerähnlichen Geräten aus Stahl von den Blechen abgehoben wurde. Bei diesen auf Alublechen gebackenen Brezeln wurde zusätzlich noch festgestellt, daß durch die auf der Oberfläche der Brezel noch verbliebenen Laugenreste Aluminium aus den Blechen gelöst wurde und so Aluminate auf Brezeln übergehen konnten (KA).

▷ Überdurchschnittlich häufig mußte in Bäckereien der unsachgemäße Umgang mit Lebensmitteln beanstandet werden: Zeitungspapier wurde als Unterlage zum Abwägen von Backzutaten verwendet; Brotkörbe waren von Ungeziefer befallen; Backbretter wiesen Risse auf, so daß sie nicht mehr ordnungsgemäß gereinigt werden konnten; Brotkörbe und Brotbleche waren beschädigt; zum Reinigen und Einfetten von Blechen und Formen wurden z. T. ausgediente Unterhemden oder sonst ekelerregende Stofflumpen verwendet; an den Handwaschbecken fehlten Einmalhandtücher (OG).

▷ Auch heute wird noch Zeitungspapier zum Abbacken von Biskuitböden verwendet (PF, OG).

▷ Zum Abkühlen von Backwaren bzw. zum Lagern von offenen Lebensmitteln werden nicht selten Garagen bzw. Getränkelager benützt. In einer Backstube war ein Vogelnest vorhanden (PF).

▷ Aus Bäckereien kamen unappetitlich aussehende Bedarfsgegenstände zur Untersuchung: zwei verrostete Ausstecherformen mit dicken, ausgetrockneten Teigresten in den Rundungen, ein stark beschädigter Kunststoff-Teigteiler, bedeckt mit einer Schmutz- und Mehlkruste und Gespinsten, sowie ein Transportkorb, der ein schwarz-braune Schmutz- und Staubschicht, Verkrustungen und Beschädigungen aufwies (Pf), ähnlich (HA) und (KA).

▷ Zahlreiche Brötchendielen aus „Backshops" wiesen mittleren bis schweren Schwarzschimmelbefall auf. Brotkörbe waren verschimmelt und/oder enthielten Käfer und Larven (HAM).

▷ Brötchendielen wiesen dick verschimmelte und verkrustete Mehlreste auf oder waren mit losen Schrauben oder Nägeln versehen (NE) ähnlich (KA).

▷ Die Kontrolle eines einzigen Anlieferungsfahrzeuges mit Brötchenteigrohlingen ergab, daß von 68 Brötchendielen 22 mit Schwarzschimmel und 9 erheblich mit Milbennestern verunreinigt waren. Die in den letzten Jahren gestiegene Zahl derartiger Beanstandungen ist möglicherweise eine Folge der z. Zt. stattfindenden Filialisierung der Backwarenverkaufsstätten und den dort installierten „Backöfen in der Verkaufstheke". Dadurch treten durch lange Transport- und Lagerzeiten der Teigrohlinge erhebliche hygienische Probleme auf. Hier zeigt sich wieder einmal, welche ekelerregenden Folgen der Mangel an klaren gesetzlichen Vorschriften im Hygienebereich im Verkehr mit Backwaren haben kann.

► Es ist aus diesen Gründen dringend zu fordern, daß eine Hygiene-VO in NRW für den Bäckerei- und Konditorenbereich erlassen wird (NE).

2.4 Küchen von Hotels und Gaststätten

In Küchenbetrieben von Gaststätten, Cafés und Hotels wurden zahlreiche Kontrollen durchgeführt. Die häufigsten Mängel waren:

▷ Aufbewahrung von verdorbenen, verschimmelten Lebensmitteln in Kühlschränken bzw. Kühlräumen,
▷ offene Lagerung von Putzmitteln in Küchen,
▷ gemeinsame Aufbewahrung von Frischfleisch und Gemüse im Kühlraum,
▷ Rauchen in Betriebsräumen,
▷ Dulden von Haustieren in der Gewerbeküche.

Häufige Mängel:
„Verschmutzte, versporte und beschädigte Anstriche in den Betriebsräumen; beschädigte Boden- und Fliesenbeläge; unzureichende Be- und Entlüftungsmöglichkeiten; fehlende oder unzureichende Fett- und Schwadenabzüge; fehlende oder nicht ausreichende Kühl- und Lagermöglichkeiten; Lagerung von Fleischwaren und Desserts zusammen mit Gemüse, Eiern oder in Getränkelagerräumen; unsaubere und vereiste Tiefkühltruhen; offene Speiseeiscontainer wurden neben Fleischwaren, Fischen, Gemüse oder Pommes frites in den Tiefkühltruhen gelagert. Versporte und beschädigte Dichtungen an Kühl- und Tiefkühltruhen; Bodenabläufe nicht geruchsdicht oder mit eingeschwemmten Resten verschmutzt; fehlender Schutz gegen das Eindringen von Insekten und Nagetieren; unsachgemäße Behandlung von Lebensmitteln (z. B. angetaute Tiefkühlkost, angetautes Speiseeis, unverpackt gefrorene Lebensmittel); Anbieten von Fruchtnektaren als Fruchtsaft; verdorbenes Fritierfett" (S).

▷ „Bei den kontrollierten Gaststätten- und Hotelküchen mußte vielfach festgestellt werden, daß die baulichen Anforderungen, die an eine gewerbliche Küche zu stellen sind, nicht eingehalten wurden bzw. auf Grund des Alters des Gebäudes kaum einzuhalten sind. Hieraus ergeben sich fast zwangsläufig hygienische Mängel, insbesondere dann, wenn notwendige getrennte Lagerung von Erzeugnissen, die sich negativ beeinflussen können (Fisch/Fleisch/Käse) aus räumlichen Gegebenheiten nur schwer zu verwirklichen ist. Andererseits ist bei diesen Kontrollen auffällig, daß das Wissen der Gewerbetreibenden über eine sachgerechte Behandlung von Lebensmitteln teilweise erschreckend gering ist und dementsprechend fehlerhafte Lagerung, Be- und Verarbeitung der Erzeugnisse erfolgt" (W).

Besonderheiten:
„In einer Hotelküche wurden als Deckenverkleidung Bauholzplatten (Schaltafeln) verwendet, die gegen Fäulnis imprägniert werden und für die Verwendung in Lebensmittelbetrieben völlig ungeeignet sind. Oftmals führen bauliche Mängel und dadurch bedingte hygienische Mißstände zu Beanstandungen, die vermeidbar wären, wenn bereits bei der Planung eines Neu- oder Umbaus die Fachbehörden zu Rate gezogen würden" (S).

▷ In gastronomischen Betrieben deutet sich unter dem Stichwort „Erlebnisgastro-nomie" eine Entwicklung derart an, daß die Zubereitung von Speisen aus dem Küchenbereich in den Gastraum verlagert wird. Vor den Augen der Gäste wird z. B. Pizza zubereitet oder Fleisch gegrillt. Diese Vorgehensweise kann nur tole-riert werden, wenn die Lebensmittel vor nachteiliger Beeinflussung ausreichend geschützt sind (OG).

▷ In Hotels und Gaststätten werden Salate und das Frühstücksangebot zur Selbst-bedienung oftmals auf Tische ohne jede Abschirmung und ohne Schutz gegen Anhauchen, Anhusten und Berühren durch die Gäste aufgestellt. Auch ist die Kühlmöglichkeit für kühlungsbedürftige Lebensmittel mangelhaft, teilweise fehlt sie gänzlich. Die Salate oder Lebensmittelvorräte stehen mehrreihig hinterein-ander, ein Übergreifen und Berühren der zuvorderst aufgestellten Behältnisse und der Lebensmittel ist nicht vermeidbar. Mindestanforderungen sind inzwischen in einem bundeseinheitlichen Merkblatt aufgelistet (S).

▷ Ein neu eingerichtetes Salatbufett eines größeren Hotelbetriebes entsprach nicht den Hygienevorschriften. Die angebotenen Salate und Dressing waren vor nach-teiliger Beeinflussung nicht ausreichend geschützt. Die Schwierigkeiten im Zu-sammenhang mit der Mängelbehebung wären vermeidbar gewesen, wenn die zuständige Sachverständige bereits in der Planungsphase hinzugezogen worden wäre (OG).

▷ Eine Küche, die ein halbes Jahr vor der Kontrolle renoviert wurde, wurde in total verdrecktem Zustand vorgefunden. In den Kühlschränken gelagerte Speisen wa-ren teilweise verschimmelt. Unmittelbar daneben wurden rohe Hackfleischer-zeugnisse aufbewahrt. Der Herd und die Edelstahlabzugseinrichtung waren mit verbranntem Öl und Fett völlig verschmutzt (W).

▷ In einem renommierten Gasthof wurde aufgrund der Erkrankung mehrerer Gäste eine gemeinsame Kontrolle mit Vertretern des Gesundheitsamtes und des Vete-rinäramtes durchgeführt. Die vorgefundenen Zustände waren katastrophal: ver-schmutzte Kachelwände und Fensterbänke, mit Fettschlieren bedeckter Warm-wasserboiler, verrostete, verschmutzte und undichte Wasserrohre, verschmutzter, fettiger Wärmeschrank, dicke Schmutz- und Staubschichten an weniger gut zu-gänglichen Stellen, offene Weißblechdosen zur Aufbewahrung von Lebensmit-teln, verdorbene Lebensmittel im Keller, Bedienstete ohne Gesundheitszeugnis (SIG).

▷ In einer Gaststätte mußten etwa 100 kg verdorbene Lebensmittel aus dem Verkehr genommen werden. In einer anderen Gaststätte bestand der sogenannte „Sauei-mer" aus einem Transportkorb für Backwaren, der mit einem Küchenblech ab-gedeckt war (PF).

▷ Im Rahmen einer Küchenkontrolle in einem Hotel wurde festgestellt, daß die Frühstücksbutterreste der Gäste in der Küche weiterverwendet wurden (KA).

▷ In Gaststättenküchen wurden im Kühlschrank geöffnete Mayonnaisegläser an-getroffen, deren MHD noch nicht abgelaufen war. Die Mayonnaisen waren tranig, ranzig, die Emulsion gebrochen. Es ist offenbar nicht allgemein bekannt, daß die Haltbarkeit bis zum MHD nur gilt, wenn die Packung bis zu diesem Zeitpunkt nicht geöffnet wurde (KA).

▷ Die *Thunfisch*auflage einer Pizza, nach deren Genuß zwei Verbraucherinnen stark allergische Reaktionen zeigten, enthielt 3360 mg Histamin/kg.
Um eine Erklärung für den hohen Histamingehalt zu bekommen, wurde u. a. überprüft, ob sich beim Backprozeß, eventuell durch die Kombination mit den anderen Bestandteilen der Pizza, die Histamingehalte im Fisch gegenüber den Ausgangswerten erhöhen. Dies ist nicht der Fall.
Auch lassen die Ergebnisse von Lagerungsbedingungen schließen, daß selbst unter ungünstigen Lagerungsbedingungen in geöffneten Dosen (länger als 24 Std. bei Raumtemperatur) kein Histamin gebildet wird (HAM).

▷ Genußuntauglichkeit aufgrund fauligem oder säuerlichem Geschmack, begleitet von hohen Gesamtkeimzahlen bei Thunfischproben, die lose aus Pizzerien und anderen Gastronomiebetrieben entnommen worden waren. Teilweise waren auch Enterobacteriaceen nachweisbar. In diesen Proben lagen meist keine hohen Histamingehalte vor (HAM).

▷ Die Kennzeichnung insbesondere von Konservierungs- und Farbstoffen bei lose angebotener Ware in Gaststätten und Kantinen war nach wie vor noch nicht zufriedenstellend (D) ähnlich (KA, DU).

▷ In Gaststätten hergestellte Spätzle waren unzulässigerweise mit den künstlichen Farbstoffen E 102 und E 110 gefärbt. Häufig wiesen Spätzle aus diesem Bereich schlechte sensorische Beschaffenheit (sauer, faulig, hefig) auf (S), ähnlich (KA).

▷ Bei Gaststättenkontrollen wurden zigfach in offenen Konservendosen aufbewahrte Erzeugnisse angetroffen, die infolge dieser unsachgemäßen Aufbewahrung faulig, gärig und schimmelig waren oder stark erhöhte Zinngehalte aufwiesen (SIG, OG, PF, S, KA).

▷ Bei zwei Kräuterbutterproben, die in einer Gaststätte erhoben wurden, bestand der Fettanteil nur zum Teil aus Butter, der Rest war Margarine (KA).

▷ Bei Gaststättenkontrollen wurde Butter vorgefunden, die 13 Monate überlagert war. Portionspackungen von Kräuterbutter waren bis zu 22 Monate überlagert und dementsprechend hochgradig ranzig. Die Bezeichnung Frühstücksbutter für Molkereibutter in Portionspackungen wurde als irreführend beurteilt (S).

▷ Eine Suppe aus einer Gaststätte war verschimmelt, eine Fertigsuppe (Mikrowellengericht) enthielt eine Metallschraube (HAM).

▷ Überlagerte tiefgefrorene Rösti aus einer Vereinsgaststätte wiesen einen muffigen Geruch auf (PF).

▷ Auf einer Pizza-Beschwerdeprobe lag Torffasergewebe - offensichtlich aus dem Champignonkompost (PF).

▷ Von einer Gaststättenkontrolle gelangten verschiedene verdorbene Proben zur Untersuchung: in einer Plastiktüte aufbewahrte ekelerregend riechende Bratwürste und Knacker mit matschiger, teilweise schon verflüssigter Oberfläche, verschiedene verdorbene, stark ausgetrocknete, in einer offenen Plastiktüte eingefrorene Wurstabschnitte sowie tiefgefrorener, muffig riechender Brühwurst-Aufschnitt aus unterschiedlichsten, durcheinanderliegenden, ausgetrockneten, teilweise stark verfärbten Wurstsorten (PF).

▷ Ein hoher Anteil der Beanstandungen entfiel auf rohes Hackfleisch und rohe Hackfleischerzeugnisse aus Gaststätten, die frisch oder tiefgefroren in den Betrieben zu lange aufbewahrt und somit die Fristen des Inverkehrbringens überschritten wurden. Zwei dieser erhobenen Proben wiesen zusätzlich starke sensorische Abweichungen auf. Die tiefgekühlt gelagerte Ware wurde von den Gaststättenbetreibern nicht entsprechend den Vorschriften der Hackfleisch-Verordnung eingefroren, so diente z. B. oft als Verpackung eine umgeschlagene, nicht festverschlossene Tragetasche aus Kunststoff (PF).

▷ Zum Verzehr nicht mehr geeignet waren während einer Gaststättenkontrolle erhobene Proben verdorben riechender gekochter Schinken mit einer schmierigen, klebrigen, hefigen Oberfläche, vertrockneter, unappetitlich aussehender, verdorben riechender roher Schinken und tiefgefrorene gegarte Schweinebraten, die auf Grund von Gefrierbrand stark ausgetrocknet waren und deutlich Geruchsabweichungen aufwiesen (PF).

▷ Der Fleischwolf einer Gaststättenküche war mit angetrockneten Lebensmittelresten verklebt. Gärige Speisereste wurden in Kunststoffschalen aufbewahrt. In der Friteuse befand sich verbranntes/oxidiertes Öl. Die Spülküche wurde als Vorratslager genutzt. Die Spüle war unfachmännisch installiert. Wandabschluß und Verfliesung fehlten völlig. Verdorbene Lebensmittel wurden zusammen mit frisch eingekaufter Ware gelagert. Gerätschaften völlig veraltet, teilweise defekt (W).

▷ Besonders auffallend war, daß anscheinend einige Gastwirte zur Zubereitung von Mikrowellengerichten dafür *nicht geeignetes* Kunststoffgeschirr verwenden. Diese Gegenstände hatten sich bei den in Mikrowellengeräten auftretenden Temperaturen teilweise zersetzt. Die Oberflächen waren porös, außerdem hatten sich tiefe Löcher und Einrisse gebildet (KA).

2.5 Imbißbetriebe

Lose Salatmayonnaisen aus Imbißbetrieben wurden wiederholt aus folgenden Gründen beanstandet:

▷ Strecken der Salatmayonnaisen im Spender mit Wasser,
▷ irreführende Bezeichnung als „Mayonnaise",
▷ fehlende Kenntlichmachung der Konservierungsstoffe (HAM)
▷ Schwarzbrot und Weichbrötchen einer Schnellimbißkette waren verschimmelt (AC).
▷ Ein besonderer Mißstand ist wie schon seit vielen Jahren noch immer beim Zustand der *Fritierfette* festzustellen. Offensichtlich hat das Personal der Küchen und Imbißstände vielfach zu geringe Kenntnisse über den Umgang mit Fritierfetten: Sie werden nach wie vor zu lange und oftmals zu hoch erhitzt und der

Qualitätszustand wird nicht überprüft. Von 292 Proben mußten 179 und damit wiederum 61 Prozent beanstandet werden. Die Beanstandungsquote liegt damit weiterhin erschreckend hoch. Dieser chronische Mißstand bedarf dringend der Abhilfe durch die Ordnungsbehörden (KA).

2.6 Küchen von Heimen, Kantinen, Speisewagen

▷ In Küchen werden immer wieder geöffnete Weißblechkonservendosen vorgefunden, deren Restinhalt nicht umgefüllt wurde. Erfahrungsgemäß gehen bereits bei kurzzeitiger Lagerung in der geöffneten Dose erhebliche Zinnmengen aus dem Dosenmaterial auf das Füllgut über. Der Inhalt geöffneter Konserven muß daher nach dem Öffnen sofort in Glas-, Kunststoff- oder Edelstahlbehälter umgefüllt werden (OG).

Zu Beanstandungen und Auflagen führten folgende Mängel:
▷ schadhafte und unhygienische Arbeitsgeräte, wie rissige Messergriffe, brüchige Kochlöffel oder unsaubere Hackklotzbürsten,
▷ schadhafte Warmhaltebehälter für den Fertiggerichttransport,
▷ unzureichende Kühlung von Lebensmitteln (PF).
▷ Während einer Betriebskontrolle in einem Vereinsheim wurden verschiedene rohe, zum Teil tiefgefrorene Fleischproben aufgefunden: außen schmierige, widerlich stinkende Schweinefilets, tiefgefrorene Fleischabschnitte, Schweinesteaks und -koteletts, die starken Gefrierbrand aufwiesen und bereits im tiefgefrorenen Zustand verdorben und auch faulig rochen. Diese Proben mußten ebenso wie grün angelaufene, nach Eiweißzersetzung riechende Kalbshaxen als zum Verzehr nicht mehr geeignet beurteilt werden (PF).
▷ Bei der Kontrolle von Küchen in Alten- und Pflegeheimen, an denen Vertreter des Gesundheitsamtes, des Veterinäramtes, der Abteilung Verbraucherschutz und des Chemischen und Lebensmitteluntersuchungsamtes teilnahmen, konnten schwerwiegende Mängel nicht beobachtet werden. Die hygienischen Verhältnisse von Küchen stehen oft in engem Zusammenhang mit dem Alter von Gebäude und Einrichtung. Eine nach neuzeitlichen Gesichtspunkten in entsprechenden Räumen eingerichtete Küche ist verständlicherweise leichter den Anforderungen gemäß zu führen als solche, in denen aus Kostengründen abgewetztes Arbeitsgerät benutzt werden muß (ME).
▷ In einem Altersheim wurden schwerwiegende Mißstände festgestellt. Das ganze Haus stank nach Urin. Die Küche war verschmutzt und verwahrlost. Im Kühlschrank wurden Lebensmittel und Arzneimittel gemeinsam gelagert. In den Lagerräumen wurden zum Teil stark überlagerte, verdorbene, zum Teil von Ungeziefer befallene Lebensmittel aufgewahrt (PF).
▷ Während einer Kontrolle in einem Altenheim wurde Bohnensuppe in einer bombierten, verrosteten, verschmutzten 1,6-Liter-Dose aufgefunden. Das Mindesthaltbarkeitsdatum war bereits 1981 abgelaufen (PF).

▷ In einem Altenheim wurden überlagerte, durch Oxydation braun verfärbte Rote Bete und verdorbene Mixed Pickles vorgefunden (PF).

▷ Bei einer Betriebskontrolle wurden im Lagerraum eines Altenheims überlagerte, ranzige Kartoffelchips vorgefunden (PF).

▷ Während einer Altersheimkontrolle wurden sieben überlagerte, verdreckte Packungen Puddingpulver und ein Tortenguß in einer von Käfern befallenen Pappschachtel aufgefunden (PF).

▷ Eine in einem Heim vorgefundene Packung Spaghetti-Fertiggericht mit Zutaten war verspinstet und trug das Mindesthaltbarkeitsdatum 9/85 (PF).

▷ *Erfreulich* verliefen die Besichtigungen in den *Speisewagen* der Deutschen Service Gesellschaft (Streckenabschnitt Freiburg-Offenburg). Trotz der beengten Möglichkeiten wurden Lebensmittel mit der gebotenen Sorgfalt behandelt (OG).

2.7 Speiseeisbetriebe

Häufigste Mängel:

▷ Bauliche Mängel wie fehlende Personaltoilette, unzureichende Handwascheinrichtungen, fehlende Fliegengitter sowie mangelhafte Abtrennung zu anderen Arbeitsbereichen (PF).

▷ Hygienische Mängel: poröse, abbröckelnde Kunststoffteile in der Speiseeisgefriermaschine sowie unhygienische Aufbewahrung von Eisportionierern in abgestandenem Wasser mit Eisresten (PF).

▷ Vereiste, unsaubere Tiefkühltruhen, zerdrückte Packungen, Portionierer in unsauberem, stehendem Wasser, Metall-Legierung der Portionierer abgenutzt; Standort der Tiefkühltruhen in Hausgängen, Toilettenvorräumen, oder direkt neben dem heißen Küchenherd; geruchsintensive Lebensmittel neben offenem Speiseeis; fehlende Kenntlichmachung der Speiseeissorten „Einfacheiskrem" und „Milchspeiseeis"; fehlende Kenntlichmachung von Farbstoffen; teilweise aufgetautes, wieder eingefrorenes Speiseeis (S).

▷ In einem Speiseeisbetrieb wurden erhebliche Mängel hygienischer Art vorgefunden. Seitens des Betreibers war für die Wintermonate eine Renovierung der Betriebsräume vorgesehen und so wurden offensichtlich selbst die dringlichsten Maßnahmen zum Schutz der Lebensmittel unterlassen. Bereits im Bereich der Verkaufstheke war zwischen den Waffeltüten und der Decke des Raumes ein Spinnennetz gespannt. Der eigentliche Herstellungsraum im Keller war nur über die Küche, vorbei an zwei geruchsintensiven Toiletten und nach einer engen, verstaubten, fast unbeleuchteten Treppe schließlich durch einen ebensolchen Kellergang zu erreichen. Dabei ist zu bedenken, daß das fertig hergestellte und in offene Behältnisse abgefüllte Speiseeis ebenfalls auf diesem Weg in den Verkaufsbereich transportiert werden muß. Der Herstellungsraum selbst befand sich in desolatem Zustand. Neben klebrigen Schmutzresten auf dem Fußboden und den Regalen hingen an der teilweise beschädigten Decke sowie in der Umgebung der offenen Lichtschächte zahlreiche Spinnweben. Außerdem waren diese Bereiche stark verstaubt, andere Teile der Decke waren versport. Auch ein Teil der Gerätschaften war erheblich verschmutzt, Lebensmittel waren unsachgemäß gelagert. Schließlich konnte eine Hilfskraft, die mit dem Herstellen von Speiseeis beschäftigt war, kein Gesundheitszeugnis vorweisen (SIG).

2.8 Hersteller und Importeure

Bei der Kontrolle einer *Brauerei* wurden erhebliche hygienische und bauliche Mängel festgestellt.

▷ Der Malzannahmeschacht befand sich in völlig verkommenem, ekelerregendem Zustand: Die Abdeckplatte war an der Innenseite stark verschimmelt, die Schachtwandungen waren verrostet, der Boden war von Schlamm bedeckt; die „Wächterfunktion" im Schacht nahm eine überdurchschnittlich große Kakerlake wahr. Die Schnecke zum Befördern von Malz war total verrostet. Sie transportierte neben Malz auch Schlamm.

▷ Ebenfalls stark verrostet waren Trubpresse und Faßreinigungsmaschine. Die Tücher aus der Trubpresse wurden auf einer rostigen Tischplatte gewaschen und – zur Aufrechterhaltung des Eisengehaltes – auf einem verrosteten Trockengestell getrocknet.

▷ Im Einvernehmen mit dem Medizinischen Landesuntersuchungsamt wurde festgestellt, daß das Bier, das unter den angetroffenen Verhältnissen hergestellt worden war, i. S. des § 17 Abs. 1 Nr. 1 LMBG nicht zum Verzehr geeignet ist. Sämtliche Biervorräte durften daher nicht mehr in den Verkehr gebracht werden. Der Betrieb wurde zur Reinigung und Behebung der gröbsten Mängel für 2 1/2 Wochen geschlossen (OG).

▷ Auch bei der Kontrolle eines *Honigabfüllbetriebes* waren gravierende hygienische Mißstände festzustellen: stark verschmutzte und klebrige Fußböden, Wände und Regale, Mäusekot auf Vorratssäcken usw. (SIG)

▷ Nachdem bekannt geworden war, daß ein außerhalb des Regierungsbezirks Tübingen ansässiger *Fruchtsaftbetrieb* unzulässigerweise pulp-wash als Ersatz für Orangensaftkonzentrat verwendet hatte, wurden größere Hersteller des Überwachungsbereichs überprüft. Aus den Geschäftsunterlagen einer Firma ging hervor, daß diese einen größeren Posten sogenanntes „Brasilianisches Spezialkonzentrat" bezogen hatte, bei dem es sich um ein derartiges pulp-wash-Konzentrat handelte. Zum Kontrollzeitpunkt war die Verarbeitung jedoch noch nicht erfolgt (SIG).

▷ Aufgrund einer anonymen Anzeige, wonach ein Hersteller pulp-wash (durch Extraktion der aus dem Orangensaft abgetrennten Pulpe gewonnenes Produkt) bei der Herstellung von Orangensaft verwendet haben soll, wurde eine umfangreiche Kontrolle in dem Betrieb dieses Herstellers durchgeführt, wobei zahlreiche Citrusfruchtsaftkonzentrate erhoben wurden. In keinem Fall konnte pulp-wash festgestellt werden. Die Überprüfung dieser Firma durch die Polizei ergab jedoch, daß pulp-wash zu einem früheren Zeitpunkt bei der Herstellung von Orangensaft und Fruchtnektar verwendet wurde (KA).

▷ Zweimal wurde Rohmilch direkt vom Erzeuger in zweckentfremdeten Saftflaschen auf dem Wochenmarkt angeboten. Entsprechend wies die Milch einen fruchtig-säuerlichen Geruch und Geschmack auf. Rohmilch darf selbst bei Vorliegen einer Milch-ab-Hof-Abgabe *nur im Erzeugerbetrieb* und nicht auf dem Wochenmarkt abgegeben werden (KA).

▷ Von einem Lohnkonservenhersteller waren mehrere Dosen Spargel bombiert und mikrobiell verdorben. Wie sich bei einer Betriebskontrolle herausstellte, erfolgte die Sterilisation nicht mit durchlaufendem Dampf. Dies führte im Autoklaven zu sogenannten Kältenestern, weshalb ein Teil der Konserven nicht ausreichend sterilisiert wurde (KA).

Eierpackstellen, Eiergroßhändler

▷ Ein Großhändler lieferte Eierpackungen ohne Angabe des Packdatums und ließ dies vom Einzelhändler mit Datum des Tages der Auslieferung handschriftlich nachtragen (KA).

▷ Die Eimer mit Brucheiern an Pack- und Durchleuchtungstischen werden zu selten zur Kühlung gebracht und anschließend nicht ausgewaschen. Angeknickte Eier werden zur Entfernung der Schalen mit der Hand zerdrückt.

▷ Sortierte, abgepackte Eier blieben ohne Datum über mehrere Tage stehen. Vom Einzelhändler zurückgegebene Eierpackungen wurden ausgepackt, erneut sortiert und trotz Überlagerung mit neuem Packdatum versehen (KA).

Champignonzucht

▷ Nach Angabe des Betreibers einer Champignonzucht wird das Zuchtsubstrat nach der 3. Ernte mit einer Lösung von Dithane-Ultra (Fungicid-Handelspräparat) oder mit einer Lösung von Gevisol-Ultra, einem Desinfektionsmittel, „abgegossen", um zu verhindern, daß auf dem erschöpften Substrat vorhandene Krankheitserreger oder Fremdpilze in die nächsen Zuchtchargen gelangen und diese infizieren. Das mit dem Desinfektionsmittel behaftete Material wird anschließend im Freien gelagert und an Großverbraucher (Landwirtschaft, Weinbau, Erdefabriken) und Kleinverbraucher als „abgetragener Champignonkompost" abgegeben. Es kann bisher nicht ausgeschlossen werden, daß von diesem Kompost Belastungen für die Umwelt (z. B. Grundwasser) oder Beeinträchtigungen der Verwender, die über den Gehalt an Desinfektionsmittel bzw. Fungicid nicht unterrichtet sind, ausgehen können (S).

▷ Ein *Importeur von Schalenobst und Obsterzeugnissen* fiel durch zahlreiche Mängel auf. Anlaß zu Beanstandungen gaben unzureichende Reinigungsmaßnahmen im Bereich der Abpackerei, Gespinste in Räumen und Lebensmittelcontainern, Betrieb einer Schlosserwerkstatt unmittelbar neben der Abfüllanlage für Mandelplättchen (Eisenspäne und Schweißschlacke auf dem Fußboden) und umherfliegende Vögel in der Anlieferungshalle, in der Nüsse und Rosinen offen auf Förderbändern transportiert werden (SIG).

2.9 Metzgereien

▷ Bei einer Kontrolle in einer Metzgerei konnte ein Kanister mit dem Farbstoff E 124 (Cochenillerot A) aufgefunden werden. Da die Metzgerei mit einem für Fleisch und Fleischerzeugnisse unzulässigen Zusatzstoff beliefert wurde, erfolgte eine Beanstandung nach § 11 Lebensmittel- und Bedarfsgegenständegesetz.

▷ Ein Glas mit angetrocknetem, grauverfärbtem Senf wurde im Rahmen einer Betriebskontrolle aus dem Verkehr genommen (PF).

▷ Lammkeulen, irreführenderweise in Zeitungsannoncen und im Geschäft als „frisch" angeboten, waren nach der chemischen Analyse eingefroren gewesen und kamen aufgetaut zum Verkauf. Laut Entnahmeprotokoll lagerten die Lammkeulen tiefgefroren im Tiefkühlraum des Geschäftes. Das auf der Verpackung angegebene Mindeshaltbarkeitsdatum, das bei einer Temperatur von $-15°$ C erreicht werden konnte, war um zwei Monate überschritten (PF).

▷ Eine Metzgerei verwendete penetrant riechende WC-Duftsteine (in Schälchen, die zwischen die Wurst gestellt wurden), um Fliegen zu vertreiben. Auch Lebensmittel-Transportfahrzeuge zeigten oft Mängel. Bei einem Fischtransporter gab es keine Kühlmöglichkeit, der Fahrgastraum war vom Transportbereich nur notdürftig mit einer Sperrholzplatte abgetrennt. Oft sind die Wägen mit Teppichböden ausgelegt, um das Rutschen der Ware zu verhindern. Die Teppichböden sind meistens feucht und schmierig (PF).

2.10 Lebensmittelhandel (Einzelhandel, Großhandel, Märkte)

In vielen berichteten Fällen kam es zur mündlichen Belehrung bzw. zum Mängelbericht, bei wenigen Kontrollen zur Beanstandung. Zahlreiche Kontrollen erfolgten im Einflußbereich Chemischer Reinigungen (s. Kap. 4.3). Gründe für die Belehrungen waren:

▷ ungenügende Kühlung von Lebensmitteln,
▷ fehlende Kenntlichmachung von künstlichen Farbstoffen,
▷ Verkauf von offenen Lebensmitteln auf der Theke (z. B. Backwaren),
▷ mangelhafte Kennzeichnung der Ware,
▷ Frostbrand bei gefrorenen Fleischerzeugnissen(PF)
▷ Am häufigsten wurden Kennzeichnungsmängel festgestellt, gefolgt von Hygienemängeln durch unsachgemäße Handhabung bei Lebensmitteln.
▷ Kühlregale waren überfüllt, so daß empfindliche Lebensmittel wie Fisch, Fleischerzeugnisse, Milch und Milcherzeugnisse z. T. nicht genügend kühl gelagert waren (OG).
▷ Backwaren, Süßwaren und vereinzelt Wurstwaren (Landjäger) wurden unverpackt zur Selbstbedienung angeboten; fehlende Angaben gem. VO (EWG) über Vermarktungsnormen von Eiern; ungekühlte Lagerung von kühlpflichtigen Lebensmitteln; unsaubere Kühl- und Tiefkühlmöbel; nicht eingehaltene Lagertemperaturen bei Kühl- und Tiefkühlkost; unsaubere Vorratsregale und Fußboden; Ungezieferbefall (S) waren häufige Mängel.

▷ Die Lagerräume in einem Geschäft befanden sich in einem ekelerregenden Zustand. In einem anderen Geschäft beobachteten Passanten, daß Mäuse auf im Schaufenster lose ausgebreiteter Ware herumtanzten. Zwischen den Waren wurde bei der Kontrolle auch Mäusekot entdeckt. (D).

▷ Die Inhaberin eines Kiosks war Alkoholikerin und hatte offenbar das Gefühl für Ordnung und Sauberkeit total verloren. Der Verkaufsraum war total verschmutzt. Verdorbene Lebensmittel standen herum. Abstoßend war ein starker Uringeruch. In einem Lebensmittelgeschäft hatten Ratten zahlreiche Lebensmittel angefressen. Frischer und schon angetrockneter Rattenkot lag überall herum (D).

▷ In einer in einem großen städtischen Einkaufszentrum integrierten chemischen Reinigung kam es zu einem Rohrbruch, sodaß größere Mengen Perchlorethylen austraten und in den nahegelegenen Supermarkt eindrangen. Die Lebensmittelbestände (Backwaren, Konditoreierzeugnisse, Käse, Wurst, Fleisch) wurden größtenteils aus dem Verkehr gezogen. Ca. 500 kg Fleisch- und Wurstwaren mußten infolge der Perchlorethylenkontamination vernichtet werden, da die chemische Untersuchung der Lebensmittel eine Perchlorethylen-Belastung von mehr als 1,0 mg/kg ergab. Der Reinigungsbetrieb wurde in dem Einkaufszentrum endgültig eingestellt (OG).

Tiefkühlkost im Einzelhandel

▷ „Bei der Überprüfung von Lagertemperaturen waren bei ca. 20% der Tiefkühltruhen Beanstandungen wegen Nichteinhaltung der Lagertemperaturen für Tiefkühlkost bzw. gefrorene Ware auszusprechen. In einem Lebensmittelmarkt waren sämtliche Lebensmittel aus vier großen Tiefkühltruhen zu beanstanden, weil die Packungen Kerntemperaturen von lediglich $-1\,°C$ bis $-5,8\,°C$ aufwiesen und ein großer Teil der Lebensmittel angetaut war. Sämtliche Lebensmittelvorräte aus den Truhen wurden freiwillig vernichtet, wobei der Schaden ca. 20.000 DM betrug" (S).

Lebensmittelverkauf auf Märkten

Häufige Mängel:
Süßwaren, Brötchen, Backwaren wurden oftmals unverpackt zur Selbstbedienung angeboten; an den Verkaufsständen fehlte die seitliche und rückwärtige Abtrennung; Süßwarenboxen waren zum Kunden hin offen, Entnahmegeräte fehlten (S).

▷ Ein *Händler im Reisegewerbe*, der bereits 1986 in seinem Verkaufswagen Waren aus Abfallbehältern von Supermärkten verkauft hatte und eine Geldbuße von DM 2500,– bezahlen mußte, fiel erneut bei einer Kontrolle auf. Gegenüber der Staatsanwaltschaft gestand er, daß er die von den jeweiligen Sachverständigen als ekelerregend bzw. verdorben beurteilten Lebensmittel wie Obst, Gemüse,

Schaumzuckerwaren und Fleisch hauptsächlich aus dem Abfallcontainer eines Lebensmittelgroßmarktes entnommen hatte. Aufgrund der Wiederholungstat wurde dem Betroffenen der weitere Handel mit Lebensmitteln förmlich untersagt (SIG).

▷ Von einem Markthändler wurde ein größerer Bestand an Erdbeeren verkauft, die ganz massiv verfault und verschimmelt waren. Die hier vorgelegten 23 Einzelpakkungen hatten Anteile an verdorbenen Früchten von bis zu über 90 % (HAM).

2.11 Lebensmittelhandel (Selbstbedienung)

Das Angebot von *offenen Lebensmitteln* aus Vorratsbehältnissen zur *Selbstbedienung* nimmt ständig zu. Neben Süßwaren und Nußmischungen findet man heute im Sortiment Linsen, Erbsen, Bohnen, Reis, Hirse, Trockenfrüchte, Teigwaren, Grieß. Märkte mit einem Angebot von 100 bis 150 verschiedenen Lebensmitteln in Selbstbedienungsboxen sind keine Seltenheit mehr. Die dabei verwendeten Verkaufsbehälter entsprechen in den wenigsten Fällen den hygienischen Mindestanforderungen (S). Nicht immer war dabei ein ausreichender Schutz der Lebensmittel vor nachteiliger Beeinflussung gewährleistet. Auch fehlte häufig entsprechendes Aufsichtspersonal (OG), ebenso (PF).

▷ Bei der Kontrolle eines *Süßwarengeschäftes* wurden Mißstände im Bereich der Selbstbedienung bei offenen Waren festgestellt. An den Behältern fehlten zum Teil ausreichende Abschirmungen bzw. Deckel, die bereitgestellten Zangen waren teilweise so kurz, daß man beim Herausnehmen der Ware zwangsläufig mit der Hand in das Gefäß geriet. Bei der unteren Reihe mit Bonbons und Gummibärchen lagen die Öffnungen nur etwa 50 cm über dem Fußboden, so daß sich auch kleine Kinder bequem bedienen konnten, was sehr wahrscheinlich ohne Zange geschah. Dem Verantwortlichen wurde nahegelegt, durch entsprechende Änderungen die von der ALUA-Arbeitsgruppe Außendienst in einem Merkblatt zusammengestellten Mindestanforderungen zu erfüllen (SIG).

Nach Ansicht der Chemischen Untersuchungsämter in Baden-Württemberg sollen zur Vermeidung nachteiliger Beeinflussungen folgende Mindestanforderungen erfüllt sein:

▶ Die Ware muß ständig so abgedeckt sein, daß eine direkte Berührung, Anhusten, Anniesen oder eine sonst nachteilige Beeinflussung weitgehend verhindert wird. Zu diesem Zweck soll die Entnahmeöffnung selbstschließend sein oder eine Abschirmung haben. Die Entnahmeöffnung soll nur so groß wie technisch unbedingt erforderlich sein.
▶ Die Entnahmegeräte sollen so langstielig sein, daß sie nicht in die Vorratsbehälter fallen können, sie sollen den Rand des Vorratsbehälters deutlich überragen.
▶ Die Vorratsmenge soll dem Bedarf für wenige Tage angepasst sein, damit eine Reinigung in angemessenen Zeitabständen erfolgen kann.

▶ Der Standort der Verkaufseinrichtungen muß so gewählt sein, daß eine nachteilige Beeinflussung (z. B. durch Staub, erdbehaftetes Gemüse, Fremdgerüche) ausgeschlossen ist.

▶ Eine Aufsicht für eine saubere und sachgemäße Lagerung und Entnahme muß gewährleistet sein. Entnommene Ware darf nicht zurückgegeben werden.

Für detaillierte bauliche Anforderungen an derartige Verkaufsbehälter ist eine *DIN-Norm „Verkaufsmöbel"* vorgesehen (S).

▷ Ein *automatischer Orangenentsafter zur Selbstbedienung* wurde in einem Supermarkt vorgefunden. Dieses Gerät erfordert u. E. eine tägliche Reinigung (bei heißem Wetter eine zweimalige Reinigung/Tag), ferner ist eine geeignete Spülmöglichkeit einzurichten.

▷ In einem Zapfgerät zur Selbstbedienung wird Orangensaft und Apfelsaft durch Mischen von Konzentrat in einem Vorratsbehältnis der Zapfanlage mit Wasser hergestellt; es ließ sich nicht feststellen, ob lediglich Trinkwasser oder ein speziell aufbereitetes Wasser, z. B. demineralisiertes Wasser, verwendet wird. Nicht erkennbar war, ob in dem Zapfgerät ein Ionenaustauscher installiert war. Es wird noch geprüft, ob das zur Rückverdünnung verwendete Wasser und das Mischungsverhältnis den Bestimmungen der Fruchtsaft-Verordnung entspricht (S).

Besonderheiten:
„In Lebensmittelmärkten, vorwiegend in den Obst- und Gemüseabteilungen, werden verstärkt in *Salattheken* verzehrsfertige Salate zur Selbstbedienung angeboten. Die dort aufgestellten Waagen werden wechselweise zum Auswiegen dieser Salate sowie erdbehaftetem Gemüse und Obst verwendet. Zudem sind die Salattheken häufig allseitig zugänglich aufgestellt und die verschiedenen Salate sind mehrreihig hintereinander angeordnet, sodaß ein Übergreifen bei der Entnahme unumgänglich ist. Oft fehlt auch eine ausreichende Kühlung für die Salatsoßen und Dressings. Die Becher für die Selbstbedienung werden meist offen und ungeschützt bereitgestellt" (S).

2.12 Lebensmittelautomaten

Bei *Kaugummi-Automaten* beschicken erfreulicherweise immer mehr Betreiber die Automaten mit verpackter Ware (S).

▷ Bei *Getränkeautomaten* fehlte oftmals die erforderliche Kennzeichnung, auch fehlte die erforderliche Kenntlichmachung der Zusatzstoffe (S).

Besonderheiten:
„Die *Abgabe* von Lebensmitteln aus *Automaten* nimmt zu. In Betrieben werden nicht nur Getränke, sondern auch Speisen wie Wurstwaren, Schnitzel, Wiener-Würstchen, Käse und Backwaren aus Automaten abgegeben. Eine tägliche gründ-

liche Reinigung der Automaten ist bei diesem Lebensmittelsortiment dringend angeraten. Dies stellt in der Praxis ein Problem dar, da die Betreiber nicht täglich an den Aufstellungsort kommen, um die Automaten zu überprüfen" (S).

3 Ergebnisse der Lebensmittel- und Bedarfsgegenständeuntersuchung

3.1 Lebensmittel

(01) Milch

Die Milch wird auf ihre Genießbarkeit, ihren Fettgehalt und z.T. auf polychlorierte Biphenyle (PCB) sowie auf Rückstände von Pflanzenbehandlungs- und von Tierarzneimitteln untersucht.

Was die „alltäglichen" Beanstandungen betrifft, so war H-Milch in mehreren Fällen käsig, sauer und zersetzt, in anderen befand sich in der Milchtüte ein brauner Bodensatz, der mit Schimmelpilzen durchsetzt war (SIG, BO).

Die meisten Beanstandungen entfielen auch in diesem Jahr wieder auf Proben, die vor Ablauf des Mindesthaltbarkeitsdatums verdorben waren. Da diese Tatsache schon seit Jahren zu beobachten ist, sollten die Molkereien dringend ihre Festlegungspraxis für das Mindesthaltbarkeitsdatum überprüfen. Ebenso muß der Handel besser darauf achten, die Lagerbedingungen, wie ausreichende Kühlung, strikt einzuhalten (KA).

Weitere Beanstandungsgründe sind irreführende Angaben. So wurde ultrahocherhitzte H-Vollmilch als „Landmilch" bezeichnet. (OG) Sterilmilch trug die Aufschrift: „Bestes aus frischer Milch" (S). Eine andere Milch war als „Milch aus bewahrter Natur" bezeichnet; eine bewahrte Natur kann es heute nicht mehr geben (S). Eine Milch trug die Aufschrift: „Landmilch mit natürlichem Fettgehalt, Vollmilch, mindestens 3,8% Fett". Der Fettgehalt lag zwischen 3,79 und 3,82%, war also offensichtlich eingestellt. Eine als Landmilch mit natürlichem Fettgehalt bezeichnete Milch ist keine standardisierte Vollmilch; der Fettgehalt einer solchen Milch darf nicht eingestellt werden (HAM). Der auf der Packung angegebene Fettgehalt von H-Vollmilch wurde unterschritten (BO). Unzulässige gesundheitsbezogene Angaben kommen bei Nahrungsmitteln immer wieder vor.

Die Werbebroschüre eines Vertreibers von Stutenmilch enthielt umfangreiche Angaben über die wundersame Wirkungsweise dieses Naturproduktes. So sollen bei täglichem Verzehr verhindert bzw. gelindert werden: Leber-, Darm- und Magenstörungen, Leberzirrhose, Herzinfarkte, Leberkrebs, Allergien, Leukämie und Sonnenbrand. Säuglingen und Kindern werden erhöhte Intelligenz und alten Menschen Verjüngungserscheinungen in Aussicht gestellt. Und das alles für nur DM 7,00/0,25 l (OG).

Milch wird auch daraufhin untersucht, ob sie mit Wasser verdünnt wurde. Das konnte tatsächlich in einigen Fällen nachgewiesen werden. Häufig handelt es sich um Restwasser aus der Melkanlage, das mehr oder weniger billigend in Kauf genommen wird. Manchmal wird aber offensichtlich auch Wasser zugesetzt, um die Milch zu verlängern (SIG, HAM). Bei anderen Untersuchungen wurden keine Wässerungen mehr festgestellt (AC).

Am 01. 10. 1988 trat die Schadstoff-Höchstmengenverordnung (SHmV) in Kraft, in der Höchstmengen für Einzelkomponenten von polychlorierten Biphenylen (PCB) in Milch festgelegt wurden. Im Vorgriff auf diese Regelung wurden gezielte Untersuchungen von Rohmilch aus Sammeltankwagen und aus einzelnen Betrieben durchgeführt.

Bei PCB handelt es sich um eine Stoffgruppe, die aus 209 Einzelkomponenten (Kongenere) besteht. Sie kommen in der Luft, im Wasser und im Boden vor, gelangen in und auf Pflanzen und reichern sich wegen ihrer guten Fettlöslichkeit insbesondere in tierischen Geweben und am Ende der Nahrungskette im menschlichen Gewebe an.

Im Jahr 1988 wurden mehrere hundert Milchproben auf PCB und andere chlororganische Verbindungen untersucht. Bei einem landwirtschaftlichen Betrieb im Regierungsbezirk Tübingen waren die nach der SHmV zulässigen Höchstmengen im Gesamtgemelk deutlich überschritten. Die Untersuchung aller Einzelgemelke ergab, daß in der Milch aller Kühe des betroffenen Betriebes die Höchstmengen für PCB überschritten wurden. Die Ursache für die Kontamination konnte noch nicht ermittelt werden; alle Kühe wurden mittlerweile geschlachtet (SIG).

Im Regierungsbezirk Freiburg zeigte es sich, daß insgesamt 72 Betriebe – davon allein 65 aus einem Kreis – in ihrer Milch PCB-Gehalte über den Höchstmengen aufwiesen. Der höchste PCB-Gehalt betrug dabei 0,31 mg/kg Fett. Das ist eine mehr als 6-fache Überschreitung des zulässigen Höchstwertes. Da nach der SHmV während einer Übergangszeit Milch mit überhöhten PCB-Gehalten in den Verkehr gebracht werden durfte, blieben die Proben dieser 72 Betriebe (bis auf eine, die nach dem Ende der Übergangszeit erhoben wurde) unbeanstandet! (OG). Im Bereich Stuttgart wurden allein bei 8 Milchbauern Überschreitungen der Höchstwerte für PCB in der Milch festgestellt (S). Auch hier waren die Hauptursachen der PCB-Kontamination alte Siloanstriche mit Lacken, die vor 1976 gekauft worden waren (OG, S).

„Untersuchungen zur Reduzierung der PCB-Gehalte in der Milch von PCB-belasteten Rindern, die im Sommer 1988 an der Staatlichen Lehr- und Versuchsanstalt für Viehhaltung in Aulendorf durchgeführt wurden, ergaben, daß bei einer Ausgangskonzentration von 0,21 – 0,27 mg PCB 153/kg Fett in der Milch von 4 Kühen die entsprechenden PCB-Gehalte erst nach 13 bis über 19 Wochen unter den Grenzwert sanken, wenn die Tiere ausschließlich mit unbelastetem Futter restriktiv gefüttert wurden (OG)."

Im allgemeinen läßt sich feststellen, daß PCB in vielen Milchproben nachweisbar ist. In den meisten Fällen bleiben die Konzentrationen jedoch unter dem neuen gesetzlichen Höchstwert (BO, S).

Im Rahmen einer Sonderuntersuchung wurden im Zusammenhang mit überhöhten PCB-Gehalten in der Milch 46 Farbanstrichproben aus Hochsilos, Trinkwasserbehältern und Ställen sowie weitere Materialproben zur Ursachenforschung auf PCB untersucht. Bohrproben aus Silowänden ergaben, daß bereits nach etwa 1 cm Wandabtragung die entscheidenden PCB-Gehalte entfernt sind (OG).

Einige Proben wurden auf Rückstände von Pflanzenbehandlungsmitteln wie α- und β-Hexachlorcyclohexan (HCH), Lindan (γ-HCH), DDT und Hexachlorbenzol (HCB) untersucht. In fast allen untersuchten Milchproben waren Rückstände nachweisbar. Überschreitungen der Höchstmengen wurden jedoch nur in wenigen Fällen festgestellt. Die meisten Proben blieben mit Pestizidrückständen unter den gesetzlichen Höchstwerten (BO, SIG, S).

Im Raum Freiburg/Baden-Württemberg wurde in der Rohmilch eines Milchbauern ein Lindan-Gehalt von 0,25 mg/kg festgestellt. Das liegt deutlich über der gesetzlichen Höchstmenge von 0,2 mg/kg. Die Untersuchungen von Futtermitteln, bei der in zwei Heuproben 0,19 und 0,45 mg Lindan/kg Trockensubstanz nachgewiesen wurde, führte schließlich zur Ursache der Lindan-Kontamination. Sie lag in einem Lindan-haltigen Holzschutzmittel, mit dem der Dachstuhl des Heubodens gestrichen war (OG).

„Das Breitbandantibiotikum Chloramphenicol ist in der Bundesrepublik seit 1984 aus Gründen des vorbeugenden Verbraucherschutzes für die Therapie von Legehennen und Milchkühen nicht mehr zugelassen. Zugleich wurde für den möglicherweise kanzerogenen Stoff als Höchstmenge ein Wert von 0,001 mg/kg festgesetzt. Diese Konzentration entspricht einem praktischen Nullwert, von dem ab Chloramphenicol bei Anwendung des z. Zt. zuverlässigsten und empfindlichsten Analysenverfahrens bestimmbar ist (S)."

In landwirtschaftlichen Betrieben wurde in 3 Fällen nachweislich gegen das Chloramphenicol-Anwendungsverbot bei Milchkühen verstoßen. Die Landwirte hatten Chloramphenicol-haltige Wundsprays zur Behandlung von Euterverletzungen und Euterentzündungen einzelner Tiere benutzt. Die verseuchte Milch dieser einzelnen Tiere führte so zu einer vielfachen Überschreitung der zulässigen Höchstmenge (1ppb) in der gesamten Milch (über 500 l) des Lieferanten. Angeblich wußten die betroffenen Landwirte nichts von dem Anwendungsverbot; in einem Fall soll sogar der Tierarzt die Choramphenicol-Anwendung empfohlen haben (SIG)!

„In milchwirtschaftlichen Betrieben werden als Desinfektionsmittel neben chlorabspaltenden Präparaten auch quaternäre Ammoniumverbindungen eingesetzt. Diese werden verbreitet in Milcherzeugerbetrieben, mitunter jedoch auch in Milchzentralen, zum Reinigen der Rohrleitungen und Sammelbehälter verwendet." Es „wurden 55 Proben Erzeugermilch (Rohmilch), molkereimäßig bearbeitete Konsummilch und Milcherzeugnisse auf Gehalte an QAV überprüft. Die Ergebnisse zeigen, daß Milch und Milcherzeugnisse nicht selten durch QAV-Rückstände belastet waren, die vermutlich wegen nicht ausreichenden Nachspülens mit Wasser nach dem Desinfizieren an den Gerätewandungen haften blieben. Betroffene Betriebe bzw. Produkte wurden entsprechend beanstandet (OG)".

Als Entstehungsquellen für Dioxine (polychlorierte Dibenzodioxine) und Furane (polychlorierte Dibenzofurane) ist nach dem heutigen Wissensstand neben verschiedenen Produktionsprozessen z. B. der Herstellung polychlorierter-aromatischer Verbindungen) in der chemischen Industrie, der Müllverbrennung und anderen Verbrennungsprozessen auch die Chlor-Bleichung von Zellstoff von Bedeutung. Bei den genannten Prozessen entstehen die äußerst giftigen Dioxine und Furane in geringsten Spuren. In der Umwelt reichern sich die schwerabbaubaren und fettlöslichen Substanzen in der Nahrungskette an.

In beschränktem Umfang wurden Muttermilch, Kuhmilch und Flußfische auf ihren Gehalt an Dioxinen und Furanen untersucht. Es stellte sich heraus, daß pasteurisierte Vollmilch und H-Vollmilch, die in beschichteten Kartons verpackt war, deutlich höhere Konzentrationen an Dioxinen und Furanen enthielt als die ebenfalls untersuchte Rohmilch. Offensichtlich stammen die Substanzen aus den Milchkartons (S), (siehe auch Kap. 4.1). Inzwischen haben die Hersteller auf ungebleichtes Verpackungsmaterial umgestellt.

(2) Milchprodukte

Milcherzeugnisse fallen häufig recht unangenehm auf. Hier macht sich wohl ein starker Preisdruck durch den Handel negativ bemerkbar.

Fruchtjoghurt und Fruchtdickmilch hielt nicht immer was die Werbung versprach. In mehreren Fällen wurde versucht, bei der Fruchtzubereitung zu sparen und teuere Früchte (Heidelbeeren und Maracuja) durch Imitationen (Holunder) zu ersetzen oder nur den Geschmack zu vermitteln und gar keine Fruchtstücke zu verwenden. Bei den Heidelbeererzeugnissen hat dies dazu geführt, daß jetzt verstärkt unter der Bezeichnung „Waldfrüchte" ein billigeres Gemisch diverser Früchte mit dunkler Farbgebung eingesetzt wird, das von der Aufmachung und dem Geschmack her der früher verwendeten Heidelbeere sehr ähnelt. Sehr schwer gestaltet sich die Weiterverfolgung. Verfahren gegen den Milcherzeugnishersteller werden eingestellt, aber keine weiteren Ermittlungen gegen den Hersteller der Fruchtzubereitung eingeleitet, so daß sich für diesen fast kein Risiko ergibt. Bekannt ist auch, daß verstärkt färbende Säfte (Holunder, Trauben) verwendet werden, ohne daß dies in der Zutatenliste aufgeführt wird (DU).

In einem ähnlichen Fall, bei dem „Fruchtjoghurt Heidelbeer" erhebliche Mengen an Holunderbeeren enthielt, gab der Hersteller an, neben dem Holundersaft irrtümlicherweise auch die entsprechenden Früchte zugesetzt zu haben. Der Zusatz von Holundersaft zur Verstärkung der Farbe ist zulässig. Neben den Holunderbeeren enthielt Heidelbeer-Fruchtjoghurt in zwei Fällen auch erhebliche Mengen an schwarzen Johannisbeeren (AC).

Eine andere Tendenz ist besonders bei sog. unterlegten Produkten zu erkennen. Das ist Joghurt oder Dickmilch über einer Schicht aus zubereiteten Früchten. Damit das Produkt eine bessere Akzeptanz beim Verbraucher erfährt, wird der Joghurt oder die Dickmilch mit Zucker gesüßt (also zum Milchmischerzeugnis). Das müßte deklariert werden, wird aber weiter mit der Bezeichnung „Joghurt oder Dickmilch auf Frucht ..." verkauft. Diese gesüßten Produkte kommen beim Verbraucher deutlich besser an als die ungesüßten. Gesüßter Joghurt und Dickmilch ist nur beim Hersteller nachzuweisen, da mit der Zeit Zucker aus der Fruchtzubereitung in den darüber liegenden Joghurt auswandert (DU).

Zu geringe Fettgehalte wurden in Kaffeesahne, Schlagsahne, Buttermilch und Joghurt festgestellt (W).

Einige Beanstandungen gab es wegen Verunreinigungen mit Schimmelpilzen (BO, WI) und Colibakterien (W). In einem Fall wurden nicht unbedenkliche Aeromonas-hydrophila-Erreger identifiziert (W).

Buttermilch wird gerne in der warmen Jahreszeit getrunken. Da die Buttermilch – wie der Name schon sagt – bei der Herstellung der Butter entsteht, müßte eigentlich über das ganze Jahr ungefähr gleich viel Buttermilch im Handel sein. Erstaunlicherweise ist aber immer dann, wenn die große Hitze beginnt, auch die Buttermilch in ausreichender Menge da. Das legt den Verdacht nahe, daß ein Teil der „Buttermilch" gar keine Buttermilch ist, sondern aus gesäuerter und durch Schlagen sämig gemachter Magermilch nachgemacht wird. Eigentlich ist gegen eine „Trinksauermilch" nichts einzuwenden, nur die Bezeichnung einer solchen als „Buttermilch" ist natürlich eine Irreführung.

Durch den Nachweis von Phosphatiden, die in der echten Buttermilch reichlich vorhanden sind, kann die Irreführung aufgedeckt werden. In einigen Fällen war tatsächlich der Phosphatidgehalt „reiner Buttermilch" so niedrig, daß sie als nachgemacht beanstandet werden mußte (BO, HAM).

Andere Buttermilchproben waren unzulässigerweise mit Wasser oder Magermilch gestreckt (HAM).

Ein Joghurterzeugnis mit Bifidobacterium longum wurde wegen wissenschaftlich noch nicht hinreichend gesicherten Werbeaussagen beanstandet: „BA enthält wertvolle, lebende Bifidus Aktiv Kulturen, die die Darmflora regulieren, den Stoffwechsel unterstützen und die Widerstandskraft des Körpers stärken" (HAM).

Sehr hoch mit Bakterien belastet waren ungeschlagene und geschlagene Sahne aus Aufschlagautomaten. Der Grund für die mikrobiologischen Verunreinigungen liegt in der ungenügenden Reinigung der Sahneautomaten und der oft mangelnden sorgfältigen Kühlung der ungeschlagenen Sahne (W).

(03) Käse

Viele Käsespezialitäten, meist ausländischer Herkunft, waren als Schafs- oder Ziegenkäse bezeichnet, enthielten aber deutliche Anteile von Kuhmilch. Kuhmilchzusatz zu Schafskäse trägt zu einer deutlichen Verbilligung bei. Für den Hersteller bedeutet der Verkauf solcher Produkte einen nicht unerheblichen Gewinn (BO, DU). Eine Probe war sogar ausschließlich aus Kuhmilch hergestellt. Das Problem wird schon seit Jahren beobachtet, konnte aber bisher nicht abgestellt werden.

Weitere Beanstandungsgründe waren überhöhte Wassergehalte im Speisequark (BO, HAM), fortgeschrittene Eiweißzersetzung beim Camembert (W, BO) und verschimmelter Schnittkäse oder verschimmelte Schmelzkäsezubereitungen

(AC). Die bei Käseprüfungen festgestellten Mängel wie bitter, ammoniakalisch, hefig (bei Schafskäse), Verunreinigung mit Fremdschimmel oder faulig waren überwiegend auf eine zu lange oder unsachgemäße Lagerung zurückzuführen (D, DU).

„Weichkäse und geriebener Hartkäse waren infolge Fettoxidation, Eiweißabbau, Überreife verbunden mit erheblicher geruchlicher und geschmacklicher Veränderung nachteilig beeinflußt. Zum Schutz des Verbrauchers und des Handels ist für diese Produkte die Angabe eines Mindesthaltbarkeitsdatums wünschenswert (S)".

Die Situation bei Käse hat sich im Vergleich zu früheren Jahren kaum verändert. Dies betrifft vor allem die Weichkäsesorten, die offensichtlich im Handel noch immer nicht ausreichend kontrolliert werden und bei denen viele Verbraucher dazu übergegangen sind, vor der Kaufentscheidung eine „Druckprüfung" oder auch eine visuelle Begutachtung vorzunehmen (ME).

„Biogene Amine entstehen beim enzymatischen Eiweißabbau und bei der mirobiellen Fermentierung von Lebensmitteln durch Decarboxylierung von Aminosäuren. Der Gehalt an biogenen Aminen kann somit als Parameter für die Beurteilung der Frische und des Hygienestatus von Lebensmitteln herangezogen werden. Ein erhöhter Gehalt an biogenen Aminen kann Erkrankungen wie Kopfschmerzen, Übelkeit und Schwindel hervorrufen. Es wurden 30 Käseproben von sensorisch unauffälliger Beschaffenheit aus dem Einzelhandel untersucht.

Biogene Amine in Käse (Werte in mg/kg)

	Histamin			Tyramin			Cadaverin			Putrescin		
	n.n.	Max	$\bar\times$	n.n.	Max	$\bar\times$	n.n.	Max	$\bar\times$	n.n.	Max	$\bar\times$
9 Hartkäse	8	350	115	6	850	160	9	670	130	7	430	80
3 Schnittkäse	3	0	0	3	0	0	3	0	0	3	0	0
9 Weichkäse	8	70	8	4	370	80	4	400	120	5	240	50
2 Sauermilch-käse	0	100	85	0	310	205	0	360	210	0	300	170

$\bar\times$ = Mittelwert

Die höchsten Gehalte an biogenen Aminen wurden – bedingt durch die lange mikrobielle Reifungsdauer – in Hartkäse ermittelt. So wies ein Schweizer Mager-Kräuterkäse einen Gesamtgehalt von 1740 mg/kg und ein Allgäuer Emmentaler 1390 mg/kg auf" (OG).

In einer anderen Untersuchung wurde für mehrere verdorbene bzw. genußuntaugliche Käse der Gehalt an biogenen Aminen insgesamt (dazu gehören auch die Histamine) bestimmt. Die höchsten Gehalte an biogenen Aminen wurden jeweils in den genußuntauglichen Käseproben jeder Käsegruppe festgestellt (S).

Da vor einigen Jahren Schafskäse aus Bulgarien und der Türkei in mehreren Fällen hoch mit bestimmten Pestiziden (HCH-Isomere bzw. Lindan) belastet waren, wurde auch im letzten Jahr Schafs- und Ziegenkäse auf Pestizidrückstände überprüft. In einigen Käseproben konnten Rückstände von Pflanzenbehandlungsmitteln nachgewiesen werden. Alle Werte lagen jedoch unter den derzeitig gültigen Grenzwerten (BO, SIG).

Untersuchungen verschiedener Käsesorten auf Listerien, das sind krankheitserregende Bakterien, führten 9 mal zu Warnungen bzw. Verfügungen vom RP Düsseldorf zu bestimmten Käsesorten (DU).

Eine Oberflächenbehandlung mit dem Antibiotikum Natamycin wurde bei mehreren Käsesorten (Raclett, holl. Gouda, holl. Leerdammer, holländischer und belgischer Schnittkäse) festgestellt. Eine solche Oberflächenbehandlung muß gekennzeichnet werden. Außerdem wurde Natamycin bei 2 Frischkäsezubereitungen unzulässigerweise als Konservierungsmittel eingesetzt (HAM).

In mehreren Käseproben konnten die Lösemittel Trichlorethen und Tetrachorethen (Per) nachgewiesen werden, die offensichtlich aus dem Verpackungsmaterial stammten (DU, SIG, HA). Es stellte sich heraus, daß ein französischer Käseproduzent zum Einwickeln von Käse Folien verwendet hatte, deren Druckfarben besagte Lösungsmittel enthielten. Der Hersteller verwendet diese Folien mittlerweile nicht mehr (OG).

Eine Speisequarkprobe, die in Pergamentpapier verpackt war, roch intensiv nach Benzin. Die Ursache waren Anstreicharbeiten in unmittelbarer Nähe des Lagerraums (HAM).

Nicht immer wurden die Kennzeichnungsvorschriften für unverpackte Lebensmittel im Einzelhandel und auf Wochenmärkten beachtet. Unverpackt angebotener Käse muß durch die Angabe der Käsegruppe (z. B. Weichkäse) und der Fettgehaltstufe und, im Falle von Frischkäse, auch mit dem Herstellungsdatum gekennzeichnet sein. Diese Daten wurden nicht immer angegeben (OG, HAM). Bei Hart- und Schnittkäse fehlte die Kenntlichmachung der als Überzug verwendeten Kunststoffdispersion (S).

(04) Butter

Die Beanstandungen von Butter aus Großhandelsbetrieben und großen Einzelhandelsgeschäften wegen des Geruchs, Geschmacks, Aussehens und der Konsistenz waren gegenüber den Vorjahren unverändert gering. Aus kleinen Einzelhandelsgeschäften, Gastronomiebetrieben, Kantinen und Trinkhallen jedoch mußte Butter aus den genannten Gründen unverhältnismäßig oft beanstandet werden. Die Qualität von lose angebotener Butter war weiterhin sehr häufig mangelhaft (D, DU).

In Gaststätten wurde Butter gefunden, die 13 Monate überlagert war. Portionspäckchen von Kräuterbutter waren bis zu 22 Monate überlagert und schmeckten entsprechend hochgradig ranzig (S).

„In zwei Butterproben, die ein Verbraucher überbrachte, waren über die gesamte Buttermasse zahlreiche rote Plastikpartikel von unregelmäßiger Form verteilt. Bei den hierdurch bedingten Geschäftskontrollen wurden über 100 weitere

Butterproben mit derartigen Kunststoffpartikeln aufgefunden, die vom Einzelhandel freiwillig aus dem Verkehr genommen wurden. In Zusammenarbeit mit dem für den Verpacker bzw. Hersteller zuständigen Untersuchungsamt ergab sich, daß während des Herstellungsvorganges ein roter Plastikschaber versehentlich in die Buttermaschine gelangte und dort zerkleinert und mitvermengt wurde (PF)."

Kräuterbutter wie auch andere Butterzubereitungen (z. B. Schinkenbutter) darf keinen Fremdfettzusatz, keine Dickungs- und Streckungsmittel sowie auch keine Farbstoffe enthalten. Sie ist ein Erzeugnis aus Butter und würzenden Kräutern und anderen würzenden Stoffen. Das ist die eindeutige Verbrauchererwartung hinsichtlich der Zusammensetzung von Kräuterbutter.

Die Meinung der industriellen Hersteller von Kräuterbutter ist eine andere. Butterzubereitungen unterliegen interessanterweise nicht der Butterverordnung. Sie sind Produkte eigener Art. Es gibt weder Leitsätze noch sonstige Richtlinien, in denen definiert ist, wie eine Butterzubereitung, z. B. Kräuterbutter, zusammengesetzt sein muß (HAM).

Und so sieht die Kräuterbutter dann auch aus. Entgegen der eindeutigen Erwartung des Verbrauchers enthält Kräuterbutter Verdickungsmittel, Wasserzusatz und Fremdfett (HAM, W). Das kann sogar so weit gehen, daß in einer Probe „Kräuterbutter" gar keine Butter mehr, sondern nur noch Fremdfett enthalten war (SIG).

„Auf Beanstandungen hin wurde mitgeteilt, daß bei industrieller Herstellung von Kräuterbutter etc. ein Verdickungsmittelzusatz aus technologischen Gründen notwendig ist, um den relativ hohen Wasseranteil in der Wasser-in-Öl-Emulsion zu stabilisieren. Mit anderen Worten wird die Butter zunächst durch Wasserzugabe verdünnt und anschließend durch Verdickungsmittelzusatz verfestigt. Es ergibt sich nunmehr die Frage, ob bei Verzicht auf die Wasserzugabe nicht ein Verdickungsmittelzusatz aus technologischen Gründen überflüssig wäre. Das Endprodukt würde dann wieder der berechtigten Verbrauchererwartung entsprechen (HAM)."

In 3 französischen Butterproben wurde Trichlorethylen gefunden, ein Lösungsmittel, das aus der Verpackung in die Butter eingedrungen war (SIG).

Eine Prüfung auf Rückstände von Pflanzenbehandlungsmitteln und Verunreinigungen durch Chlorkohlenwasserstoffe ergab geringe PCB-Gehalte in einer irischen Butterprobe und in 2 französischen Butterproben etwas höhere Lindan- und Dieldringehalte. Die Werte lagen jedoch noch innerhalb der Toleranzgrenze (OG). 3 Proben deutscher Markenbutter wurden auf Rückstände von 5 Triazin-Herbiziden (Atrazin, Cyanazin, Prometryn, Simazin und Terbutryn) untersucht. Bei einer Bestimmungsgrenze von 0,01 mg/kg ware keine Triazine nachweisbar (OG).

(05) Eier, Eiprodukte

Von 2 Händlern wurde eine neue Eiersorte mit einer hellbläulich-grünlichen Schale auf den Markt gebracht. Dabei sollte es sich um Eier einer neuen Hühnerzüchtung handeln (Montglana), die sich durch einen äußerst niedrigen Cholesteringehalt auszeichnen sollten. Hiermit wurde auf Handzetteln und auf Plakaten an der Ware geworben. Untersuchungen ergaben jedoch einen völlig normalen Cholesteringehalt.

Häufig wurde mit dem Hinweis auf eine besondere Fütterung geworben, z. B „Kräuter-Eier", „durch ausgesuchtes Futter erhalten die Eier einen appetitlichen Dotter". In allen Fällen war dem Futter ein zugelassenes Carotinoid zugesetzt, das dem Eidotter eine schöne Farbe verleiht. Beim Hinweis auf eine besondere Fütterung erwartet der Verbraucher, daß die Farbe des Dotters aus diesen Futtermitteln stammt und nicht Farbstoffe dem Futter zugesetzt werden. Die Proben wurden wegen irreführender Aufmachung beanstandet (S). Eine weitere Probe „Bio-Eier aus Bodenhaltung" enthielt ebenfalls einen Farbstoff, ein Xanthophyll (Cathaxanthin), das den Legehennen ins Futter gemischt worden war (HA).

Mehrere Eierproben trugen besondere Kennzeichnungen, mit denen dem Verbraucher eine artgerechte Tierhaltung und eine natürliche, hochwertige Ernährung der Legehennen auf Körnerbasis ohne jeglichen Zusatz von Fischmehlanteilen angepriesen wird. Dabei warb ein Produkt zeitweise zusätzlich mit der Aussage: „... mit einem erheblich höheren Anteil an mehrfach ungesättigten Fettsäuren".

„Vergleiche des Fettsäurespektrums von Eiern, die lt. Werbeaussagen von Hühnern gelegt worden sind, die nur auf Körnerbasis ernährt wurden mit dem Spektrum von Eiern, die von „herkömmlich" ernährten Hennen stammen, zeigen tatsächlich tendentiell erhöhte Gehalte an Linolsäure" (HAM).

Eierkartons enthielten Abbildungen von Legenestern, obwohl die Eier von Hühnern aus Käfighaltung stammten. Auf gleiche Weise gewonnene Eier wurden als „Landeier" bezeichnet. Mitunter wurde die Bezeichnung „Vollwert-Ei" auf den Packungen verwendet, obwohl sich diese Eier in keiner Weise von der handelsüblichen Qualität abhob. Alle genannten Fälle wurden als Irreführungen beanstandet (OG).

Die meisten Beanstandungen betrafen zu hohe Luftkammern (mit zunehmendem Alter vergrößert sich die Luftblase im Ei) und Untergewichte von Eiern, die im Groß- oder Einzelhandel zu lange gelagert wurden (KA).

In mehreren Fällen wurden Eier länger als eine Woche unter der hervorhebenden Bezeichnung „EXTRA" angeboten (KA).

Knapp 10% der Proben von Eiern mit der deklarierten Güteklasse A wiesen nicht mehr die Merkmale frischer Eier auf. Mit Hilfe von Lagerversuchen wurde eine Methode entwickelt, mit der über den Gehalt an anorganischem Phosphat im Eiklar das Alter von Eiern ermittelt werden kann (S).

Außerdem gab es zahlreiche Kennzeichnungsfehler. So wurden Eier einer belgischen Packstelle unter der Werbeangabe „aus deutschen Landen" angeboten (KA).

In 2 Fällen wurden Packungen vordatiert. Der Verdacht einer Vordatierung ergab sich auch bei Eiern, die aus Belgien und den Niederlanden am angegebenen Abpacktag mittags bereits im Großraum Stuttgart angeliefert wurden (S).

In vielen Eiern können Rückstände an Arzneimitteln nachgewiesen werden. Obwohl die Verfütterung von Meticlorpindol, ein Mittel gegen die gefürchtete

Geflügelkrankheit Coccidiose, an Legehennen verboten ist, wurden in mehreren Fällen z. T. sehr hohe Konzentrationen des Medikaments in Eiern und Eiprodukten festgestellt (PF, KA). Bei einer als „Bio-Landeier" bezeichneten Probe mit dem äußerst hohen Meticlorpindolgehalt von 730 μg/kg lag der Verdacht nahe, daß der Stoff entgegen den futterrechtlichen Bestimmungen verfüttert worden war. Dieser hohe Rückstand lag deutlich über der vom BGA als toxikologisch bedenklich eingestuften Konzentration von 150 μg/kg Ei. Wegen des hohen Arzneimittelrückstandes und des irreführenden Hinweises auf die Rückstandsfreiheit der angeblichen Bio-Landeier wurde diese Probe beabstandet (KA).

Auch andere Eier, die unter dem Hinweis auf Naturreinheit angeboten wurden, enthielten deutliche Rückstände an Meticlorpindol (Clopidol). Für Meticlorpindol gibt es zwar noch keinen Grenzwert, aber solche Produkte können natürlich nicht als naturrein bezeichnet werden (OG).

„Bio-Landeier" enthielten zu hohe Mengen eines anderen Mittels gegen die Coccidiose, das Nicarbazin, und mußten deshalb beanstandet werden (KA).

Eine weitere Probe Eier enthielt 6 μg/kg Chloramphenicol, ein Antibiotikum (HA). Chloramphenicol ist für Legehennen nicht mehr zugelassen. Der Grenzwert beträgt 1 μg/kg – das entspricht der Nachweisgrenze (S).

Rückstände von Pflanzenbehandlungsmitteln können leider auch in vielen Eiern nachgewiesen werden. Jedoch wurde in keinem Fall die zulässige Höchstmenge überschritten (PF).

Pestizidrückstände, die knapp 10 % des gesetzlichen Grenzwerts ausmachten, wurden in „Bio-Eiern" festgestellt. So hohe Rückstände rechtfertigen nicht mehr die Bezeichnung „natürlich" (W).

Wiederum in „Bio-Eiern" wurde ein Zusatzstoff für Alleinfuttermittel für Legehennen (Lanthaxanthin) gefunden. Da durch die Werbung und den Begriff „Bio-Eier" der Eindruck erweckt wird, die Hühner würden mit traditioneller Getreidefütterung gehalten, ist diese Bezeichnung ebenfalls eine Irreführung (SIG).

In einigen wenigen Fällen mußten verdorbene Eier beanstandet werden. Eier, die an eine Konditorei geliefert waren, waren stark durch Geflügelkot verschmutzt. Außerdem fing der Inhalt an zu faulen. Die Eier waren bereits in fortgeschrittene Verderbnis übergegangen (AC).

Mehrere Proben Flüssigei waren auf Grund des Säurespektrums offensichtlich mikrobiologisch verdorben. In 3 Proben wurden etwas erhöhte Bernsteinsäuregehalte gefunden. Die Keimzahlen lagen allerdings unter dem Grenzwert der Eiprodukte-Verordnung. Daher mußte nicht mit einer Säureneubildung nach der Pasteurisierung gerechnet werden (HAM, S).

Eine Probe Flüssigvollei enthielt einen zu hohen Anteil an Eiklar. Sie mußte als wertgemindert eingestuft werden (S). Eine weitere Probe wurde aus dem Verkehr gezogen, weil Brutabfalleier mitverarbeitet worden waren (HAM).

(06) Fleisch, Geflügel, Wild

Bei Fleisch gab es z. T. sehr hohe Beanstandungsquoten. Meistens wurde verdorbenes Fleisch – sowohl frisches als auch tiefgefrorenes – beanstandet. Die vielen Beanstandungen bei verdorbenem Fleisch sind auf gezielte Probenentnahme insbesondere in Gaststätten und auf Abendkontrollen zurückzuführen. Das Ergebnis unterstreicht die Notwendigkeit, solche Kontrollen noch zu verstärken (W).

In einem Fall waren tiefgefrorene Wilderzeugnisse ranzig. Fast alle Proben waren noch innerhalb des angegebenen Mindesthaltbarkeitsdatums im Handel (OG).

„Fleischteile aus einem Verkaufswagen wiesen auf der Oberfläche deutliche Verschmutzungen sowie einen ekelerregenden, fremdartigen Geruch auf. Nachforschungen ergaben, daß die angebotenen Lebensmittel aus Müllcontainern verschiedener Supermärkte stammten. Die Ware wurde sofort vernichtet und dem Anbieter die Handelserlaubnis entzogen (SIG)".

Von den Beanstandungen wegen Irreführung ist die Geschichte eines Herstellers erwähnenswert, der Asylanten und Spätaussiedler in Wohnheimen mit Fleisch belieferte. Das Fleisch verkaufte er unter den Bezeichnungen „Schweinebraten, Rinderbraten, Kalbsbraten und ähnliches", obwohl die Gewichte der einzelnen Stücke zwischen 100 g und 350 g lagen. Ein Braten sollte ein Mindestgewicht von 500–1000g haben (OG).

In Schweinefleisch, für das mit der Aussage „vom Sus agnatum – Im Fleisch 50% weniger Cholesterin" geworben wurde, wurde der tatsächliche Gehalt an Cholesterin bestimmt. Er lag bei 51 mg Cholesterin pro 100 g Fleisch. Da der normale Cholesterin-Gehalt durchschnittlich bei 62 mg/100 g liegt, wurde die Probe wegen irreführender Werbung beanstandet (S).

Durch chemische Analysen konnte in mehreren Fällen nachgewiesen werden, daß angeblich „frische" Hühner und Gänse bereits einmal tiefgekühlt waren (S). Auch Lammkeulen, irreführenderweise in Zeitungsannoncen und im Geschäft als „frisch" angeboten, waren eingefroren gewesen und kamen aufgetaut zum Verkauf. Die Lammkeulen lagerten laut Lagerprotokoll im Tiefkühlraum des Geschäftes. Das auf den Packungen angegebene Mindesthaltbarkeitsdatum war um 2 Monate überschritten (PF).

Eine Überprüfung der Lagertemperaturen von Tiefkühltruhen im Einzelhandel ergab, daß bei ca. 20% der Truhen die vorgeschriebene Lagertemperatur nicht eingehalten wurde. In einem Lebensmittelmarkt wurden sämtliche Lebensmittel aus 4 großen Kühltruhen beanstandet, weil die Temperatur der Packungen lediglich zwischen $-1\,°C$ und $-5,8\,°C$ lag und ein großer Teil der Lebensmittel aufgetaut war. Sämtliche Lebensmittelvorräte aus den Truhen wurden freiwillig vernichtet (S).

Die Rückstandsuntersuchungen bzw. Untersuchungen auf Verunreinigungen mit Chlorkohlenwasserstoffen hatten bei Normalschlachtungen folgende Ergebnisse: Über 95% der untersuchten Proben wiesen in ihrem Fettanteil Rückstände an Chlorkohlenwasserstoff-Verbindungen (Pestizide) und Verunreinigungen mit PCB auf. Aber nur bei ca 6% der Proben wurde eine Überschreitung der Höchstmenge festgestellt (S). Wiederum in Baden-Württemberg wurden in 5 Verdachtsproben Fettgewebe bzw. Leber Grenzwertüberschreitungen für PCB festgestellt (PF).

„Neu sind Werbeaussagen wie „Garantierte Rückstandsfreiheit" bei Schweinefleisch. In zunehmendem Maße wird hiermit geworben, wobei in Einzelfällen trotz der genannten Aussage Rückstände von HCB- und DDT-Metaboliten sowie Umweltschadstoffe wie PCB nachgewiesen wurden (SIG)".

„Nach wie vor unbefriedigend ist die Rechtslage zur Beurteilung von Rückständen an Tierarzneimitteln in Lebensmitteln. Zur Zeit gibt es im wesentlichen nur die Möglichkeit, zu prüfen, ob die für die zulässige Verwendung eines Arzneimittels festgesetzte Wartezeit eingehalten wurde. Über die Höhe der Rückstände, die nach Einhaltung der Wartezeit noch duldbar sind, ist in der Regel wenig bekannt. Inzwischen wurde die Notwendigkeit, Toleranzhöchstwerte für Rückstandsgehalt in Lebensmitteln tierischen Ursprungs festzusetzen, von der EG anerkannt (S)".

Bei der Untersuchung einer tiefgefrorenen polnischen Gans wurde ein sehr hoher Chloramphenicol-Rückstand (35 μg/kg) beanstandet. Es besteht der Verdacht, daß die vorgeschriebene Wartezeit zwischen der Anwendung des Medikaments und der Schlachtung des Tieres nicht eingehalten wurde (KA).

Nicht nur bei Eiern, sondern auch bei Mastgeflügel waren Meticlorpindol-Rückstände nachweisbar. Diesmal mußte eine tiefgefrorene ungarische Gans beanstandet werden, da die Anwendung dieses Mittels in der Bundesrepublik für Gänse nicht zugelassen ist (KA).

15 Proben Schweinenieren wurden auf Neuroleptika (starke Beruhigungsmittel) geprüft. Auch in diesem Fall waren keine Rückstände des Arzneimittels nachweisbar (PF).

Clenbuterol in Kalbfleisch

„Das Vernichten von mehreren Tausend Mastkälbern war der unrühmliche Höhepunkt eines Mitte des Jahres in Nordrhein-Westfalen aufgedeckten „Hormonskandals". Neben bisher bekannten Hormoncocktails wurde mit Clenbuterol eine Substanz zur illegalen Masthilfe verwendet, die als Hustenmittel in der Bundesrepublik Deutschland zugelassen ist, und die bei unzulässig hoher Dosierung einen anabolen Effekt zeigt.

Es wird auch in Zukunft weder durch gesetzgeberische Maßnahmen noch durch Intensivierung der Untersuchungstätigkeit der Überwachungsbehörden möglich sein, solche Geschäfte einzelner Leute zu unterbinden, die mit krimineller Energie und illegalen Methoden versuchen, schnelles Geld zu machen".

Bei Fleischpartien, die über den Großhandel in den Einzelhandel verbracht werden, läßt sich bei positiven Befunden der Weg zum Kälbermäster in der Regel nur schwer zurückverfolgen" (SIG).

„Erheblicher Aufwand war erforderlich um eine Analysenmethode für Clenbuterol einzuführen und an die Gegebenheiten der Lebensmittelüberwachung anzupassen. Im Zusammenhang mit den erforderlichen Untersuchungen zeigte sich deutlich, welche Schwierigkeiten und Verzögerungen eintreten, wenn der Hersteller dieses Stoffes nicht oder nur zögerlich bereit ist, den Wirkstoff, der im Chemikalien- und Laborbedarfshandel nicht erhältlich ist, als Vergleichssubstanz zur Verfügung zu stellen" (S).

Das Bundesministerium für Jugend, Familie, Frauen und Gesundheit setzte gemeinsam mit dem Bundesgesundheitsamt zunächst einen Grenzwert von 2,5 μg/kg für Rückstände in Leber als Beurteilungswert für die Tauglichkeit von Fleisch fest, später einen Beurteilungswert von 1 μg/kg für Muskelfleisch.

Es „wurden 27 Stichproben Kalbsleber, Kalbfleisch und Schweinefleisch aus dem Handel untersucht. In keiner Probe fanden sich Rückstände dieser Substanz.

Auch in 3 baden-württembergischen Betrieben wurde die illegale Anwendung von Clenbuterol bekannt. Erst nach einer Wartezeit von 30 Tagen durften die behandelten Tiere zur Schlachtung abgegeben werden.

In Amtshilfe wurden in diesem Zusammenhang 7 Kalbsleberproben, die aus einem der 3 Betriebe stammten, überprüft. In keinem Fall war Clenbuterol nach Ablauf dieser Wartezeit nachweisbar" (SIG).

Insgesamt 12 Wildfleischproben und 12 Rehinnereien von Tieren aus dem Raum Pforzheim wurden auf Blei, Cadmium, Quecksilber und Arsen untersucht.
„Auffallend hohe Bleigehalte von 1,09 mg/kg und 1,24 mg/kg wurden in einer Probe Reh- bzw. Hirschfleisch gefunden. Vermutlich stammte dieses Fleisch aus der Nähe des Schußkanals. Von den Innereien wiesen wiederum die drei unter-

suchten Rehnieren hohe Cadmiumgehalte zwischen 0,64 mg/kg und 7,14 mg/kg, außerdem Quecksilberwerte zwischen 0,1 mg/kg und 0,19 mg/kg auf.

In einer weiteren Rehleber lag ein Cadmiumwert von 1,57 mg/kg vor. Alle weiteren Schwermetallgehalte waren weder bei den Fleisch- noch bei den Innereienproben auffallend" (PF).

Bei Fleisch und vor allem Wild muß immer noch die Radioaktivität, für die der Reaktorunfall von Tschernobyl verantwortlich ist, überprüft werden. In den untersuchten Fleisch- und Wurstproben konnte keine oder nur eine geringe Belastung durch radioaktives Cäsium festgestellt werden; für Rindfleisch durchschnittlich 3 Bq/kg mit einem Höchstwert von 41 Bq/kg (PF).

Ganz anders sieht die Sache bei Wild aus. Ein Drittel der Proben enthielt mehr als 100 Bq/kg Cäsium. „Der höchste Wert von 370 Bq/kg wurde bei einem Reh – vermutlich aus Bayern – gefunden"(PF).

„Bei in- und ausländischen Schlachttieren lagen die Werte für Cs-134 und Cs-137 unter denen des Jahres 1987; nicht nennenswert belastet war Geflügelfleisch. Potentiell belastete Lebensmittel waren Speisepilze, Waldbeeren und Wild. 2 Proben Rentierfleisch aus Schweden waren mit über 600 Bq/kg so hoch belastet, daß eine Beanstandung nach EG-Verordnung 3955/87 und damit ein Einfuhrverbot ausgesprochen wurde" (HH).

(07) Fleischerzeugnisse

Mängel in der Qualität (verdorbenes Fleisch), nicht erlaubte Zusatzstoffe und fehlerhafte Kennzeichnung waren die Hauptbeanstandungsgründe.

Ein abgebrochener Schweinezahn mit scharfen Kanten und spitz zulaufender Wurzel wurde von einem Verbraucher in Sülze gefunden (PF).

Nicht erlaubte Zutaten waren z. B. zu hohe Brot -bzw. Stärkemengen in Frikadellen und Bratklopsen (W, DU, OG, BO) und Fremdwasser in verschiedenen Fleischerzeugnissen wie Mett (BO, W) und Kochschinken (ME). Spitzenreiter war ein Produkt mit einer Rohfleischeinwaage von nur 33%, einem Stärkegehalt in der Trockenmasse von 44% und einem „Fremdwassergehalt" von 46% (HAM). Weiterhin wurden ein 6%iger Gemüsezusatz zu Schweinemett (ME) festgestellt; panierte Schnitzel mit überhöhtem Panadeanteil (bis zu 50% statt maximal 25%); ein zu niedriger Fleischanteil in Sülzen und Aspikerzeugnissen; ein zu hoher Stärkeanteil in der Fleischfüllung von Ravioli (OG); Burgunder Rollbraten ohne Rotwein, der ja Burgunder Rollbraten erst zu einem solchen macht (D).

Kochpökelwaren wie z. B. gekochter Schinken enthielten zu wenig Fleisch und zu viel Wasser. Außerdem konnten Diphosphate nachgewiesen werden, die für die Herstellung dieser Fleischwaren gar nicht verwendet werden dürfen (KA, ME).

Schweinemett darf nur am Tage der Herstellung verkauft werden. Einige Proben stammten von Vortag (ME).

In letzter Zeit werden in steigendem Maße Formfleischprodukte angeboten. Formfleisch ist kleingehacktes oder -geschnittenes Fleisch, das in eine bestimmte

Form gebracht wird. Immer wieder wird „vergessen", die betreffende Ware ausreichend als Formfleisch zu kennzeichnen. Geformtes und gepökeltes Putenbrust-
fleisch aus der Dose z. B. sollte nach den Etikettenangaben zur Herstellung von
Schnitzeln und Steaks verwendet werden. Frühstücksspeck war aus Speckstreifen
unter Verwendung des für diesen Zweck nicht zugelassenen Kutterhilfsmittels
Diphosphat „zusammengeklebt" worden (AC). „Hähnchenschnitten" waren aus
Geflügelfleischmus mit geringen Anteilen an ganzen Fleischstücken zusammengesetzt (DU).

Zur Herstellung von zubereitetem Hackfleisch (gewürztes Gehacktes, gewürztes Mett, Thüringer Mett) sind nur Gewürze, Salz und Zwiebeln zulässig. Es
wurden jedoch in vielen Fällen Ascorbinsäure und z. T. ganz erhebliche Mengen
des Geschmacksverstärkers Glutaminsäure gefunden (DU, AC, ME). Ascorbinsäure stabilisiert die rote Farbe des Fleisches, so daß es länger frisch aussieht. Die
festgestellten Konzentrationen überschritten den Grenzwert um mehr als das
Doppelte. Die Annahme, daß „versehentlich" Würzmischungen, die eigentlich
zur Herstellung von Bratwurst dienen sollten, eingesetzt wurden, trifft nur z. T.
zu. Die Glutamatanteile der untersuchten Mischungen bleiben weit unter den im
Hackfleisch gefundenen. Glutamat wird offensichtlich direkt und gezielt zugesetzt
(W).

Manche Frikadellen waren mit Nitrit hergestellt bzw. waren stark salzig (BO).

Bei verschiedenen Fleischkonserven und Gemüsekonserven wurden zu hohe
Mengen an Blei festgestellt. Die Werte betrugen bis zum 4fachen der höchstzu-
lässigen Menge. Das Blei stammt offensichtlich aus gelöteten Dosen (D).

Die Räucherung von Fleischwaren dient einerseits der Konservierung, andererseits der Bildung des bekannten Aromas. Durch das Räuchern entstehen leider
auch gesundheitsschädliche Stoffe, wie die sog. polycyclischen aromatischen Kohlenwasserstoffe (PAK). Das bekannteste ist das 3,4-Benzpyren. Der Grenzwert
von 1 μg/kg wurde nur von einer Probe „Roher Schinken" leicht überschritten.
Auch die in früheren Jahren häufig zu beanstandenden Schwarzwälder Schinken
wiesen in einer Untersuchung alle Werte unter 1 μg/kg auf (DU). Eine weitere
Prüfung stellte jedoch in 2 Proben schwarzgeräucherter Schinkenstücke und
Schwarzwälder Schinkenwürfel 2- bis 3fache Grenzwertüberschreitungen von
Benz(a)pyren (2.0 und 2,7 μg/kg) fest (HAM).

Eine größere Anzahl Proben von Fleisch und Fleischerzeugnissen wurde auf
Rückstände an Pestiziden bzw. Verunreinigungen durch andere chlororganische
Verbindungen untersucht. In allen (!) Proben waren solche Verunreinigungen und
Rückstände nachweisbar. Hauptkontaminanten waren Hexachlorbenzol (HCB),
DDT und dessen Metaboliten, α-, β-, γ-Hexachlorcyclohexan (HCH) sowie po-
lychlorierte Biphenyle (PCB) (SIG).

Bei 2 Proben Südtiroler Bauernschinken wurde die zulässige Höchstmenge für
γ-HCH (Lindan) überschritten. Ursache dafür war die unzulässige Oberflächen-
behandlung des Bauernschinkens mit lindanhaltigen Mitteln zur Konservierung.
Die ganze Charge wurde aus dem Verkehr gezogen (SIG).

(08) Wurstwaren

In Wurstwaren werden Jahr für Jahr eine Menge erlaubter und unerlaubter Zusatzstoffe vorgefunden.

Erlaubt ist die Anwendung bestimmter Phosphate (E 338 – E 341, E 450) ausschließlich bei der Herstellung von Brühwürstchen (z. B. Wiener und Frankfurter Würstchen, Bockwurst, Jagdwurst). Da in immer weniger Betrieben eigene Schlachtungen durchgeführt werden, ist die Möglichkeit, schlachtwarmes, wasserbindendes Fleisch zu verarbeiten, stark zurückgegangen. In zunehmendem Maß wird nun Gefrierfleisch verarbeitet. Schlachtwarmes Fleisch kann ohne Hilfsmittel zu Wurst verarbeitet werden. Demgegenüber würde sich beim Erhitzen einer Wurst, die aus Gefrierfleisch ohne den Zusatz eines sog. Kutterhilfsmittels (z. B. Phosphat) hergestellt worden wäre, Fett und Wassser vom Fleisch trennen, die Wurst also wieder auseinanderfallen. Das Phosphat ist also nötig, um unter industriellen Bedingungen überhaupt Brühwürstchen „zusammenkleben" zu können. Mit Phosphat hergestellte Brühwürste müssen als solche gekennzeichnet werden.

Bei einer relativ großen Anzahl von Brühwürsten fehlte die Angabe des Diphosphatzusatzes. Chemische Untersuchungen ergaben, daß die Diphosphatmengen zudem häufig weit über dem gesetzlich festgelegten Höchstwert lagen (SIG). „Bei einer Probe Bierschinken war der Phosphatzusatz um nahezu 500% überdosiert" (AC). Auch bei anderen Wurstsorten wie Fleischwurst, Bratwurst, Mortadella, usw. fehlte die Kennzeichnung der Zusatzstoffe, vor allem von Phosphat (BO). Weißwurst Münchener Art wurde unzulässigerweise unter Verwendung von höherkondensierten Phosphaten hergestellt (AC).

Generell als Zusatz für Wurstwaren nicht erlaubt sind Farbstoffe sowie der gezielte Zusatz von Stoffen, die der Streckung der Wurst dienen können (wie zu viel Wasser, zuviel Stärke, Soja usw.)

Die chemischen Analysen von Wurstwaren brachten einige Mängel zutage. Solche Mängel waren z. B. zu hohe Anteile von Bindegewebe in Würsten wie Krakauer, Wiener Würstchen u. a. (W). Brühwürstchen eines handwerklichen Herstellers waren unzulässigerweise mit Azorubin und Cochenillerot, Rindersalami eines industriellen Herstellers mit Erythrosin gefärbt (HAM).

Verschiedene Salamiproben besaßen eine Haut, die einen Edelschimmelbelag vortäuschen sollte. Dieser Edelschimmel wurde durch einen unregelmäßigen Überzug des Darms mit einer weißen Masse hergestellt. Es handelte sich bei den Würsten um schnell gereifte, säuerlich schmeckende Ware (HAM).

In Salami mit Alkoholzusätzen (Kirschwasser, Rum) waren die charakteristischen Merkmale der Zusätze nach der Reifung nicht mehr feststellbar. Die Würste wurden wegen Irreführung beanstandet, da sie sich im Geschmack nicht von einer ganz normalen Salami unterscheiden (KA).

Die meisten Beanstandungen betrafen eine unsachgemäße Lagerung bzw. falsche Kennzeichnung der Waren. So wurden feine Brühwürstchen in Einzelhandelsgeschäften zur Verlängerung der Haltbarkeit nach Geschäftsschluß in „Lake" eingelegt und am nächsten Tag dem Verbraucher wieder als „frische Ware" angeboten (DU).

In einem Fall wird eine Verbraucherin wohl ihren Glauben an gute Handwerkskunst der Metzger verloren haben. Die von ihr zubereiteten Blut- und Leberwürste erwiesen sich als sauer, das gleichzeitig dazu eingekaufte Sauerkraut enthielt Maden (OG).

Eine französische Rotwurst war von einem grauen Aschemantel umhüllt, der beim Anschneiden den Wurstanschnitt grau verschmierte. Außerdem war der Gehalt an Blei in der Asche sehr hoch (22 mg/kg). Es ist erstaunlich, was unter dem Deckmantel der Tradition dem Verbraucher angeboten und von ihm gekauft wird (OG).

Rohwürste gaben aufgrund ihrer Zusammensetzung kaum Anlaß zur Beanstandung (D). In einigen Fällen allerdings waren die Oberflächen mit Sorbat konserviert, das nicht deklariert worden war (ME).

In einer Pizzeria wurde zur Herstellung von „Pizza Salami" unzulässigerweise eine einfache Plockwurst verwendet (D).

„Von einem Händler wurden als umgerötete Rohwursterzeugnisse Geflügelwurst und Geflügel-Merquez in Fertigpackungen aus Frankreich mitgebracht und verkauft. Alle drei zur Untersuchung überbrachten Proben waren in mehrfacher Hinsicht zu beanstanden: in den drei Proben konnte der in Frankreich für Wurstwaren erlaubte Farbstoff E 120 (Echtes Karmin, Cochenille) analysiert werden, der Gehalt an Nitrit und Nitrat, berechnet als Natriumnitrit, lag mit Werten zwischen 150 und 220 mg/kg deutlich über dem zulässigen Wert von 100 mg/kg (lt. französischer Kennzeichnung wurde vermutlich bei der Herstellung das in der BRD für diese Produkte nicht erlaubte Kaliumnitrat verwendet), die Kennzeichnung erfolgte ausschließlich in französischer Sprache, eine Probe wies ein erhöhtes Wasser – Fleischeiweiß-Verhältnis auf, zwei Proben – eine mit überschrittenem Mindesthaltbarkeitsdatum – waren bereits verdorben" (PF).

Nach einer Änderung der Nährwert-Kennzeichnungs-Verordnung war es im vergangenen Jahr erstmals möglich, Wurstwaren mit deutlich weniger Salz und Fett herzustellen und dafür auch entsprechend zu werben. Von dieser Möglichkeit wurde kaum Gebrauch gemacht.

Artikel mit reduzierten Salzgehalten schmecken zunächst ungewohnt leer und fade, was auch durch entsprechende Würzung nur teilweise ausgeglichen werden kann. Trotz einer breit angelegten Werbekampagne nimmt der Verbraucher sie offensichtlich kaum an. Lebensmittel mit vermindertem Salzgehalt liefern einen ernährungsphysiologisch erwünschten Beitrag zur Reduzierung der i. allg. zu hohen Salzzufuhr (D).

„Zusammenfassend läßt sich bei den Untersuchungen der Fleischwaren feststellen, daß für die Beanstandungen neben den Kennzeichnungsmängeln insbesondere sensorische Abweichungen ausschlagebend sind. Unsachgemäße oder zu lange Lagerung, die Verwendung von nicht mehr frischem Ausgangsmaterial oder fehlende Reifung sind als Hauptmerkmale zu nennen.

Hinsichtlich der sachgemäßen Verwendung von Zusatzstoffen (Diphosphat und Pökelstoffe) kann von einer deutlichen Verbesserung – mit Ausnahme der Kenntlichmachung – gegenüber früheren Jahren gesprochen werden. Bedingt durch die Diskussion über Zusatzstoffe in Lebensmitteln – und vermutlich auch im Hinblick auf das zu erwartende verstärkte Angebot im Rahmen des gemeinsamen Marktes – werden mit steigender Tendenz Brühwürste ohne Phosphat hergestellt" (KA).

(10) Fische

Nachdem die Fernsehsendung Monitor über die Verseuchung von Fischen mit Fadenwürmern berichtet hatte, wurden von den Untersuchungsämtern verstärkt Fische auf Nematodenbefall untersucht. In einigen Regionen waren alle untersuchten Proben erfreulicherweise ohne Nematoden (SIG). In anderen wurden vereinzelt abgestorbene Würmer gefunden. Bei einer späteren Kontrolluntersuchung waren auch dort alle untersuchten Fische wurmfrei (BO). Als Verbraucherbeschwerde wurden Fischfilets mit toten und mit bis zu 5 lebenden Nematoden zur Untersuchung gebracht. Vereinzelt wurden auch Hautreste und Fischfleischfasern als „Fischwürmer" angesehen (PF). In Seefischen wurden noch lebende sowie abgestorbene Nematodenlarven gefunden. Gegenüber den massiven Befunden des Vorjahres war jedoch ein deutlicher Rückgang des Nematodenbefalls zu verzeichnen (AC).

Wegen der Bedeutung der Fische als Bioindikatoren werden im Regierungsbezirk Tübingen Fische auf ihre Schwermetallgehalte intensiv überwacht. Die Blei- und Cadmiumwerte lagen ausnahmslos unter bzw. an der jeweiligen Bestimmungsgrenze (Pb 0,01 mg/kg; Cd 0,001 mg/kg). Die Quecksilberkonzentrationen zeigten mit 0,07 mg/kg eine gegenüber dem Vorjahr fallende Tendenz. Auch sie lagen weit unter dem zulässigen Höchstwert von 1 mg/kg (SIG).

Die Fische aus dem Rhein bei Karlsruhe waren erheblich stärker mit Schwermetallen belastet. Bei fast allen Proben wurden die Richtwerte für Quecksilber überschritten. Die Belastung ist gegenüber den früheren Jahren unverändert geblieben (KA).

Neben der Untersuchung von Fischen, die direkt aus benachbarten Gewässern stammten, wurden auch Fische aus dem Angebot des Einzelhandels untersucht. Dabei wurde in einer Probe eine Cadmiumkonzentration festgestellt, die über der zulässigen Höchstmenge von 0,1 mg/kg lag. Die übrigen 14 Proben blieben mit ihren Schwermetallgehalten unter den Höchstwerten (D).

Von 78 Fischen (Aale, Döbel, Bachforellen, Karpfen u. a.) aus Gewässern des Regierungsbezirks Stuttgart enthielten nahezu alle Proben Rückstände an chlororganischen Verbindungen wie HCB, HCH-Isomere, insbesondere Lindan, sowie DDE unter der zulässigen Höchstmenge. Verunreinigungen mit polychlorierten Biphenylen wurden in allen Proben gefunden. Bei zwei Proben (Aal und Döbel) aus dem Neckar wurden erhöhte Gehalte an einzelnen PCB-Komponenten gefunden (S).

Rheinfische wurden auf Verunreinigungen mit Pflanzenbehandlungsmitteln und PCB untersucht. Bei 6 von 57 untersuchten Fischen waren die Grenzwerte für PCB überschritten. Die Höchstmengenüberschreitungen für das Pestizid HCB lagen mit 13,5 % deutlich niedriger als im Vorjahr (41 %). Dieser Unterschied erklärt sich vor allem durch die Auswahl der Fische. Die Tiere stammten alle vom Hochrhein, der in den ersten 100 km wenig belastet ist. Andere chlororganische Pestizide und Umweltchemikalien waren ebenfalls nachweisbar, lagen jedoch unter den jeweiligen Höchstmengen (OG).

Etwas anders sah die Situation der Fische im Rhein auf der Höhe von Karlsruhe aus. Alle Aale überschritten den Grenzwert für HCB, der ja auch schon von einigen Fischen am Hochrhein überschritten worden war. Andere Pestizide waren ebenfalls nachweisbar, blieben jedoch auch hier unter den Höchstwerten. Die Konzentrationen an PCB bewegten sich bei allen untersuchten Fischen im Bereich der Höchstmengen. Aus dieser Sicht ist auch weiterhin vom Verzehr von Aalen aus dem Rhein abzuraten (KA).

Aal und Zander aus der Lippe hatten PCB-Gehalte, die weit über den Werten (bis zum 13fachen) der Höchstmengenverordnung lagen (HAM).

Nach einem Fischsterben im Bereich Pforzheim wurden die toten Fische untersucht. In den Forellen konnten die Pestizide α- und β-Endosulfan und Endosulfansulfat in hohen Konzentrationen (0,5–1,5 mg/kg berechnet auf Fisch) nachgewiesen werden. In der Nähe des Bachs wurde tatsächlich Endosulfan verwendet, das bevorzugt gegen beißende und saugende Insekten und im Wald gegen Käfer, Raupen und Nadelholzläuse eingesetzt wird. Bei diesem Mittel handelt es sich um ein starkes Fischgift, bei dem die LD_{50} – d. h. die Konzentration, bei der 50 % der Versuchstiere sterben – für Forellensetzlinge 0,01 mg/kg beträgt (PF).

Auch hier konnten in allen untersuchten Fischproben Rückstände von Pflanzenbehandlungsmitteln und Verunreinigungen durch PCB nachgewiesen werden. Der größte Teil der Messungen blieb unter den Höchstwerten. Bei 4 von 44 Fischen wurden allerdings der Höchstwert für PCB überschritten (PF).

Rückstände an Malachitgrün, das zur Pilzbekämpfung bei Fischen eingesetzt wird, sind als gesundheitlich nicht unbedenklich zu beurteilen (OG).

„Der starke Rückgang der Anzahl positiver Befunde in den vergangenen Jahren ließ darauf hoffen, daß Rückstände des fungiziden Malachitgrün in Speisefischen künftig keine Rolle mehr spielen würden.

Ende des Jahres wurden jedoch in Speiseforellen eines hiesigen Teichwirts Rückstände an Malachitgrün nachgewiesen, die z. T. 20fach über der zulässigen Höchstmenge (0,01 ppm) lagen. Alle anschließend während einer Betriebskontrolle aus verschiedenen Teichen der Anlage entnommenen Proben enthielten ebenfalls Malachitgrün, so daß der gesamte·Bestand gesperrt werden mußte.

In nahezu allen untersuchten Forellen wurde die Leukoform des Malachitgrün nachgewiesen, die sich im Fischorganismus aus der ionischen Farbform bildet.

Aufgrund des nur langsamen Abbaus der Konzentration von Leuko-Malachitgrün im Fisch ist zu erwarten, daß ein Großteil der Speiseforellen voraussichtlich bis Mitte des Jahres 1989 nicht in den Verkehr gebracht werden darf" (SIG).

(11) Fischerzeugnisse

Seit August 1988 gibt es nun eine Fischverordnung, in der ein zulässiger Höchstwert für die Histaminkonzentration in Fischen und Schalentieren
auf 200 mg/kg festgelegt wird. Die Untersuchung ergab in 3 von 63 Proben (Sardellenfilets und Sardellenpaste) eine Überschreitung des Grenzwerts, ohne daß jedoch die Sardellen sich bereits geschmacklich wesentlich verändert hätten. Beim überwiegenden Teil aller untersuchten Erzeugnisse lag der Histamingehalt unter 50 mg/kg. Erfreulicherweise trifft dies auch für die in Speiserestaurants aus offenen Dosen usw. entnommenen Proben zu (ME).

Eine andere Untersuchung kam leider nicht zu ähnlichen Ergebnissen. In mehreren Proben Hering, Sardellen, Thunfisch, Lachs und Kaviar wurden die Grenzwerte für Histamin überschritten. Mehrfach gingen Verbraucherbeschwerden nach dem Genuß von Thunfischerzeugnissen ein. In einem Fall enthielt der einer Großpackung Thunfisch (Herkunftsland Philippinen) entstammende Fischanteil 850 mg/kg Histamin und 50 mg/kg Cadaverin. Mit diesem Thunfisch waren Brötchen belegt worden, der Verzehr führte bei 2 Personen zu Kopfschmerzen, Übelkeit und Erbrechen (KA). Spitzenreiter in der Histamin-Hitliste jedoch war die Thunfischauflage einer Pizza, nach deren Genuß 2 Verbraucherinnen starke allergische Reaktionen zeigten. Sie enthielt 3360 mg Histamin/kg. Zulässig laut Fischverordnung sind nur 200 mg/kg. Um eine Erklärung für den hohen Histamingehalt zu bekommen, wurde u. a. überprüft, ob sich beim Backprozeß, eventuell durch die Kombination mit den anderen Bestandteilen der Pizza, die Histamingehalte im Fisch gegenüber den Ausgangswerten erhöhen. Dies ist nicht der Fall.

Auch lassen die Ergebnisse von Lagerungsbedingungen schließen, daß selbst unter ungünstigen Lagerungsbedingungen in geöffneten Dosen (länger als 24 h bei Raumtemperatur) kein Histamin gebildet wird. Die Ursache des hohen Histamingehaltes konnte nicht geklärt werden (HAM).

Histamin wird durch mikrobielle Stoffwechselprozesse aus der im Muskeleiweiß enthaltenen Aminosäure Histidin gebildet und gilt vor allem bei Fischerzeugnissen als Verderbnisindikator. Es wirkt auf die glatte Muskulatur verschiedener Organe kontraktionserregend, so auf den Uterus, den Darm und die Bronchialmuskulatur. In größeren Dosen führt es zu Gefäßerweiterung bis hin zur Schädigung der Kapillarwände. Außerdem wird es für zahlreiche allergische Reaktionen verantwortlich gemacht (ME).

Der Histamingehalt von 22 bei einer Geschmacksprüfung aufgefallener Proben Fisch wurde untersucht. Die Gehalte schwankten dabei zwischen 3 und 410 mg/ kg. Bemerkenswert ist wiederum, daß neben den schon fast als „klassisch" zu bezeichnenden Fischprodukten wie Sardinen, Sardellen und Thunfisch auch wieder bei Heringsmarinaden und Heringen in Sahnesoße auffallend hohe Histamingehalte festzustellen waren. Die Heringsmarinaden waren dabei im Zuge einer Sonderaktion im Einzelhandel außerhalb des Kühlregals angeboten worden.

Erste Untersuchungen zeigten auch, daß bei verschiedenen Fleischerzeugnissen während der Lagerung ohne Kühlung erhebliche Mengen an biogenen Aminen, insbesondere Tyramin, Cadaverin und Putrescin gebildet werden. Diese Untersuchungen werden 1989 intensiviert (OG).

Histamin konnte in Räucherlachs nur in ganz wenigen Fällen in so großen Mengen (über 200 mg Histamin/kg Fisch) nachgewiesen werden, daß er beanstandet werden mußte (SIG, S, HAM).

Neben dem Gehalt an einer Vielzahl von Pestiziden wurde Räucherfisch auf 3,4-Benzpyren (s. Kap. 3.1 (08)) überprüft. Die Werte lagen in allen Fällen unter 1 μ/kg (W).

Vor Lösungsmittelrückständen bleiben Fische ebenfalls nicht verschont. Bedenkliche Konzentrationen fand man in einigen Fischkonserven, wie z.B. „geräucherten Sprotten in Öl" und „Sardellenfilets in Öl", in deren Aufgußflüssigkeiten (Öl) über 0,1 bzw. sogar 0,4 und 0,65 mg/kg Tetrachlorethylen (Per) enthalten waren (BO). Der Grenzwert für Per in Öl von 0,1 mg/kg wäre also weit überschritten.

Häufig mußten die Untersuchungsämter verdorbene Fischerzeugnisse beanstanden. Einige Proben Räucherlachs rochen bereits bei Ablauf des Mindesthaltbarkeitsdatums sehr stark tranig, stickig und ammoniakalisch. Sie wiesen fast alle überhöhte Keimzahlen auf (HAM). Das ist darauf zurückzuführen, daß die Hersteller eine zu lange Mindesthaltbarkeit vorgeben (SIG, S). Deshalb wurden in einer Sonderaktion verstärkt Räucherlachserzeugnisse zum Zeitpunkt des angegebenen Haltbarkeitsdatums auf ihre Beschaffenheit überprüft. Die überwiegende Zahl der Proben war in Ordnung. Nur ein „echter Räucherlachs" war durch Schimmelbefall nicht mehr zum Verzehr geeignet (AC).

Eine Charge Kaviar aus dem Iran ohne deutsche Kennzeichnung war unzulässigerweise mit Borsäure konserviert und trotzdem verdorben. In einem anderen Fall wurden Kaviarpackungen, die gekühlt werden mußten, über längere Zeit bei Raumtemperatur aufbewahrt. Sie waren natürlich lange vor Ablauf des Mindesthaltbarkeitsdatums verdorben (KA).

Vereinzelt wiesen Fischmarinaden einen chemisch-medizinischen Fremdgeschmack auf. Dieser Geschmack dürfte auf die Bildung von Chlorphenolen beim Zusatz von Wasserstoffperoxid zurückzuführen sein (S).

Wegen Wertminderung bzw. Irreführung wurden beanstandet: Räucherlachs, der ohne den Hinweis, daß er aufgetaut worden war, zum Verkauf angeboten wurde; 2 Jahre überlagerte Fischstäbchen aus einem Pflegeheim waren trocken und alt; Räucherlachs in Scheiben und Hering in Gelee waren mit unzutreffenden Haltbarkeitsangaben ausgezeichnet; norwegischer Räucherlachs kam nicht aus Norwegen; Fischcrabmeat war ohne Zusatz von Krebsfleisch hergestellt. Unter Phantasiebezeichnungen oder auch als „Seezungen" im Handel und in Gaststätten angebotene Plattfischfilets stammten meist nicht von der nur in der Nordsee vorkommenden „echten" Seezunge, sondern von anderen Fischarten (OG).

Fischkonserven enthielten z.T. erhebliche Schwermetallmengen. Eine Thunfischkonserve aus Thailand lag mit 0,15 mg/kg Cadmium (Cd) deutlich über dem Richtwert des Bundesgesundheitsamtes (BGA) von 0,1 mg Cd/kg, während sich 3 andere Fischkonserven – darunter 2 aus Thailand – mit 0,94 bzw. 0,9 und 1,02 mg/kg Blei im Grenzbereich des BGA-Richtwertes von 1 mg/kg bewegten (BO).

Bei Untersuchungen in Baden-Württemberg wurden in Fischkonserven keine Überschreitungen der Richtwerte festgestellt (SIG).

18 Proben Räucherlachs wurden auf Phosphorsäureester-Insektizide, insbesondere Dichlorvos, untersucht. Rückstände dieser Stoffe waren nicht nachweisbar. In Räucheraalen konnte allerdings Mirex (ein Ameisenbekämpfungsmittel), in einer Probe sogar über dem Höchstwert, nachgewiesen werden (OG).

(12) Krusten-, Schalen- und Weichtiere

Diese Gruppe wird außer auf ihre Frische vor allem auf Schwermetalle wie Cadmium und Quecksilber und auf Konservierungsmittel untersucht.

Die Quecksilbergehalte (durchschnittlich 0,015 ppm) blieben bei allen Untersuchungen in der Regel weit unter dem Verordnungswert von 1,0 ppm (BO).

Bei Cadmium sah die Sache ganz anders aus. Für Tintenfisch und -erzeugnisse wurden erst im September 1987 Richtwerte für Blei und Cadmium festgelegt. Stichproben ergaben, daß der Richtwert für Cadmium (0,5 mg/kg) häufig überschritten wird (D, S). Tintenfischerzeugnisse aus dem Mittelmeerraum wiesen bis ein Mehrfaches des erlaubten Cadmiumrichtwertes auf. Auffällig waren insbesondere nicht ausgenommene Tintenfische in Dosen bzw. tiefgekühlt. Offensichtlich enthalten die inneren Organe, sowie vor allem die Tinte so große Mengen an Cadmium, daß dadurch das Tintenfischfleisch verseucht werden kann (S).

Wie auch im vergangenen Jahr wurden Muschelkonserven auf ihren Gehalt an giftigen Algen (wasserlösliche Algentoxine, PSP) überprüft. Erfreulicherweise lagen in Baden Württemberg sämtliche ermittelten Werte deutlich unter dem in der Fischverordnung festgelegten Grenzwert von 400 µg/kg (SIG, KA). In 30 Stichproben von Muschelerzeugnissen und 2 Proben Meeresfrüchte war das Algengift Saxitoxin nicht nachweisbar. Damit hat sich die Situation gegenüber dem Vorjahr erfreulich gebessert (S).

In einem Fall wurden sterilisierte Krabben zusätzlich mit Sorbinsäure konserviert. Da Konserven – wie der Name schon sagt – bereits durch Hitze konserviert sind, darf ihnen natürlich auch kein chemisches Konservierungsmittel mehr zugesetzt werden (W).

Mehrfach waren Shrimps und Krabbenfleisch, die offen angeboten wurden, chemisch konserviert oder gefärbt, ohne daß die Zusatzstoffe kenntlich gemacht worden waren. Verschiedentlich wurde auch der Zusatz von Diphosphat nicht gekennzeichnet. Shrimpskonserven enthielten den verbotenen Zusatzstoff Polyphosphat. Phosphate werden den Shrimps zugesetzt, damit sie mehr Wasser binden und so schwerer sind (KA).

Verstöße gegen die Kennzeichnungspflicht wuren ebenfalls festgestellt. So zeigten zahlreiche Tintenfischprodukte einen höheren Panadeanteil als deklariert war (DU, W). Das ging so weit, daß manche Produkte mehr Panade als Tintenfisch enthielten und daher besser als Panade mit Tintenfisch hätten verkauft werden sollen. Außerdem wurde angetaute Ware als „tiefgefroren" angeboten (OG).

„Am Grenzübergang Kehl wurden aus Frankreich importierte verdorbene, faulige Schnecken erhoben. Sie waren als Transitware mit türkischen Ursprungszeugnissen versehen und zur Verarbeitung in Griechenland bestimmt. Wir wiesen die Behörden darauf hin, daß 1987 bereits ein ähnlicher Fall aufgetreten war, damals die Ware aber an der Grenze zurückgewiesen werden konnte. Merkwürdig bei der gesamten Angelegenheit war, daß Schnecken gefroren und damit verbunden mit erheblichen Kosten quer durch Europa von der Türkei nach Frankreich und zurück nach Griechenland transportiert wurden. Weiterhin war bemerkenswert, daß auf den Begleitpapieren nur Grenzkontrollstempel von Rumänien, Ungarn und Jugoslawien waren, Siegel von Ländern der EG jedoch fehlten" (OG).

(13) Fette und Öle

„Nachdem bereits 1987 in zahlreichen kaltgepreßten oder ähnlich bezeichneten Olivenölproben aus Italien und Spanien Rückstände an Perchlorethylen (= Tetrachlorethen) feststellbar waren, wurde dieses Problem im Frühjahr des Berichtsjahres auch von den Medien aufgegriffen, was zu heftigen Reaktionen in der Öffentlichkeit führte.

Als Ursache der Kontamination wurde angegeben, daß in diesen Erzeugerländern die für die Bezahlung der Olivenanbauer erforderliche Fettgehaltsbestimmung der Oliven mittels Extraktion durch Perchlorethylen vorgenommen wurde. Die hierbei anfallenden, entsprechend belasteten Fettrückstände sollen dann dem reinen Preßöl wieder beigemischt worden sein. Als weitere mögliche Kontaminationsquelle wurde diskutiert, daß es sich auch um Rückstände von Reinigungsbzw. Entfettungsmitteln für Geräte und Maschinen in Ölmühlen handeln könnte" (SIG).

Eine zum 1. 7. 1988 in Kraft getretene EG-Verordnung schreibt fest, daß ab dem 1. 1. 1989 Olivenöl mit Perchlorethylenrückständen oberhalb 0,1 mg/kg als nicht mehr verkehrsfähig einzustufen ist.

Kaltgepreßtes Olivenöl war auch 1988 z. T. noch erheblich mit Perchlorethylen (Per) verunreinigt. In einigen Fällen wurde der Grenzwert, der allerdings erst ab dem 1. 1. 1989 verbindlich ist, bis zum 10fachen überschritten (DU, SIG, S). Erfreulicherweise verbesserte sich die Situation in der zweiten Jahreshälfte erheblich. Eine Überschreitung des zukünftigen Grenzwertes konnte nur noch in Einzelfällen festgestellt werden (SIG, BO, HAM).

Die Untersuchung auf Lösungsmittel wurde auch mit zahlreichen anderen Speiseölen durchgeführt. Lediglich in 2 „kaltgepressten" Walnußölen einer Firma wurden Gehalte an Trichlorethen in der Größenordnung von 0,1–0,3 mg/kg festgestellt (S).

Pflanzenbehandlungsmittel und PCBs sind praktisch in allen Ölproben nachweisbar. Da chlorierte Kohlenwasserstoffe gut fettlöslich sind, ist dies auch zu erwarten. Allerdings wurden keine Überschreitungen der Höchstmengen festgestellt (KA).

Unbefriedigend ist die Situation in bezug auf gebrauchte Frittierfette aus Gaststätten, Imbißbuden etc. Nach wie vor werden die Fette zu lange benutzt und oftmals zu hoch erhitzt oder es werden billigere, weniger geeignete Pflanzenfette verwendet (SIG, W, S). Gegenüber dem Vorjahr hat sich die Situation jedoch leicht verbessert. Die Beanstandungsquote im Raum Freiburg sank von 33 auf 24% (OG). Auch in den Bereichen anderer Untersuchungsämter war etwa 20% der überprüften Fettproben wegen der erheblichen geruchlichen und geschmacklichen Mängel sowie auf Grund des analytischen Ergebnisses nicht mehr zum Verzehr geeignet (HAM).

Eine Margarine mußte beanstandet werden, weil grüne Druckfarbe aus dem Kunststoffbecher auf die Margarine übergegangen war (HAM).

Eine irreführende Kennzeichnung stellt der Hinweis auf Griebenschmalz „aus eigener Herstellung" dar. Das Schmalz wurde aus einem Großbetrieb bezogen (W). Sonnenblumenmargarine enthielt eine zu hohe Beimischung von Rüböl (HAM).

Nach Werbeaussagen sollten verschiedene Pflanzenöle frei von Cholesterin sein. Zu viel Cholesterin wird immer wieder in Zusammenhang mit Arteriosklerose und Herzinfarkt gebracht. Die meisten pflanzlichen Fette enthalten nachweisbare Mengen an Cholesterin. Das wird von diesbezüglichen wissenschaftlichen Untersuchungen bestätigt. Neuere Untersuchungen haben ergeben, daß mit den üblichen Nachweisverfahren nur ein bestimmter Anteil an Cholesterin nachgewiesen wird. Andere Fettbestandteile (wie z. B. die sterinhaltigen Lipoproteine) weisen ebenfalls z. T. hohe Cholesterinmengen auf. Eine Werbung mit „Cholesterinfreiheit" bei Pflanzenölen erscheint daher generell fragwürdig (HAM).

(14) Suppen, Soßen

Produkte mit der Vorsilbe „Bio" in der Verkehrsbezeichnung enthielten unzulässigerweise Zusatzstoffe: Glutamat im „Bio"-Brühwürfel, der Farbstoff Zuckercouleur in „Bio"-Soße (S). Verschiedene Fertigsuppen und Brühwürfel wurden als Vollwertkost bezeichnet. Es handelte sich um Produkte, die durch Erhitzen sterilisiert worden waren und Zutaten wie Zucker, modifizierte Stärke, gehärtetes Fett u. a. enthielten. Solche Lebensmittel sind nach Auffassung von Ernährungswissenschaftlern auch als Bestandteile einer Vollwerternährung ungeeignet (ME).

Tomatenketchup mit unzähligen Fliegeneiern und -maden war zum Verzehr wohl kaum geeignet. Helle Soßen, u. a. Trockenprodukte, die als „Sauce Hollandaise" oder „à la Bearnaise" bezeichnet wurden, waren offensichtlich nachgemacht. Sie enthielten weder Ei noch Milchfett, sondern nur Pflanzenfett und Dickungsmittel (S).

(15) Getreide

Eine Ladung Weizen war mit Kohlenstaub verunreinigt. Offenbar war das Transportschiff nicht ausreichend gereinigt worden (D).

Diverse Proben Weizen und Gerste, unter anderem aus biologischem Anbau, waren stark mit lebenden Reiskäfern befallen. Sie konnten nicht mehr verkauft werden. Da immer mehr Getreide aus biologischem Anbau zum Selbstmahlen angeboten wird, ist damit zu rechnen, daß sich auch die Schädlinge wieder weiter ausbreiten. Dem kann nur durch eine erhöhte Sorgfaltspflicht des Einzelhandels begegnet werden (HAM).

Ein Roggen wurde als „Vollwert-Kost" angeboten. Eine derartige Bezeichnung ist irreführend, da ein einzelnes Lebensmittel natürlich keine vollwertige Nahrung sein kann. Roggenkörner können lediglich eine Komponente einer Vollwerternährung sein (KA).

„Bei einer Roggenprobe wurde auf der Packung darauf hingewiesen, daß sie „reich an Vitaminen, Mineralstoffen und Spurenelementen" sei. Derartige Angaben sind übertrieben und zur Irreführung geeignet. Mit dem Verzehr von Roggen wird nur ein Teil der genannten Stoffe dem menschlichen Organismus zugeführt, darüber hinaus mit 100 g Roggen nur ein Bruchteil des Tagesbedarfs (ca. 5–30 %). Bei Angaben wie „reich an ...." sollte jedoch in einer Tagesportion zumindest der Tagesbedarf des herausgestellten essentiellen Nährstoffs enthalten sein" (KA).

Getreide kann vor allem in seinen äußeren Schichten Schwermetalle anreichern. Deshalb wurden aus den Rheinüberschwemmungsgebieten Urdenbach und Himmelgeist, im Stadtgebiet Düsseldorf, Getreideproben auf Schwermetalle untersucht. Insbesondere Weizen wurde zum Erntezeitpunkt direkt auf den Feldern entnommen und auf Cadmium und Blei geprüft.

„Die Proben des Urdenbacher Gebietes ergaben keine Richtwertüberschreitungen. Bei den Himmelgeister Proben wurde der Richtwert für Cadmium (0,1 mg/kg) in zwei Fällen (1x Roggen, 1x Weizen) um mehr als das Doppelte überschritten. Da das Getreide schon an die Genossenschaft verkauft worden war, wurde das Chemische und Lebensmitteluntersuchungsamt Mettmann gebeten, in Amtshilfe den entsprechenden Roggen und Weizen aus den Silos der Genossenschaft zu untersuchen. Der Bitte wurde entsprochen. In den Silos war Getreide von Anlieferern aus dem Bereich Himmelgeist bis Monheim.

Die durchschnittliche Cadmiumbelastung der Mischproben lag unter dem Richtwert.

Roggen: Feld   0,24 mg/kg   Genossenschaft   0,03 mg/kg
Weizen: 0,31 mg/kg   0,08 mg/kg

Der Erzeuger wurde angehalten, Produkte dieser kritischen Anbauflächen in Zukunft erst zu vermarkten, wenn durch Untersuchungen sichergestellt ist, daß die Schadmetall-Belastung so niedrig ist, daß einer Verwendung zu Lebensmittelzwecken nichts entgegensteht" (D).

In einer Schwerpunktaktion wurden in Baden-Württemberg Lebensmittel mit Hinweisen auf Naturreinheit sowie entsprechende Markenware aus dem kontrollierten biologischen Anbau untersucht.

Bei den untersuchten 48 Proben von Getreide und Getreideerzeugnissen waren zwar in 24 Proben Rückstände nachweisbar. Dabei handelte es sich jedoch ausschließlich um Spuren von Organochlorpestiziden in Mengen von 0,01 mg/kg und weniger. Diese Rückstände sind offensichtlich als Verunreinigungen durch Umweltchemikalien einzuordnen. Rückstände von Wirkstoffen, die als Pflanzenbehandlungsmittel eingesetzt werden, waren bei Getreide und Getreideprodukten in keinem Fall nachweisbar (OG).

In einer weiteren Untersuchung, in der über 80 Proben Getreide, Obst und Gemüse aus dem alternativen Anbau ebenfalls in Baden-Württemberg überprüft wurden, waren keinerlei umweltbedingte Verunreinigungen oder Rückstände von Pflanzenbehandlungsmitteln nachweisbar (SIG).

Bei einer ähnlichen Untersuchung in Nordrhein-Westfalen wurde festgestellt, daß in einer Charge Weizen aus biologisch-dynamischem Anbau der Höchstwert für Cadmium deutlich (bis zum 4fachen des Richtwerts) überschritten wurde (D).

„In letzter Zeit kommen vermehrt Reisprodukte, auch Reisfertiggerichte, auf den Markt, für die mit den Begriffen Naturreis, parboiled veredelter Naturreis und Vollkornreis oder gleichsinnigen Begriffen geworben wird. Tatsächlich enthalten die Produkte aber einen ungeschliffenen / unpolierten Parboiled Reis. Derartige Bezeichnungen sind als Irreführung des Verbrauchers anzusehen.

Bei Reis handelt es sich um eine Gramineenfrucht, eine Karyopse. Das volle Korn ist bei der Ernte von zwei derben Spelzen umschlossen, die dann bei der Verarbeitung entfernt werden. Die lediglich entspelzte Frucht wird handelsüblich als Naturreis verkauft. Nur er enthält die maximale Menge an Vitaminen und Mineralstoffen, weiterhin muß er rückstandsfrei sein. Alle anderen Reisprodukte sind mehr oder weniger starken Bearbeitungsvorgängen und damit Veränderungen ausgesetzt. Das „Parboiling-Verfahren" geht immer von Rohreis aus, der mit Wasser eingeweicht, gedämpft, getrocknet und dann geschält wird. Bei der Behandlung wird die Stärke angequollen, die äußeren Schichten verkleistern und ergeben nach dem Trocknen eine sehr dichte Schicht. Die Veränderung ist an dem glasigen Aussehen der Körner leicht erkennbar. Beim Schälen werden die Spelzen vollständig und das darunter liegende Silberhäutchen teilweise entfernt, je nachdem, wie stark die beiden Teile miteinander verkleben. Dies führt zu einer etwas uneinheitlichen Oberfläche. Dieser optische Fehler wird anschließend durch vorsichtiges Polieren behoben und das fertige Produkt handelsüblich als Parboiled Reis verkauft. Bei sog. Parboiled „Naturreis" wurde auf das abschließende Polieren verzichtet, wodurch Reste des Silberhäutchens auf dem Reis verbleiben, jedoch bedeutend weniger als bei „Naturreis". Das Parboiling-Verfahren ist aber ein derart starker Eingriff, daß auch hitzeempfindliche Bestandteile (Vitamine, Enzyme) gegenüber dem unbehandelten Reis deutlich verändert werden und selbst ein nicht mehr nachpolierter Parboiled Reis nicht mehr mit dem lediglich entspelzten Naturreis identisch ist. Die starke Veränderung zeigt sich auch in der kürzeren Kochzeit gegenüber handelsüblichem Naturreis.

Somit kann ein nach dem Parboiling-Verfahren bearbeiteter Reis grundsätzlich seine ursprüngliche, natürliche Beschaffenheit (Naturreis) und auch eine Vollkorneigenschaft nicht mehr haben. Der Verbraucher wird durch die gewählte Bezeichnung über die tatsächliche Beschaffenheit des Produktes getäuscht.

Auch bei Werbeanzeigen in Zeitschriften wird mit diesen Begriffen geworben. Der Hinweis, daß es sich um einen Parboiled Reis handelt, ist für den flüchtig betrachtenden Verbraucher meist nicht mehr zu erkennen. Diese Werbeanzeigen sind ebenfalls irreführend" (DU).

Die Überschrift „Vollwert-Korn" war auch bei Roggen-, Weizen- und Triticalekörnern sowie 10 weiteren zum Verkauf gestellten Getreidekorn- bzw. Ölsamenarten Anlaß zu Beanstandungen wegen Irreführung. Erstmalig mußte auch sog. Vollkornhirse, die – wie stets üblich und auch nötig – geschält, also von der ungenießbaren Fruchtschale befreit war, wegen Irreführung beanstandet werden (DU).

(16) Getreideprodukte

Diverse Mehle aus Säcken und Silos waren durch Käfer, Maden, Puppen, Puppenhüllen, Gespinste, Mehlmotten und Leistenkopfplattkäfer deutlich verunreinigt. Die Kontrolle der Silos in Mittel- und Großbetrieben muß intensiviert werden, zumal in einigen Fällen das Mehl direkt aus den Silos abgezogen und nicht mehr abgesiebt wird (W, HAM).

Graupen und andere Getreideprodukte im Einzelhandel enthielten ebenfalls lebende und tote Schädlinge (HAM).

„In der letzten Zeit häuften sich die Befunde, bei denen Mehl, insbesondere aber Grieß, mit Staubläusen befallen war. Staubläuse ernähren sich vorwiegend nicht von Lebensmitteln, sondern von den auf den Lebensmitteln (z. B. Mehl, Grieß) wachsenden (Schimmel-)Pilzen. Es muß daher verhindert werden, daß Staubläuse an die Lebensmittel gelangen können oder daß die Lebensmittel mikrobiell infiziert werden. Ein Befall mit Staubläusen könnte daher durch ein Verpacken der Lebensmittel in verschweißte Metall- oder Kunststoffolien verhindert werden.

Ein Befall der Lebensmittel im Privat-Haushalt, wo sich Staubläuse häufig befinden, wäre dort jedoch nach dem Öffnen der Packung weiterhin möglich. Der Befall mit Staubläusen könnte bei Grieß und Mehl am sichersten dadurch verhindert werden, daß diese Lebensmittel in der Mühle unter hygienisch optimalen Bedingungen hergestellt und behandelt werden, sowie anschließend im Groß- und Einzelhandel sachgemäß, d. h. insbesondere in trockenen Räumen aufbewahrt werden" (KA).

„Zwei voneinander unabhängig überbrachte Beschwerdeproben Mehl und die entsprechenden Vergleichsproben enthielten hellgraue, metallisch glänzende bzw. schwarzgraue Fremdkörper unterschiedlicher Form und Größe. Zu einem großen Teil hatten diese ca. 1–4 mm großen Teilchen spitze Ecken und scharfe Kanten, so daß beim Verzehr Verletzungen im Mund- und Rachenraum nicht auszuschließen waren. Der Hersteller warnte daraufhin die Verbraucher in Form einer Pressemitteilung vor den entsprechenden Chargen. Betriebskontrollen durch die zuständige Chemische Landesuntersuchungsanstalt führten zu dem Ergebnis, daß in der Mühle ganz erhebliche Sanierungsmaßnahmen erforderlich waren" (PF).

In einer Probe Weizengrütze wurde die zugelassene Höchstmenge für das Pflanzenbehandlungsmittel Quintozen um das 5fache überschritten (HAM).

Nur in einigen Bundesländern, wie z. B. Nordrhein-Westfalen, ist das Absieben des Mehles vor dem Backen nicht mehr zwingend vorgeschrieben.

Müsli

In der modernen Ernährung wird dem Müsli ein hoher Stellenwert eingeräumt. Durch eine Schwerpunktuntersuchung sollte ein Überblick über diese Produkte geschaffen werden. Untersucht wurden neben der Zusammensetzung der einzelnen Müslis die mikrobiologische Beschaffenheit, der Gehalt an verschiedenen Vitaminen sowie die Schwermetallgehalte und Rückstände von Pflanzenbehandlungsmitteln.

In der Zusammensetzung schwankten die Getreideanteile von 50,6 % bis 92,9 % mit einem Durchschnittswert von 70,4 %. Im wesentlichen wurden Hafer-, Weizen-, Gerstenflocken sowie Buchweizen eingesetzt; vereinzelt Reisflocken oder Cornflakes. Die Ölsaatenanteile schwankten von 0–33,5 %. Sie bestanden in vielen Fällen aus Leinsamen und Sonnenblumenkernen. Die Schalenobstanteile (meistens Haselnüsse, zuweilen Cashew-Kerne, Erdnüsse, Mandeln) bewegten sich zwischen 0 und 14,6 %. Die Trockenfruchtanteile schwankten zwischen 5,6 und 17,4 %. Verwendet wurden Sultaninen, Korinthen, Rosinen und vereinzelt Bananenchips, getrocknete Äpfel, Erdbeeren und anderen Beerenfrüchte (W).

In einem Fall enthielt ein Müsli entgegen der Zutatenliste keine Schokolade. Ein anderes Müsli wurde als „Vollwertkost" bezeichnet. Ein einzelnes Nahrungsmittel kann natürlich keine Vollwertkost sein (HA).

Angaben über evtl. zu tolerierende Schwermetallkonzentrationen bzw. Grenzwerte für das Erzeugnis „Müsli" liegen noch nicht vor. Die vom BGA als Richtwerte festgelegten Höchstgehalte an Blei und Cadmium für vergleichbare Erzeugnisse (Weizen, Roggen, Reis) wurden bei den Proben nicht überschritten.

Obwohl der Begriff „Müsli" nicht gesetzlich definiert ist, weisen die untersuchten Proben eine relativ einheitliche Zusammensetzung auf. Auffälligkeiten, insbesondere bezogen auf bedenkliche Keimgehalte, überhöhten Schwermetallgehalt und erhöhte Pestizidrückstände wurden nicht festgestellt. Aufgrund der positiven Ergebnisse wurde der Untersuchungsumfang nicht erweitert (W).

„Sieben Müsliproben wurden wegen der Bezeichnung „Vollwert-Müsli", „Vollwert-Kost" als irreführend bezeichnet beurteilt (vgl. 3.1 (14) Getreide).

Bei vier Müsliproben wurde damit geworben, daß sie einen hohen Anteil an Vitaminen, Mineralstoffen und Spurenelementen enthielten. Derartige Angaben sind bei einem Müsli nicht zutreffend bzw. übertrieben, und damit zur Irreführung geeignet (vgl. 3.1 (14) Getreide).

Ein Müsli, das mit Honig gesüßt war, wurde als „ohne Zuckerzusatz" angepriesen. Ein derartiger Hinweis ist irreführend, da sich die im Honig enthaltenen Zuckerarten Frucht- und Traubenzucker hinsichtlich des Energieinhalts und der kariogenen Eigenschaften von Zucker (Saccharose) praktisch nicht unterscheiden" (KA).

„Wie auch im letzten Jahr wurden wieder Grünkernproben untersucht. Grünkern ist das unreif (grün) geerntete, gedarrte, von den Spelzen befreite Korn des

Spelzweizens (Dinkel). Wegen seines herzhaften Geschmackes wird Grünkern gern in der vegetarischen und Vollkorn-Küche verwendet. In 6 von 8 Proben wurde ein Gehalt von 3,4-Benzpyren von größer als 1 ppb festgestellt, jedoch in keiner Probe mehr als 2,5 ppb. Bei den Proben, bei denen das Darrverfahren (maschinell oder von Hand) angegeben war, sind die handgedarrten Produkte deutlich stärker belastet. Die handgedarrten Produkte sind vom Verbraucher höher geschätzt als maschinell gedarrte" (DU).

(17) Brot, Kleingebäck

Häufige Mängel bei Brot und Brötchen stellten eingebackene Fremdkörper sowie Verunreinigungen dar. Gefunden wurden eingebackene Altfettkrusten aus Backformen, Ungeziefer, Pullring-Verschlüsse von Getränkedosen, verschiedenartige Papierfetzen von Packmaterialien, Nägel, Zigarettenkippen, eine Holzschraube, Metallklammern, Mauerdübel, Clipverschlüsse, Heftpflaster, Glassplitter usw. (S, AC). Als besonders ekelerregend erwies sich Brot mit eingebackenem Katzenkot (SIG) bzw. mit Fellteilen und Nagetierknochen (S). Diese Befunde korrelieren mit den häufigen Beanstandungen von Bäckereien wegen hygienischer Mängel (s. Kap. 2.3).

Weiterhin wurden Schädlinge in Vollkornbrot und Schimmel vorwiegend bei geschnittenem Brot bemängelt (KA).

Eine Probe Paniermehl war wegen der Verarbeitung nicht einwandfreier, überlagerter Brötchen deutlich muffig (KA).

Aus den Bereichen fast aller Untersuchungsämter werden unzureichende Kennzeichnungen und irreführende Werbeaussagen für Brot gemeldet. Beim Brot ist die Werbung mit dem Begriff „Vollwert-" an der Tagesordnung. Da ein einzelnes Lebensmittel nicht vollwertig sein kann, sondern nur im Rahmen einer vollwertigen Ernährung eingesetzt werden soll, wurden solche Brote beanstandet. In vielen Fällen wird der Begriff „Vollwert-" inzwischen ebenso unsinnig gebraucht wie der Begriff „Bio-". Eine einheitliche Beurteilung wäre zu begrüßen (W).

In diesem Zusammenhang muß auch auf die Verwendung des Begriffs „Frische" hingewiesen werden. Die Grauzone für den Einsatz dieses werbewirksamen Begriffs wird immer weiter ausgedehnt. Nach Auffassung vieler Hersteller ist z. B. ein „Frischkorn" nicht ein frisches Korn kurz nach der Ernte, sondern die Bezeichnung soll auf den Zeitpunkt der Vermahlung hinweisen. Ein „Frischkorn-Brot" soll demnach aus Mehl hergestellt sein, das am Vortag gemahlen wurde. Das Alter des Getreides ist nicht festgelegt, vorausgesetzt wird allerdings, daß es aus der letzten Ernte stammt. Es wäre danach ein im August gebackenes Brot, hergestellt aus Getreide, das im September des Vorjahres geerntet wurde (Vermahlung des Getreides am Vortage), immer noch ein „Frischkorn-Brot". Ob das der Verbraucher ahnt? (W).

Auf einer Packung eines Brotes, das mit Karotten hergestellt war, befand sich die Angabe „schützt vor Krebs". Ein derartiger Hinweis ist nicht zulässig: er ist nicht zutreffend (kein Lebensmittel kann vor einer Krebserkrankung schützen), außerdem sind nach dem LMBG grundsätzlich, unabhängig vom Wahrheitsgehalt, jegliche Aussagen verboten, die sich auf die Verhütung von Krankheiten beziehen. Darüber hinaus wurde bei diesem Brot damit geworben, daß es „reich an Vitamin A, B_1, B_2 und C" sei. Da die Vitamingehalte in diesem Brot jedoch so gering waren, daß mit 200 g Brot der Vitamin-Tagesbedarf nur zwischen <1% (Vitamin C) und ca. 40% (β-Carotin) gedeckt wird, wurden diese Werbeaussagen als irreführend beurteilt (vgl. 3.1 (14) Getreide). (KA).

Im Einzelnen waren Vollkorn- und Roggenbrötchen sowie Roggenbrot mit Zuckercouleur gefärbt ohne eine entsprechende Kennzeichnung (W, HA). In 9-Korn- und 6-Korn-Broten wurden die angegebenen Anteile nicht gefunden (W). Ein sog. „Bio-Vollkornbrot" war mit Sorbin- und Propionsäure konserviert (SIG). Zwei weitere Brotproben waren ebenfalls mit Propionsäure konserviert, obwohl Propionsäure seit dem 1.4.1988 als Konservierungsstoff nicht mehr zugelassen ist (AC).

Im Hinblick auf eine vorhersehbare Beschränkung der Verwendung von Zuckercouleur wurde bei Brot und Kleingebäck zunehmend der Gebrauch von Röstmalz beobachtet. Mit Röstmalz kann ebenfalls ein höherer Roggenanteil vorgetäuscht werden (S).

In Zusammenarbeit mit der Innungskrankenkasse stellten einige Bäcker im Kreis Neuss Brot mit einem geringeren Salzgehalt als üblich her. Seit kurzem ist es jetzt auch möglich, für salzarmes Brot zu werben, wenn der Grenzwert für Natrium von 250 mg/100 g Brot eingehalten wird (Änderung der Diät-VO und der Nährwert-Kennzeichnungs-VO) (NE).

Die Zahl der Beschwerden ist – wie in den Vorjahren – bei dieser Erzeugnisgruppe besonders hoch. Eine erhöhte Sorgfalt bei der Herstellung und Lagerung von Brot und Brötchen ist notwendig.

(18) Feine Backwaren

Torten, Kuchen und Kekse sind der Anlaß für relativ viele Verbraucherbeschwerden. Sie reichen von schimmeliger Schoko-Sahne-Torte über Madenbefall bei Keksen bis hin zu fehlendem Vanillegeschmack bei Vanillewecken (DU).

In mehreren Fällen wurden zwar zugelassene Farbstoffe verwendet, z.B. für die Kirschauflage von Streuselkuchen. Sie wurden aber nicht deklariert (BO, W). Brezeln wurden vor dem Verkauf eingefroren und wieder aufgetaut, ohne daß dies kenntlich gemacht worden war. Sie mußten als nicht unerheblich wertgemindert beurteilt werden (OG).

Zur Untersuchung kam eine „Kurtorte", die einen leichten Alkoholgeschmack aufwies. Durch die Mitverwendung des Wortbestandteiles „Kur-" kann nicht ausgeschlossen werden, daß ein beachtlicher Teil der Verbraucher diese Bezeichnung dahingehend versteht, daß diese Torte eine besondere gesundheitsfördernde Wirkung hat (PF).

Neben Butter wurde ein weiteres Fett gefunden, das eigentlich dort nichts zu suchen hatte. Denn nach der Warenbezeichnung hätte ausschließlich Butter verwendet werden müssen (BO).

„Neunmal wurde *Butterkuchen* wegen Mitverwendung von Nichtbutterfett beanstandet" (HH).

„Vier Proben *(Sahnetorte, Mohrenköpfe, Baumkuchen und Sahnekuchen)* wiesen massiven Schimmelbefall auf. Drei Proben schmeckten deutlich ranzig, seifig" (HH).

Auch andere mikrobiologische Untersuchungen von sahnehaltigen Cremes und Massen ergaben, daß auf diesem Sektor intensiv kontrolliert werden muß. Die Verkeimung der Produkte war z. T. erheblich, wobei die coliformen Bakterien dominierten. In 5 Proben trat E.coli als Leitkeim auf, was als Anzeichen für eine fäkale Verunreinigung anzusehen ist (ME).

Stark fetthaltige Feinbackwaren, die in der Nähe von Chemischen Reinigungen verkauft wurden, wiesen Verunreinigungen durch das Lösungsmittel Perchlorethylen (PER) auf (s. Kap. 4.3) (DU).

Die Zahl der Verbraucherbeschwerden ist bei dieser Warengruppe im Vergleich zu den Vorjahren fast auf das Doppelte angestiegen. Das zeigt, daß bei der Herstellung und Lagerung von Torten und Gebäck unbedingt sorgfältiger gearbeitet werden muß (D).

(20) Mayonnaisen, Fertigsoßen, Salate

Viele offen angebotenen Fleisch- und Feinkostsalate enthielten Konservierungsstoffe bzw. Diphosphat, die nicht deklariert worden waren (BO, DU, SIG, W). Fleischsalat, der mit Hilfe von Konservierungsstoffen „frisch" gehalten wird, kann nicht unter der Bezeichnung „Hausmacher Art" vertrieben werden (W).

Salatmayonnaisen wurden als Mayonnaisen ausgezeichnet und natürlich auch als solche verkauft. Mayonnaisen müssen mindestens 80 % Fett enthalten, während Salatmayonnaisen nur mit 50 % Fett hergestellt werden. Dementsprechend sind die „fetten" Mayonnaisen in der Herstellung auch teurer als die „mageren" Salatmayonnaisen. Salatmayonnaisen benötigen allerdings Zusatzstoffe, damit sie über einige Zeit stabil bleiben und sich nicht entmischen (SIG, W).

Industriell hergestellte „Sauce Hollandaise" war gegenüber der Originalrezeptur, wonach die Soße aus Eigelb, Butter, Wein, Zitronensaft und Gewürzen besteht, tiefgreifend verändert. Sie enthielt u.a. Speiseöl, Wasser und Verdikkungsmittel. Eine solche Soße mag ja ähnlich wie Sauce Hollandaise schmecken; aufgrund der Zusammensetzung darf sie aber nicht so genannt werden (KA).

In Geflügelsalat war die Verwendung von Puten-Formfleisch, das aus Fleischstücken zusammengesetzt wird, nicht ordnungsgemäß gekennzeichnet (W). Fleischsalate waren aus alten genußuntauglichen Wurstresten hergestellt (OG).

„Die eingelieferten Feinkostsalate waren überwiegend aufgrund ihrer mikrobiologischen Beschaffenheit und/oder sensorisch feststellbarer Abweichungen zu beanstanden. Konservierungsstoffe waren entweder nicht kenntlich gemacht oder trotz Werbeaussage ‚ohne Konservierungsstoffe' nachweisbar" (HH).

(21) Puddinge, Cremespeisen

Die meisten Beanstandungen gab es bei Süßspeisen mit irreführenden Bezeichnungen. So wurde ein nachgemachtes Erzeugnis als „Mousse au chocolat" verkauft, das die charakteristischen Bestandteile der Mousse, Ei und Sahne, nicht enthielt. Geleespeisen trugen einen Hinweis auf die Verwendung von Rahm, der jedoch nicht enthalten war (D). Verschiedene Cremespeisen, die „mit Vanille" ausgezeichnet waren, enthielten keine Vanille, sondern waren lediglich aromatisiert (HA).

Pudding für Kinder hatte einen phenolartigen Geruch (D).

(22) Teigwaren

Der überwiegende Teil der Beanstandungen mußte ausgesprochen werden, weil die Teigwaren zu alt und verdorben, von Ungeziefer befallen oder falsch gelagert worden waren (Waschmittelgeschmack) (DU, SIG, W).

Eiernudeln waren in Cellophanfolien verpackt, die gelb durchscheinend waren. Das ist nicht zulässig, weil so der Verbraucher die eigentliche Farbe der Nudeln nicht mehr erkennen kann (HAM). Um höhere Eigehalte vorzutäuschen, werden immer wieder Eiteigwaren gefärbt bzw. Verpackungen aus unzulässig hellgelb eingefärbten Pergaminbeuteln verwendet (PF).

Bei „Bäckernudeln" – das sind Teigwaren, die vom Bäcker hergestellt werden – war in mehreren Fällen der Kochsalzgehalt viel zu hoch (SIG).

In Gaststätten selbst hergestellte Spätzle werden ebenfalls häufig mit Farbstoffen E 102 (Tartrazin) und E 110 gefärbt (SIG, OG). Darüberhinaus fand in der letzten Zeit Curcuma Verwendung. Offensichtlich überwiegt hier der Farbeffekt gegenüber dem geringen Würzeffekt. Die Verwendung bei Eiteigwaren ist deshalb nicht möglich (OG).

Hartweizenteigwaren wurden auf ihren Gehalt an Hart- und Weichweizen untersucht. Hart- und Weichweizen sind besondere Weizensorten, aus denen Teigwaren hergestellt werden. Nudeln, die z. B. aus Hartweizen hergestellt sind, werden beim Kochen nicht so weich wie die aus Weichweizen, sie bleiben bißfest. In keiner der untersuchten Proben war Weichweizen nachweisbar (HA).

Mehrfach brachten Verbraucher Nudelproben, die aus einem zusammengeklumpten, durch Dauererhitzung stark gebräunten Nudelteig bestanden. „Hinsichtlich der Ursache ist anzunehmen, daß frischer, durch die Matrizen gepreßter Nudelteil im Herstellungsbetrieb am Netzband im Trockentunnel angeklebt ist. Während Teigwaren normalerweise je nach Länge und Dicke 4–7 Stunden getrocknet werden und dabei hellgelb bleiben, haben die angeklebten Klumpen vermutlich mehrere Runden auf dem Endlosband durch den Trockentunnel durchlaufen, ehe sie sich abgetrennt haben" (KA).

„In einer Probe Spätzle aus einer Gaststätte wurde laut Rezeptur neben Hühnereiern Enteneigelb mitverwendet; zu diesem Zweck lagerten Enteneier in der Gaststättenküche. Da Enteneier bekannterweise mit pathogenen Mikroorganismen (Salmonellen) befallen sein können, dürfen sie zur Verhütung von Gesundheitsschädigungen nicht roh oder weichgekocht verzehrt und nicht zur Herstellung von nicht durchgegarten Speisen (10 Minuten bei 100 °C, die Masse muß vollständig durcherhitzt sein) verwendet werden. Ohne weitere Sondergenehmigungen dürfen Enteneier auch nicht in Gaststättenküchen aufbewahrt werden. Eine Beanstandung wurde ausgesprochen" (PF).

Für verschiedene Frischeiteigwaren konnte nachgewiesen werden, daß für die Herstellung befruchtete, bebrütete und nicht mehr einwandfreie Eier verwendet worden waren. So wurde in einer Probe italienischer Frischeiteigwaren zu viel 3-Hydroxybuttersäure nachgewiesen, ein Indikator für die unzulässige Verarbeitung von befruchteten und bebrüteten Eiern. Einige andere Proben desselben Herstellers wiesen höhere Milchsäurewerte auf, als bei der Verarbeitung von einwandfreien Eiern zu erwarten wäre. Auffällig hoch waren auch die Milchsäuregehalte in mehreren Spätzle-Proben eines Herstellers im Vergleich zu allen anderen untersuchten Spätzleerzeugnissen (HAM).

„Auffällig hohe Milchsäuregehalte wurden in Eierteigwaren ansonsten nur selten festgestellt. Alle untersuchten Produkte der großen Hersteller wiesen äußerst geringe Gehalte auf, die sich im Rahmen dessen bewegten, was bei Verarbeitung von Eiern mit bis zu 250 mg Milchsäure/kg Trockenmasse theoretisch zu erwarten ist. Die wenigen Proben mit überhöhten Milchsäuregehalten stammten von kleineren Betrieben, die sich darüber hinaus noch als eher „nicht industrielle" Betriebe gerierten: „Eiernudeln vom Hühnerhof", „Vollwert-Nudeln" usw. Diese Proben enthielten z. T. ganz erhebliche Mengen an Milchsäure. Der Spitzenreiter lag bei 5000 mg/kg Trockenmasse und einem Säuregrad von 8,2. Es wurden Nachprüfungen in den Herstellerbetrieben angeregt" (HAM).

(23) Hülsenfrüchte, Ölsamen, Schalenobst

Die meisten Beanstandungen erfolgten aufgrund geschmacklicher Veränderungen. So wiesen Haselnüsse, Paranußkerne und Leinsamen einen kratzigen, bitteren Geschmack auf, Kokosnüsse und Kokosraspeln schmeckten stark seifig (nach Waschlauge) (DU, SIG), Maronen waren verschimmelt und Erdnüsse ranzig (HA). Durch Ungeziefer verdorbene Proben wie Haselnüsse, Walnüsse, Mandeln, Pistazien, Sojaschrot und Maronen, waren ebenfalls häufig (BO, W). Gehackte Haselnüsse enthielten eine ungewöhnlich starke Verunreinigung mit Holzschalenteilchen, sodaß sie wegen der Gefahr einer Verletzung innerhalb der Mundhöhle aus dem Verkehr gezogen werden mußten (DU).

Bei Trockenfrüchten wurden die Preisschilder exakt auf das Mindesthaltbarkeitsdatum plaziert (W).

Sojaerzeugnisse sind „in". Manche Produzenten nutzen das „gesunde" Image der Sojaerzeugnisse für ihre Werbung, wobei der eine oder andere dann schon mal einen Schritt zu weit geht. So wurden Sojawürfel, ein Sojadrink und andere Sojaerzeugnisse irreführend als „Vollwertkost" bezeichnet, ebenso Leinsamen, Sesam und Sesamsnack (HA).

Ein großes Problem bei Nüssen und Ölsaaten stellt die Schimmelbildung dar. Bestimmte Schimmelpilze bilden Aflatoxine, die zu den stärksten krebserregenden, natürlichen Substanzen gehören, die wir kennen. Die Untersuchung auf Aflatoxine verlief glücklicherweise weitgehend negativ. (Näheres Kap 4.5).

Drei Proben (Sojawürfel, Erbsen und rote Linsen) wurden auf Rückstände von Pflanzenbehandlungsmitteln untersucht. In allen Proben konnten Rückstände nachgewiesen werden, die allerdings in der Regel unter den zugelassenen Höchstmengen lagen (BO). Höchstmengenüberschreitungen wurden allerdings für 2 Proben Kürbiskerne festgestellt, die viel zu hohe Konzentrationen an HCB (0,069 bzw. 0,048 mg/kg; zulässige Höchstmenge: 0,02 mg/kg) enthielten; für 2 Proben Erdnüsse, die überhöhte Gehalte an HCH-Isomeren aufwiesen (0,064 und 0,098 mg/kg; zulässige Höchstmenge: 0,1 mg/kg); für eine Probe Pinienkerne mit DDT (0,290 mg/kg; zulässige Höchstmenge: 0,1 mg/kg) und für türkische Linsen, die Malathion in einer Konzentration von 0,75 bzw. 0,78 mg/kg (Höchstmenge: 0,5 mg/kg) enthielten (HAM).

„Alle Lebensmittel enthalten geringe Mengen an Schwermetallen wie Cadmium, Blei oder Quecksilber, da diese Metalle bzw. ihre Verbindungen ubiquitär in der Natur vorkommen. Da jedoch z. B. Cadmium – im Gegensatz zu den sog. Spurenelementen – nach heutigem Kenntnisstand nicht essentiell für den menschlichen Organismus ist, ist vom gesundheitlichen Standpunkt aus anzustreben, die Aufnahme so gering wie möglich zu halten. Cadmium erscheint im Organismus bevorzugt in der Leber und wird in der Niere als Proteinkomplex (Metallothionein) abgelagert. Da die Ausscheidung aber der Aufnahme nicht die Waage hält, nimmt der Gesamtgehalt des Organismus und besonders der Niere an Cadmium mit dem Alter zu.

Der größte Teil des über die Nahrung aufgenommenen Cadmiums stammt aus pflanzlichen Lebensmitteln. Im Berichtsjahr wurde deshalb das „Mode"-Lebensmittel Sonnenblumenkerne auf den Cadmiumgehalt hin analysiert. Die Werte schwanken zwischen 0,14 und 0,67 mg/kg. Es ist zu erkennen, daß Sonnenblumenkerne zur Cadmiumanreicherung neigen. Ein Richtwert des Bundesgesundheitsamtes, wie beispielsweise bei Leinsamen (0,3 mg/kg) existiert noch nicht. Ein solcher sollte aber baldmöglichst festgelegt werden" (DU).

Für Cadmium in Leinsamen hat das Bundesgesundheitsamt im November 1987 einen Richtwert von 0,3 mg/kg festgelegt. Deshalb wurden im letzten Jahr verstärkt Leinsamen auf Schwermetalle untersucht. Es ist bemerkenswert, daß nur 7 der untersuchten 35 Proben den Richtwert für Cadmium *nicht* überschritten, also 80 % der Proben wegen Überschreitung der zulässigen Höchstmenge beanstandet werden mußten. Fast 70 % der untersuchten Leinsamen enthielten zwischen 0,3 und 0,6 mg/kg Cadmium und 4 Proben wiesen sogar Cadmiumkonzentrationen über 0,6 mg/kg auf (D). Eine weitere Untersuchung stellte in 13 Proben Leinsamen nur *eine* Überschreitung des Richtwertes fest. Die gemessenen Cadmiumkonzentrationen lagen zwischen 0,03 und 0,56 mg/kg (HA).

Da die Überschreitung von Richtwerten im Gegensatz zur Überschreitung eines Grenzwertes nicht beanstandet werden kann, wurden die Hersteller darauf hingewiesen, im Rahmen ihrer Sorgfaltspflicht ihre Produkte besser zu kontrollieren.

Durch eine ständige Produktkontrolle muß sichergestellt werden, daß derartige Überschreitungen der Richtwerte für Cadmium in Zukunft nicht mehr vorkommen (HAM).

„In *Paranüssen* wurde ein Gesamtbromidgehalt von 118 mg/kg festgestellt. Der Wert überschritt die zulässige Höchstmenge für bromhaltige Begasungsmittel der Pflanzenschutzmittel-Höchstmengen V (PHmV) von 50 mg Gesamtbromid/kg. Die Probe wurde jedoch nicht beanstandet, da zu der Zeit der Entwurf einer Verordnung zur 2. Änderung der PHmV dem Bundesrat zugeleitet wurde. In dem Entwurf wurde die Höchstmenge für Bromid in Paranüssen auf 200 mg/kg erhöht. Anlaß für diese Grenzwerterhöhung war die durch Untersuchungen gewonnene Erkenntnis, daß Paranüsse natürliche Gehalte an Bromid über 50 mg/kg aufweisen können. Der Höchstwert von 200 mg/kg ist am 25. 04. 88 in die Anlage 3 der PHmV aufgenommen worden. Bei einer später eingelieferten Probe Paranüsse mit einem Gesamtbromidgehalt von 218 mg/kg konnte die inzwischen aufgeführte Höchstmenge von 200 mg/kg zur Beurteilung herangezogen werden" (HH).

(24) Kartoffeln

Zum Ergebnis der Nitratuntersuchungen bei Kartoffeln s. Kap. 4.4.

„In den Monaten Februar und Juli wurden *Speisefrühkartoffeln* auf ihre Solaningehalte untersucht, nachdem es im Vorjahr zu etlichen Beanstandungen wegen erhöhter Solaningehalten gekommen war. 16 Proben wiesen unauffällige Gehalte zwischen 10 und 87 mg/kg auf, der Medianwert lag bei 49 mg/kg. In einer Beschwerdeprobe mit einem erheblichen Anteil grünfleckiger Kartoffeln, die stark bitter und kratzend schmeckten, wurde ein knapp über 200 mg/kg liegender Solaningehalt festgestellt. Im grünverfärbten Kartoffelanteil lag der Solaningehalt bei 276 mg/kg. Die Probe wurde als nicht zum Verzehr geeignet beanstandet.

Bei *Kartoffelchips* deutete der chemische Befund (Peroxidzahl, Gehalt an Dienen) auf Autoxidation des Fettanteils hin. Geschmacklich war die Fettveränderung noch nicht feststellbar" (HH).

(25) Frischgemüse

Frischgemüse wird neben der Feststellung der Frische bevorzugt auf seine Belastung mit Pflanzenbehandlungsmitteln, Schwermetallen, Nitrat und polycyclischen aromatischen Kohlenwasserstoffen untersucht.

Bei fertig abgepackten Mischsalaten zeigte sich erfreulicherweise eine Verbesserung der Situation. In den Vorjahren waren diese Erzeugnisse häufig durch glasig-matschiges, zusammengefallenes Aussehen und dumpfen, säuerlich-gärigen Geruch aufgefallen. Die Ursache dieser Veränderungen waren Faulprozesse, bedingt durch mangelhafte Kühlung und zu lang bemessene Haltbarkeitsfristen. Zwischenzeitlich werden auf den Packungen konkrete Kühlhinweise gegeben und die Salate im Handel meistens gekühlt angeboten. Nur einige Packungen waren auch dieses Mal schon vor Erreichen des Mindesthaltbarkeitsdatums verdorben (gegoren). Zum Teil wurden die vom Hersteller angegebenen Kühlbedingungen nicht eingehalten. Der Hinweis „ohne Konservierungsstoffe" ist bei diesen Produkten Unsinn, da sie sowieso nicht chemisch konserviert werden dürfen. Verpackte Frischsalate erfreuen sich zunehmender Beliebtheit (SIG, OG, S).

Eine Probe küchenfertiger Mischsalat enthielt das Schimmelbekämpfungsmittel Tolclofosmethyl. Der Zusatz eines solchen Mittels zu frischem Salat ist nicht zulässig (KA).

Aber nicht nur verpackte Frischsalate sind verdorben. Bei Frischgemüse allgemein ist zu beklagen, daß das Angebot in vielen Lebensmittelgeschäften nicht mit der Sorgfalt kontrolliert wird, die frischen Lebensmitteln mit begrenzter Haltbarkeit zukommt. Proben verschiedener Gemüse waren überlagert und teilweise von Schimmel befallen. Frischer Kopfsalat war angefault, Radieschen ausgekeimt und verfault, Kohlrabi und rote Bete welk und vertrocknet. Solche Lebensmittel müssen wegen Verdorbenheit bzw. erheblicher Wertminderung beanstandet werden (W, ME).

Wegen Überschreitung der Höchstmengen für die Pflanzenbehandlungsmittel Chlorpyriphos, Vinclozolin und Procymidon um das 4- bis 40-fache (!), wurden mehrere, vor allem spanische Paprikaproben, aus dem Verkehr gezogen (BO, D, PF, HAM, KA).

In anderen Gemüseproben wurden Höchstmengenüberschreitungen an Dieldrin gefunden. 3 Proben deutsche Zucchinis enthielten noch immer überhöhte Dieldringehalte von 0,04, 0,05 und 0,07 mg/kg (Höchstmenge 0,01 mg/kg). Dabei sei darauf verwiesen, daß Dieldrin und Aldrin vor über 15 Jahren in Deutschland verboten wurden! Die Rückstände in bestimmten Lebensmitteln, wie Gurken, Wurzelgemüse, Zucchinis, sind auf kontaminierte Böden zurückzuführen, in denen diese chlorierten Kohlenwasserstoffe sehr langsam abgebaut werden. Bei so hohen Befunden sollte eine andere Kultur auf diesen Böden angebaut werden (KA).

Andere Grenzwertüberschreitungen betrafen verschiedene Salate vor allem aus dem westfälischen Raum. Die Salate enthielten Rückstände an Pflanzenbehandlungsmitteln, die in einem Fall sogar die 40-fache Menge der zulässigen Höchstmenge betrugen (HAM).

Die hohen Beanstandungsquoten sind z. T. auf die schlechten Lichtverhältnisse im letzten Winter und einen damit verbundenen schlechten Abbau der Pestizide im Glasanbau zurückzuführen. Das Phänomen ist den Anbauern in der Regel bekannt. Höchstmengenüberschreitungen werden aber offensichtlich billigend in Kauf genommen (HAM).

Eine andere Untersuchung wies in 6 Proben Kopfsalat unbekannter Herkunft Höchstmengenüberschreitungen bis zur 8fachen Menge des Grenzwerts an Dithiocarbamaten nach (OG).

Auch ausländische (französische und italienische) Salate enthielten in mehreren Fällen zu hohe Rückstandsmengen. Ein italienischer Salat wies Rückstände an Phosalon in der Rekordhöhe einer 100fachen Höchstmengenüberschreitung auf.

Außerdem wurden Tomaten, Rosenkohl, Zucchini, Chinakohl, Oliven usw.

auf insgesamt 15 Pestizide untersucht. Neben den erwähnten Überschreitungen bei Paprika, Gurken, Zucchini und grünem Salat ließen sich in einigen der anderen Proben (WI: 34%, S: 16%, D: 50%) ebenfalls Pestizide nachweisen, so z.B. Folpet in Paprika; sie lagen aber alle jeweils unter der zulässigen Höchstmenge (BO, D, S, PF).

In weiteren Untersuchungen wurden in je einer Paprika- und Tomatenprobe Endosulfan, in Chinakohl Captafol, in Wirsing Dithiocarbamate und in 2 Kopfsalaten HCB, o,p'-DDE, und o,p'-DDD festgestellt. Auch hier lag die Menge unterhalb der Grenzwerte. In den meisten, das sind 28 weitere Proben, waren keine Rückstände nachweisbar (W).

20 Proben deutschen Spargels wurden auf Pflanzenbehandlungsmittelrückstände überprüft. Auch hier waren keine Rückstände nachweisbar (KA).

Mehrere Proben Kopfsalat aus Frankreich und Belgien waren mit bromhaltigen Begasungsmitteln behandelt. Die Rückstände lagen weit über der zugelassenen Höchstmenge (OG, KA).

Von grenznahen Untersuchungsämtern werden häufig an den Grenzen Proben gezogen und auf Rückstände von Pflanzenbehandlungsmitteln untersucht. Gegenüber dem Vorjahr ist die Beanstandungsquote an der Grenze zu Frankreich (Kehl, Weil und Neuenburg) erneut zurückgegangen (von 0,08 auf 0,3%). Durch die Grenzkontrollen werden die Erzeuger im Ausland offensichtlich zur Wachsamkeit und zum schonenden Einsatz von Pflanzenbehandlungsmitteln „erzogen". Sie schützen den Verbraucher sehr wirksam, weil die Untersuchung durchgeführt wird, bevor die Ware den Markt erreicht. Die Präsenz an der Grenze ist darüber hinaus äußerst effizient, da im Falle einer Höchstmengenüberschreitung jeweils zwischen 10 und 30 t Ware zurückgeschickt werden kann (OG).

Schwermetalle (Blei, Cadmium, Thallium) sind in Gemüsen ebenfalls nachweisbar. In je einer Probe Sellerieblätter und eines anderen Blattgemüses war der Richtwert für Cadmium überschritten, Wurzelgemüse enthielt einmal zu viel Blei (KA).

In einer Untersuchungsreihe wurde Obst und Gemüse unter die Lupe genommen, das auf cadmiumbelasteten Böden gewachsen war. Der Cadmiumgehalt der Pflanzen war gegenüber dem Vorjahr deutlich zurückgegangen. Bei keiner der untersuchten Proben wurde der Höchstwert erreicht. Die gleichzeitig ermittelten Bleigehalte lagen ebenfalls unter den Richtwerten (S).

In einem anderen belasteten Gebiet wurde der Richtwert für Cadmium bei Sellerieblättern überschritten. Der Sellerie war auf dem Feld im Rheinüberschwemmungsgebiet nach Hochwasser angebaut worden. Zur Ursachenermittlung wurde eine Bodenprobe von diesem Feld genommen. Der Schwellenwert für Cadmium (2 mg/kg) war überschritten. Der erhöhte Cadmiumgehalt in den Sellerieblättern ist somit auf den erhöhten Cadmiumgehalt des Bodens zurückzuführen. Der Boden ist für cadmiumanreichernde Pflanzen wie Sellerie und Spinat nicht geeignet. Dem Erzeuger wurde dies mitgeteilt (D).

„Vom Regierungspräsidium Freiburg wurde eine großangelegte Untersuchungsaktion initiiert, um eventuelle Schwermetallrückstände, bedingt durch Erzabbau im Mittelalter und Abschwemmung des Erzabraumes in die Rheinebene, zu ermitteln.

Im Rahmen dieser Sonderuntersuchung „Schwermetallbelastung in der Oberrheinebene" wurden 13 Obst- und Gemüseproben auf eine eventuelle Belastung mit Schwermetallen überprüft. Bei einer Rhabarberprobe wurde ein über dem doppelten ZEBS-Richtwert liegender Bleigehalt gefunden. Die Zinkgehalte von zwei weiteren Proben lagen 5- bis 10fach über den in der Literatur berichteten Normalgehalten.

59 Gartenerzeugnisse aus der Umgebung eines stillgelegten Bergwerks mit Erzwäscherei wurden auf die Schwermetalle Blei, Cadmium und Zink untersucht. Bei diesen Untersuchungen handelte es sich um die Fortführung der vor zwei Jahren begonnenen Arbeiten. Auch in diesem Jahr wurden bei Lauch, Sellerie, Petersilie und Estragon Richtwertüberschreitungen für Cadmium festgestellt.

Aufgrund dieser Ergebnisse wurde den Besitzern der Grundstücke empfohlen, Gemüsearten wie Sellerie, Karotten, Mangold, Spinat und Petersilie nicht mehr anzubauen" (OG).

Ferner wurden 80 Proben Getreide, Obst und Gemüse aus alternativem Anbau überprüft. Es wurden weder umweltbedingte Verunreinigungen noch Rückstände von Wirkstoffen, die gezielt als Pflanzenbehandlungsmittel eingesetzt werden, in den genannten Produkten nachgewiesen (Bestimmungsgrenze 0,005 mg/kg) (SIG).

Eine zweite ähnliche Studie, die im Raum Freiburg durchgeführt wurde, kam im Prinzip zu den gleichen Ergebnissen. Nur in 8 von 33 untersuchten Gemüseproben waren lediglich geringe Rückstände nachweisbar. Diese Rückstände sind offensichtlich umweltbedingt und nicht auf einen gezielten Einsatz der Wirkstoffe zurückzuführen (OG).

Über Nitrat im Gemüse s. Kap. 4.4

(26) Gemüseerzeugnisse

Ein großer Teil der Untersuchungen befaßte sich mit angebrochenen Gemüsekonserven, z. B. in Gaststätten. Dabei kamen offen gelagerte, angeschimmelte und gärige Gemüsekonserven jeder Art zutage, sowie verschimmelte Oliven in rostigen Metallkanistern (SIG).

Nach dem Verzehr „süß-saurer Gurken mit künstlichem Süßstoff Saccharin" erhöhte sich bei einer zuckerkranken Verbraucherin der Blutzuckerspiegel. Es waren tatsächlich deutliche Mengen Zucker nachweisbar (DU).

Mehrere Dosen Artischockenherzen aus dem Einzelhandel waren wegen Überlagerung verdorben. Teilweise waren die Dosen bis zum Lochfraß verrostet (KA).

Tomatenmark, das durch einen unangenehmen sauren Geschmack auffiel, war offenbar aus nicht einwandfreier Rohware hergestellt. Der Gehalt an Zitronensäure war im Verhältnis zur Gesamtsäure zu niedrig; das deutet auf die Verarbeitung schlechter Tomaten hin (KA).

Eine Rote-Beete-Probe besaß einen starken Mineralölgeschmack. Dieser wurde sehr wahrscheinlich durch den nicht sachgerechten Einsatz von Ernte- und Verarbeitungsmaschinen verursacht (PF).

Gesalzener Rettich war mit dem hierfür nicht zugelassenen Konservierungsstoff Benzoesäure behandelt (KA).

Pestizide sind z. T. auch in Gemüseprodukten nachweisbar. Aber auch hier liegen alle Werte – wie beim frischen Gemüse – unter den jeweiligen Richtwerten (BO).

Probleme gab es – wie schon bei Fleischerzeugnissen – mit Konserven. Bei 10 Fruchtgemüse und 5 Tomatenmarkkonserven wurde der Richtwert für Blei überschritten. Auch hier ist offensichtlich Blei aus gelöteten Dosen auf das Füllgut übergegangen (D).

Bei getrockneten Algen der Sorte Kombu aus Japan und Frankreich wurden hohe Jodgehalte festgestellt. Solche Algen sollen laut Packungsaufdrucken bzw. nach Informations- und Rezeptblättern zur Bereitung von Suppen, zum Kochen von Hülsenfrüchten, für vegetarische Rouladen, als Nebengericht, Garnierung oder Gewürz verwendet werden. Da bei einem Verzehr von nur 10 g Algen das 140- bis 240fache der empfohlenen täglichen Dosis von 0,2 mg an Jod aufgenommen würde, wurden sie wegen der Gefahr einer Schädigung der Schilddrüse (Hyperthyreose) als nicht zum Verzehr geeignet angesehen (SIG, OG, S). Das Bundesgesundheitsamt beurteilt Kombu-Pulver aus Frankreich, das als Würzmittel oder Tee empfohlen wird, ebenso. Bereits mit einem gehäuften Teelöffel Pulver können 40 mg Jod, also das 200fache (!) der empfohlenen täglichen Menge, aufgenommen werden. Eine endgültige Bewertung, z. B. die Festlegung eines Grenzwerts für die Jodzufuhr, steht noch aus (S, KA, HH).

„Kennzeichnungsmängel wurden festgestellt bei *Mixed pickles, chinesischem Gemüse, Pickled leeks* (Echalotes), Evergreen, Delikateßgurken, türkischem Gemüse und Bambussprossen.

Bemängelt wurde das angegebene Abtropfgewicht von fünf Dosen Spargel.

Zwei Dosen *Delikateß-Weinsauerkraut* trugen hervorgehoben die Angabe „mit natürlichem Vitamin C", wiesen jedoch Vitamin-C-Gehalte von 151 und 176 mg/l Preßlake auf. Nach der Richtlinie für die Herstellung, Beurteilung und Kennzeichnung von Sauerkraut beträgt der natürliche Vitamin-C-Gehalt von Sauerkraut mindestens 20 mg/100 g, wenn es als „mit natürlichem Vitamin C" gekennzeichnet ist.

Mehrere Kennzeichnungsmängel wurde bei einer Dose *Kichererbsen* gefunden.

Bemängelt wurde bei einer Probe *Salzgurken* der Hinweis „ohne Konservierungsstoff", der beim Verbraucher den Eindruck völliger Konservierungsstofffreiheit erweckt. Gefunden wurden jedoch technologisch zwar nicht mehr geeignete, jedoch vorhandene, geringe Mengen an Benzoesäure.

Formosaspargel in Dosen enthielt nicht die auf dem Etikett abgebildeten Spargelstangen. Fremdartig waren Geruch und Geschmack bei Erbsen und Möhren in Dosen.

Weißkraut-Rohkostsalat wurde wegen unsauberen, gärig-kahmigen Geruchs bemängelt.

In einer Beschwerdeprobe *Senfgurken* befand sich eine Tablette.

Eine geöffnete Weißblechdose mit *Delikateß-Gemüse-Mais* wies einen abstoßenden, säuerlich-fauligen Geruch auf.

Drei Dosen *Pfefferschotenpüree* wiesen Bombagen auf. Ermittelt wurden erhöhte Zinn- und Eisengehalte. Das Mindesthaltbarkeitsdatum wurde als irreführend beurteilt.

Bohnen und Aufguß einer Beschwerdeprobe *Brechbohnen* waren braun verfärbt und wiesen einen stinkenden Geruch nach zersetztem Eiweiß auf. Der Eisengehalt der Probe war erhöht.

In einer Beschwerdeprobe *Bohnen* fand sich eine ekelerregender pflanzlicher Fremdkörper" (HH).

(27) Pilze

Die Pilzberatungsstellen werden je nach regionalen Gegebenheiten rege in Anspruch genommen. In mehreren Fällen bestand der Verdacht einer Pilzvergiftung. Bei einem davon konnte der Verdacht eindeutig entkräftet werden, da die sichergestellten, eingeweckten Pilze in Ordnung waren. 2 Pilzvergiftungen waren bei Kleinkindern aufgetreten, die sich „ihre Pilzmahlzeit" selbst zusammengesucht hatten. Eines der Kinder hatte offensichtlich Pilze der Gattung Düngerlinge (Panaeolus) und Kahlköpfe (Psilocybe) gegessen, wonach rauschähnliche Symptome auftraten. Das andere Kind hatte relativ uncharakteristische Beschwerden, die möglicherweise auf den Verzehr von Tintlingen (Coprinus) zurückzuführen sind (HA).

Pestizidrückstände konnten in Pilzen nicht festgestellt werden (BO).

Aufgrund eines Hinweises, daß bei der Zucht von Champignons häufig mit Pentachlorphenol behandelte Holzkisten verwendet werden, kamen 8 Proben Zuchtchampignons zur Untersuchung. Eine Probe aus Holland enthielt Pentachlorphenolrückstände knapp unterhalb der Höchstmenge. Bei den übrigen Proben lag die Konzentration des Wirkstoffes im Spurenbereich (PF).

In einer weiteren Probe frischer Zuchtchampignons aus den Niederlanden wurde der zulässige Höchstwert für PCP um das 3fache überschritten (AC).

Eine Untersuchung mehrerer frischer Pilze aus der Umgebung von Pforzheim auf Schwermetalle zeigte ähnliche Ergebnisse (PF).

„Im Gegensatz zu vier Proben Zucht-Champingnons, die nur sehr niedrige Schwermetallgehalte aufwiesen (Blei bis 0,06 mg/kg - MW: $< 0,03$ mg/kg; Cadmium bis zu 0,02 mg/kg – MW: 0,008 mg/kg; Quecksilber: nicht nachweisbar), lagen in den Wildpilz-Proben z. T. recht hohe Schwermetallwerte vor.

Die höchsten Gehalte an Cadmium, das ebenso wie Quecksilber in jeder Probe nachweisbar war, konnten in einer Probe Ziegenlippe mit 0,66 mg/kg und in einer Maronenprobe mit 0,49 mg/kg nachgewiesen werden (MW: 0,16 mg/kg).

Ein hoher Quecksilbergehalt wurde in Rotfußröhrlingen mit 0,15 mg/kg gefunden (MW: 0,06 mg/kg).

Der Gehalt an Blei, das in sechs Proben nicht nachweisbar war, lag mit Werten bis zu 0,16 mg/kg (in Maronen) überraschend niedrig (MW: 0,06 mg/kg) (PF).

Bei einer weiteren Untersuchung frischer Pilze in Baden-Württemberg konnten nur geringe Schwermetallgehalte nachgewiesen werden (SIG).

„Nach Angabe des Betreibers einer *Champignonzucht* wird das Zuchtsubstrat nach der 3. Ernte mit einer Lösung von Dithane-Ultra (Fungicid-Handelspräparat) oder mit einer Lösung von Gevisol-Ultra, einem Desinfektionsmittel, „abgegossen", um zu verhindern, daß auf dem erschöpften Substrat vorhandene Krankheitserreger oder Fremdpilze in die nächsten Zuchtchargen gelangen und diese infizieren. Das mit dem Desinfektikonsmittel behaftete Material wird anschließend im Freien gelagert und an Großverbraucher (Landwirtschaft, Weinbau, Erdefabriken) und Kleinverbraucher als „abgetragener Champignonkompost" abgegeben. Es kann bisher nicht ausgeschlossen werden, daß von diesem Kompost Belastungen für die Umwelt (z. B. Grundwasser) oder Beeinträchtigungen der Verwender, die über den Gehalt an Desinfektionsmittel bzw. Fungicid nicht unterrichtet sind, ausgehen können (S).

Wildpilze weisen z. T. immer noch eine sehr hohe Belastung mit radioaktivem Caesium auf. Die untersuchten Maronenproben aus Baden-Württemberg zeigten hohe Cäsiumwerte zwischen 330 und 750 Bq/kg. Goldstielige Leistlinge aus dem Calwer Bereich wurden mit 570 Bq/kg gemessen (PF).

Unangefochten an der Spitze der Cäsiumkontamination, mit Werten bis zu 17 375 Bq/kg, lagen verschiedene Pilzarten aus Südwürttemberg und dem Schwarzwald. Werte über 1000 Bq/kg wurden allerdings nur bei Maronenröhrlingen festgestellt. In Nordrhein-Westfalen scheint die radioaktive Belastung der Wildpilze offensichtlich nicht ganz so hoch zu liegen. Die meisten Cäsiumwerte liegen bei ca. 300 Bq/kg. Die höchste Belastung wurde auch hier bei einer Probe Maronen mit 2160 Bq/kg festgestellt (BI), die geringste bei einer Probe Hallimasch mit 18 Bq/kg (HA). Zuchtpilze dagegen waren nur sehr gering belastet.

Bemerkenswert ist auch der Nachweis von radioaktivem Silber (Ag–110 m), einem Nuklid aus dem Tschernobyl-Reaktor, in Wald- und Wiesenchampignons, Parasolpilzen und Bovisten. Obwohl die Halbwertszeit nur 250 Tage beträgt, wurden Silberaktivitäten bis zu 30 Bq/kg gemessen. Das deutet auf ein ausgeprägtes Silberanreicherungsvermögen der genannten Pilzarten hin (S).

(28) Pilzerzeugnisse

Zwei Pilzkonserven, bei denen es sich um Erzeugnisse aus eingesalzener Ware handelt, fielen durch einen extrem salzigen Geschmack auf. Die Pilze hatten einen Salzgehalt von 3,6 % (KA).

Bei einigen Champignonkonserven wurden deutlich überhöhte Zinngehalte (stammen aus der Dose) gefunden (W, SIG).

Verschiedene Pilzerzeugnisse, Trockenprodukte und Konserven, u. a. Pfifferlingen, Mischpilzen und Steinpilzen, aber auch von chinesischen Baumpilzen wurden auf ihren Schwermetallgehalt geprüft. Auffallend hoch waren die Cadmium- und Quecksilberwerte. Sie lagen im Schnitt bei 0,8 bzw. 0,15 mg/kg mit Höchstwerten von 2,2 bzw. 0,44 mg/kg. Blei wird offensichtlich nicht in so hohem

Maße gespeichert. Der mittlere Gehalt an Blei lag aber immerhin noch bei 0,45 mg/kg, der höchste bei 1,0 mg/kg (W).

(29) Frischobst

Obst wird ähnlich wie Gemüse auf seine Frische, auf Pestizidrückstände, Schwermetalle und zu hohen Nitratgehalt untersucht. Dazu kommen Untersuchungen der Schalenbehandlungsmittel.

Klebrig-verschmutzte und teilweise faulige Obstproben, die aus einem Müllcontainer stammten und zum Verkauf angeboten worden waren, wurden als ekelerregend beurteilt und aus dem Verkehr gezogen (SIG). Von einem Markthändler wurde ein größerer Bestand an Erdbeeren verkauft, die ganz massiv verfault und verschimmelt waren. Die Einzelpackungen enthielten z. T. zu über 90 % verdorbene Früchte (HAM).

Ungefähr 50 % der untersuchten Obstproben, z. T. auch wesentlich mehr, wiesen Pestizidrückstände auf. Es handelt sich überwiegend um die Fungizide Vinclozolin, Captan und Procymidon (PF). Jedoch werden in deutschen Obstproben selten Verstöße gegen die Pflanzenschutzmittel-Höchstmengenverordnung festgestellt (SIG, BO, PF). Nur in einer Charge Aprikosen wurden bis zu 5fach zu hohe Mengen an Azinphosmethyl (Höchstmenge: 0,5 mg/kg) nachgewiesen (vgl. Kap. Höchstmengen - Richtwerte) (HAM).

Demgegenüber wurden in spanischen Birnen zu hohe Mengen an Parathionmethyl (W), in spanischen und italienischen Erdbeeren zu hohe Konzentrationen an Pyrazophos mit mehr als 10facher Überschreitung der zulässigen Höchstmenge (OG, KA) und 5mal zu viel Carbaryl (PF) und in spanischen Zitronen zu viel Chlorfenvinphos und Dichloran (S, KA) gefunden. Italienische Birnen enthielten zu viel Procymidon und Äpfel aus Frankreich zu viel Vinclozolin (D).

Eine Probe italienischer Weintrauben enthielt 20mal zu viel Chlorthalonil (Höchstmenge 0,01 mg/kg). Offensichtlich wird sowohl im Obst- als auch im Gemüseanbau, hauptsächlich in Italien und Spanien, Chlorthalonil als Pilzbekämpfungsmittel angewendet, wobei es immer wieder zu Höchstmengenüberschreitungen kommt. Besonders spanische Anbauer von Obst und Gemüse haben Schwierigkeiten bei der Einhaltung der Pflanzenschutzmittel-Höchstmengen-Verordnung. Das läßt auf einen nicht immer sachgerechten Umgang mit Pestiziden schließen (KA).

Andere Weintrauben wiesen sichtbare Reste eines Kupferspritzmittels auf. Die zulässige Höchstmenge (40 mg/kg) für Kupfer war zwar bei weitem nicht erreicht, trotzdem mußten die Weintrauben wegen deutlich sichtbarer Qualitätsmängel beanstandet werden (HAM).

Da nicht davon ausgegangen werden kann, daß in den Ursprungsländern die Anwendung und Dosierung der Pestizide stets so streng wie in der Bundesrepublik gehandhabt wird, wurden besonders exotische Früchte wie Mangos, Kiwis, Cape-Stachelbeeren, Maracujas, Avocados, Litchis usw. überprüft. Trotz breitgefächerter Untersuchung auf eine Vielzahl von Pestiziden konnten keine Überschreitungen bzw. nennenswerte Belastungen ermittelt werden (W).

Auch Obst aus kontrolliertem biologischen Anbau wurde ähnlich wie Gemüse und Getreide auf mögliche Rückstände an Pflanzenbehandlungsmitteln geprüft. Im Obst waren in wenigen Proben nur geringe Rückstände nachweisbar, die offensichtlich umweltbedingt waren (OG). Eine andere Untersuchung konnte in mehreren Proben keinerlei Rückstände nachweisen (SIG).

Zitronen waren unzulässigerweise als „natur" gekennzeichnet, obwohl Spuren von Vinclozolin und Mecarbam nachweisbar waren (HAM).

12 Holzkisten und das darin angebotene Obst (Trauben, Kiwis) wurden auf das Holzschutzmittel Pentachlorphenol (PCP) untersucht. In allen Proben war PCP nur in Spuren nachweisbar. Keine der Holzkisten war mit PCP behandelt (PF).

Pflaumen, Äpfel, Avocados, Ananas, Kiwis, Papayas u. a. exotische Früchte wiesen keine hohe Schwermetallbelastung auf. Nur in einer Probe wurde der BGA-Richtwert (0,05 mg/kg Cadmium) überschritten (W). Aber auch anderes Obst enthält Schwermetalle (Blei und Cadmium).

Falsche und fehlende Kenntlichmachung der Schalenbehandlungsmittel war bei Zitrusfrüchten ein wesentlicher Beanstandungsgrund (BO). Zitrusfrüchte werden mit Konservierungsstoffen gegen Blau- und Grünschimmel behandelt. Zugelassen sind 3 Stoffe – Diphenyl, Orthophenylphenol und Thiabendazol (E 230 – 233) – die jedoch bestimmte Höchstwerte nicht überschreiten dürfen und die außerdem namentlich oder mit ihrer E-Nummer auf dem Etikett deklariert werden müssen (BO).

Radioaktives Cs war in Obst und Gemüse der Ernte 1988 in den meisten Fällen nicht nachweisbar. Die Werte, auch von ausländischen Produkten, lagen fast durchweg unter 1 Bq/kg. Lediglich Heidelbeeren waren mit Werten bis zu 300 Bq/kg noch deutlich kontaminiert.

Der Nitratgehalt von Obst ist in allen untersuchten Proben sehr viel niedriger als z. B. in Gemüse (s. Kap. 4.4).

Pfusch bei Äpfeln

„So schöne Äpfel, wie sie Anfang 1988 aus Chile und Argentinien mitten im kalten Winter angeboten wurden, mußte Neugier wecken, ob nicht der Natur nachgeholfen und die Schalenoberfläche unzulässig behandelt worden waren.

Ziel solcher Behandlungen ist es, die Wasserverluste während der Lagerung zu reduzieren. Dadurch kann auf kostspielige Kühllagerung unter Spezialgasatmosphäre verzichtet werden. Die Äpfel behalten sehr lange ihr saftiges Aussehen, fungizid wirkende Stoffe verhindern Schimmelbefall, so daß insgesamt eine gute Lagerstabilität und gute optische Wirkung erreicht werden" (DU).

Zu erwarten sind verschiedene Arten der Schalenbehandlungen, die teils optisch schon Erscheinungen treten.

„Mit Schellack und Carnaubawachs behandelte Äpfel zeigen eine sehr schön gleichmäßige, glatte bis glänzende Oberfläche. Wird Paraffin verwendet, ist sie matt und sehr griffig. Der natürliche Wachsbelag der Äpfel ist meist ungleichmäßig, etwas klebrig und sehr dünn, doch schwankt dies auch je nach Sorte. Die künstlich aufgetragenen Überzüge sind meist sehr dick und lassen sich mit einem scharfen Messer schön abschaben. Auffällig ist unter Lupe manchmal ein Bild wie von vielen eingetrockneten Tröpfchen nach einem Spritzauftrag, oder deutliche Oberflächenunterschiede an der Vertiefung des Stielansatzes" (DU).

Auffallend häufig wurde bei Äpfeln aus Chile und Argentinien Fremdwachs beobachtet, deutsche und neuseeländische Äpfel waren bisher nicht betroffen. Die Apfelsorte „Red Delicious" ist fast immer (95%) künstlich gewachsen (DU).

Ein Problem ist der Nachweis der Wachse. Die angewendeten Wachse sind z.T. natürlichen Ursprungs und unterscheiden sich in ihrem chemischen Aufbau nur wenig vom natürlichen Apfelwachs. Das Wachsen der Äpfel ist nur eine „Schönung", gesundheitliche Bedenken bestehen nicht (S).

Fremdwachse zur Behandlung von Äpfeln oder Birnen sind in der Bundesrepublik bisher nicht zugelassen.

Weiterhin wurden die Äpfel auf Hautbräunungsverhütungsmittel (oder richtiger Antioxydantien/Konservierungsmittel?) untersucht, da eine Information vorlag, daß diese Mittel zur Verbesserung der Haltbarkeit weit verbreitet benutzt werden.

Diese Hautbräunungsverhütungsmittel – das sind Chemikalien (z. B. Ethoxyquin, Diphenylamin), die verhindern sollen, daß die Apfelschale braune Flecken bekommt – wurden bei 3/4 der künstlich gewachsten chilenischen Äpfel nachgewiesen. Auch diese Mittel sind bei uns nicht zugelassen (DU).

Auf holländischen Äpfeln der Sorte „Jonagold" war der Stoff Ethoxyquin in einer Konzentration von über 20 mg/kg nachweisbar. Bei diesem Stoff handelt es sich nicht um ein Pflanzenbehandlungsmittel, da er erst nach der Ernte aufgebracht wird. Deshalb wurde die Ladung Äpfel wegen eines nicht zugelassenen Zusatzstoffes beanstandet (HAM).

(30) Obstprodukte

Der überwiegende Anteil der Beanstandungen betraf die falsche Angabe der Zuckerkonzentration auf den Dosen oder Gläsern sowie Ungeziefer in getrockneten Früchten.

Obstkonserven enthielten mal mehr, mal erheblich weniger Zucker als auf dem Etikett angegeben (DU, BO).

Getrocknete Früchte wie Aprikosen, Datteln, Feigen waren z.T. stark von Milben befallen (BO, DU, W).

„Trockenpflaumen enthielten mehr als die zulässige Höchstmenge des Konservierungsstoffes Sorbinsäure.

Bei geschwefelten Aprikosen, die offen im Einzelhandel angeboten wurden, fehlte die erforderliche Kenntlichmachung „geschwefelt" auf einem Schild an der Ware.

Trockenfeigen, bei denen der höchstzulässige und an der Nachweisgrenze liegende Schwefeldioxidgehalt von 10 mg/kg eine Schwefelung praktisch ausschließt, wurden mit der irreführenden Angabe „ungeschwefelt" beworben.

Unzulässige Mengen Schwefeldioxid wurden auch in Kokosmilch festgestellt. Außerdem fehlte bei diesem Erzeugnis die deutsche Kennzeichnung.

Tiefgefrorene Erdbeeren, die im Rahmen des Übereinkommens über internationale Beförderung leicht verderblicher Lebensmittel (ATP-Abkommen) erhoben wurden, wiesen während des Transports Temperaturen von höher als −18°C auf und verloren dadurch die Eigenschaften für tiefgefrorene Lebensmittel" (KA).

3.2 Getränke

(31) Fruchtsäfte, Fruchtnektar

Fruchsäfte wurden auf ihre Qualität hinsichtlich Zusammensetzung, Geschmack und Farbe untersucht, außerdem auf unerlaubte Zusätze, Verunreinigungen, eine ordnungsgemäße Kennzeichnung usw.

Manche Getränke waren verdorben. So war ein Apfelsaft in einer Glasflasche verschimmelt. Mehrere Kartonverpackungen mit Apfelsaft waren aufgebläht (bombiert, der Inhalt verdorben) (KA). Bei Zitronensaft fiel häufig eine unschöne Verfärbung (Braunton) bereits lange vor Ablauf des angegebenen Mindesthaltbarkeitsdatums auf (SIG).

Gefälschte Fruchtsäfte und irreführende Kennzeichnungen gehörten zu den Hauptbeanstandungsgründen. So enthielt ein klassisch gefälschter Orangennektar mit deklariertem Fruchtgehalt von mindestens 50% allenfalls 10–15% „Fruchtsaft"! Der Nektar fiel durch einen Isocitronensäuregehalt von nur 10 mg/l auf. Durch Zusätze von Citronensäure, β-Carotin und kalium- und phosphathaltigen Salzen sollte eine analysenfeste Beschaffenheit vorgetäuscht und die Wässerung ausgeglichen werden (OG, KA).

Bei einem Sauerkirschnektar wurde ein zu geringer Säuregehalt festgestellt. Das läßt auf einen übermäßig hohen Wasserzusatz schließen. Ein Orangensaft war ebenfalls zu stark mit Wasser verdünnt. Bei mehreren Schwarzen Johannisbeernektaren wurden zu geringe Vitamin C-Gehalte festgestellt. Auch das ist ein Hinweis, daß das Getränk offenbar verdünnt wurde (KA).

Ebenfalls irreführend war die Bezeichnung eines Kirschsaftes als „vitaminreich". Kirschsaft ist kein bedeutender Vitaminträger (D).

Ein Mehrfruchtsaft war mit unsinnigen Hinweisen wie „… gibt Mut und Zauberkraft", „… man immer alles besser schafft" versehen. Da eine gewisse suggestive Wirkung bei solchen Hinweisen nicht ausgeschlossen werden kann, wurden diese Hinweise als irreführend beurteilt (KA).

Mehrere Fruchtsäfte mit dem Hinweise *ohne Zuckerzusatz* wurden beanstandet, sofern keine Angabe über den Zuckergehalt erfolgte. Es entsteht sonst der fälschliche Eindruck, die Erzeugnisse seien zuckerarm oder enthielten weniger Zucker als andere entsprechende Fruchtsäfte (KA).

Ein Apfelsaft wies anormal hohe Konzentrationen an Eisen auf. Das Eisen ist offenbar bei der Herstellung oder Verarbeitung in viel größerem Maße als technisch unvermeidbar auf den Apfelsaft übergegangen (KA).

Apfelsäfte mit den Bezeichnungen „naturtrüb", „naturbelassen", „naturrein" bzw. mit Hinweisen auf eine Herkunft der Früchte aus biologischem Anbau wurden auf Rückstände von Pflanzenbehandlungsmitteln untersucht. Wie zu erwarten, konnten keine Pestizidrückstände gefunden werden. Auch bei der geschmacklichen Bewertung schnitten diese Apfelsäfte verhältnismäßig gut ab. In einem Fall war die Angabe „naturbelassen" allerdings nicht gerechtfertigt, da es sich um einen geklärten Saft handelte (SIG).

(32) Erfrischungsgetränke

Eine Probe „koffeinhaltige Limonde" enthielt größere Mengen Trichlorethen und mußte deshalb als gesundheitsgefährdend im Sinne des § 8 LMBG eingestuft werden. Die nach Vergiftungserscheinungen sichergestellte Probe roch stark abweichend, süßlich, reizend und an Lösemittel erinnernd. Spätere Nachforschungen ergaben, daß die Geschädigte selbst die Limonade mit dem Lösungsmittel vergiftet hatte (BO).

Ein Automatengetränkepulver wurde vom Hersteller als „Instant-Multisaft-Getränk Exotic" angeboten. Es bestand im wesentlichen aus Zucker und Zitronensäure, war mit Essenzen aromatisiert und durch den Zusatz eines Verdikkungsmittels künstlich getrübt. Einem solchen Getränk fehlen alle Merkmale eines „Fruchtsaftgetränkes" (S).

Ein Brot-Molke-Trunk war mit falschen Angaben über den Eiweiß- und Energiegehalt ausgezeichnet. Der Eiweißgehalt betrug nur 50% des angegebenen Wertes (HAM).

„Ein Buch mit dem Titel Brottrunk und Fermentgetreide – Der natürliche Weg für Ihre Gesundheit enthielt eine Fülle von unzulässigen, gesundheitsbezogenen Aussagen sowie übertriebene und nicht zutreffende Wirkungsaussagen. Obwohl der Vertrieb einer gleichartigen Broschüre bereits Anfang des Jahres untersagt worden war, war dieses Buch mit ganz konkretem Bezug zu im Handel erhältlichen Erzeugnissen einer bestimmten Firma neu erschienen. Ein krasses Beispiel dafür, wie die Leichtgläubigkeit des Verbrauchers und der Wunsch, seine Leiden zu heilen, bei der Vermarktung von Lebensmitteln ausgenutzt wird" (OG).

(33) Wein

Leider macht der Wein nicht nur durch seine Blume, seine Restsüße, seine Säure usw. von sich reden. In den letzten Jahren hat der Wein vor allem durch Weinskandale wie der Affäre um den Methanol- und den Diethylenglykol-Zusatz Schlagzeilen gemacht.

Die großen Weinskandale der vergangenen Jahre fanden in diesem Jahr glücklicherweise keine Fortsetzung. Kleinere Verstöße wurden aber auch jetzt wieder
festgestellt. So war im Raum Stuttgart eine Weinkellerei, die früher mehrfach
wegen Unregelmäßigkeiten aufgefallen war, verkauft worden. Bei einer Überprüfung der Nachfolgefirma stellte sich heraus, daß ein größerer Posten eines
übernommenen Weines „Schwäbischer Landwein …" keineswegs die Merkmale
eines solchen Erzeugnisses aufwies. Da die Identität dieser Weine nicht nachgewiesen werden konnte, wurde die Gesamtmenge von 5750 Liter beschlagnahmt
(SIG).

Die Hautbeanstandungsgründe für Wein waren in diesem Jahr falsche oder
sogar fehlende Kennzeichnung. Vor allem ausländische Weine wurden häufig
wegen fehlerhafter Kennzeichnung beanstandet. Im allgemeinen werden aber die
Weine in zunehmendem Maße nach den neuesten EG-Vorschriften richtig gekennzeichnet.

Andere häufige Beanstandungsgründe waren die Verwendung unzulässiger
Behandlungsstoffe bzw. -verfahren. So waren Qualitätsweine überangereichert,
sie waren z. B. mit zu viel Zucker oder Most versetzt. Andere Weine enthielten
Restgehalte an Cyanid durch Überschönung. Einem Rotwein waren zu große
Mengen spanischen Deckrotweins zugesetzt worden. Ein anderer Rotwein war
mit Tafelwein und Tafelwein wiederum war mit Qualitätswein verschnitten worden
(OG). In einem anderen Fall war Wein mit Kernobstsäften gestreckt worden
(SIG).

„In 2 italienischen Tafelweißweinen wurden stark erhöhte (2,4 bzw. 3,1 g/l!)
Catechinwerte (Indikator für hohen Gerbstoffgehalt) ermittelt. Da unauffällige
Methanolgehalten vorlagen, waren diese Erzeugnisse wegen unzulässiger Her-
stellungspraktiken (Tresterverwendung bzw. übermäßiges Auspressen) zu beanstanden" (KA).

„In 2 Betrieben wurden Manipulationen in größerem Stil aufgedeckt. Die
Verstöße reichten von falschen Sorten-, Lage- und Prädikatsangaben über unzulässige Verschnitte (Rot- mit Weißwein; Qualitätswein mit Tafelwein; Zusatz
überhöhter Mengen spanischen Deckrotweins) bis hin zur Verwendung erfun-
dener Amtlicher Prüfungsnummern und nicht verliehener Gütezeichen" (OG).

Von der Weinkontrolle wurden verschiedene Weine aus Polyester-Lagertanks
auf ihren Gehalt an Monostyrol geprüft. Das Monostyrol kann aus dem Kunststoff
der Tanks auf den Wein übergehen. Der höchste gemessene Wert lag bei 320
μg/l. Nur dieser Wein war auch geschmacklich beeinträchtigt. Die Ergebnisse
wurden der Kunststoffkommission beim BGA gemeldet, weil es bisher noch
keinen Richtwert für die spezifische Migration von Monostyrol auf Wein gibt (S).

Im Zusammenhang mit den von der Weinkontrolle aufgedeckten Verstößen
gegen weinrechtliche Vorschriften muß leider immer wieder festgestellt werden,
daß die zuständigen Behörden (s. Kap. 1.2) die von den Untersuchungsämtern
aufgedeckten Fälle oft nicht mit dem hierzu notwendigen Nachdruck verfolgen.
Deshalb werden selten drastische Strafen verhängt und damit auch keine besonders abschreckende Wirkung erzielt (SIG).

Eine Untersuchung auf Pestizide ergab, daß in 20 von 36 Proben Spuren der Fungizide (Anti-Pilz-Mittel) Vinclozolin, Procymidon und andere nachgewiesen werden konnten (SIG, OG). Zwar sind diese Rückstandsmengen sehr gering, trotzdem sollte man immer die Notwendigkeit einer Spritzung kritisch prüfen (OG).

Nach wie vor wird auf den Flaschenetiketten, aber auch auf Werbeträgern und in Zeitungsanzeigen bei in- und ausländischen Weinen (überwiegend französischer Herkunft) mit Angaben geworben, die auf den ökologischen Anbau des Weins oder auf den naturgemäßen Anbau der Weinreben hinweisen, ohne daß sich diese Angaben auf einen nachprüfbaren Sachverhalt beziehen (Bio-Wein und dergl.). Auch die seit langen unzulässigen Angaben wie „natur", „nature" usw. werden immer wieder auf den Etiketten vorgefunden (SIG).

Bei Untersuchungen von 12 Proben, die tatsächlich aus biologischem Anbau stammten, konnten in 4 Fällen Spuren des Fungizids Vinclozolin nachgewiesen werden (OG).

Kritische Warenkunde für Verbraucher

Was heißt bei Wein trocken, halbtrocken, herb, sauer, lieblich und süß?

Diese den Wein näher charakterisierenden Adjektive geben häufig bei Verbrauchern zu Verwirrung Anlaß. Besonders für diejenigen, die trotz strikter Diäternährung auf den Wein nicht ganz verzichten wollen, sind die Bezeichnungen in bezug auf den enthaltenen Zuckergehalt (besonders bei Diabetikern) nicht konkret genug.

Der Geschmack, die Güte und der Wert des Weins wird durch seinen Gehalt an Alkohol (Ethanol), Extrakt, Zucker, Glycerin, Säuren und Bukettstoffen (Aromastoffen) bestimmt. Der Zuckergehalt kann je nach Traubensorte und Weinbereitung einen unterschiedlichen Ursprung haben.

Um die Begriffe „Restzuckergehalt" und „Süßreserve" zu erklären, wird hier die Weinbereitung kurz umrissen. Alkohol entsteht, indem die Hefe den in den Trauben enthaltenen Traubenzucker zu Alkohol und Kohlensäure vergärt. Die Kohlensäure entweicht und die Bukett- und Aromstoffe bleiben zurück. Bei Trauben mit sehr hohem Zuckergehalt kann die Hefe nicht den gesamten Zucker vergären, denn bei 12 – 15 Vol.-% Alkohol kommt die Gärung von selbst zum Stillstand. Der dann noch im Wein verbleibende Zucker wird als *Restsüße* oder *Restzuckergehalt* bezeichnet. Da es in der BRD, dem nördlichsten Weinanbauland der Erde, Weinlagen und Weinjahre gibt, in denen die Trauben nur sehr wenig natürlichen Zucker liefern, wird in diesen Weinen der gesamte Zucker vergoren. Um den Wein geschmacklich abzurunden, darf ihm unvergorener Traubenmost (Preßsaft aus den mit Stiel und Stengel sofort nach der Ernte in der Traubenmühle zu Brei zerquetschten Beeren) zugesetzt werden – dies ist die *Süßreserve*. Die Restsüße entsteht also teilweise auf natürlichem Weg, meistens jedoch durch Zugabe der Süß-reserve. Trockene Weine enthalten weniger Restsüße als die halbtrockenen und diese wiederum weniger als die lieblichen Weine.

In allen Geschmacksklassen und Qualitäten kann Wein mit viel, wenig und ohne Restsüße produziert werden. Die EG stellt bestimmte Anforde-rungen an die einzelnen Bezeichnungen nach ihrem Zuckergehalt.

Bei Weinen ist das Gegenteil von süß nicht sauer, sondern *trocken*. Auch ein sehr trockener Wein kann fruchtig, harmonisch und bukettreich sein. Fast alle gängigen Tischweine sind eher trocken als süß, so auch viele Ape-ritifs wie Fino und Sherry, oder Verdelho und Rainwater Madeira und auch Solera und Fini Marsala. Mit „*trocken*" (oder: sec, secco, asciutto und dry) gekennzeichnete Weine dürfen pro l nicht mehr als 4 g unvergorenen Zucker enthalten. Der Restzuckergehalt darf ausnahmsweise bis 9 g/l betragen, wenn die Differenz Zucker-Säure kleiner als 2 g/l ist.

Weine mit der Bezeichnung „*halb-trocken*" (oder: demi-sec, abboccato, semi seco und medium dry) dürfen einen Restzuckergehalt von 4 bis höch-stens 12 g/l, bzw. wenn die Differenz Zucker-Säure weniger als 10 g/l beträgt, von 9 bis höchstens 18 g/l aufweisen.

Unter einem „*herben*" Wein versteht man einen Wein, der beim Verkosten auf die Geschmacksorgane leicht zusammenziehend wirkt. Die Ursache liegt meistens in dem etwas zu hohen Gerbstoff- oder Säuregehalt und sonstiger unreifer Zusammensetzung. Die Herbheit kann jedoch auch angenehm emp-funden werden, wenn der Gerbstoffgehalt nicht überwiegt.

„*Sauer*" wird ein Wein genannt, dessen Säuregehalt übermäßig hoch ist. Aus einem sauren Wein wird bald Essig, er „kippt um"; dann ist er verdorben und ungenießbar. Ein natürlich hoher Säuregehalt führt nicht zu einem sauren, sondern zu einem herben Wein.

Mit „*lieblich*" (oder: moelleux, amabile, semidulce und mediumsweet) bezeichnete Weine sind zart, mild und nicht schwer und weisen einen Rest-zuckergehalt von 12 bzw. 18 g/l bis höchstens 45 g/l auf.

Weine, die einen Restzuckergehalt von mindestens 45 g/l enthalten, wer-den mit „*süß*" (oder: doux, dolce, dulce und sweet) bezeichnet.

Das *Deutsche Weinsiegel* ist ein Gütezeichen der Deutschen Landwirt-schaftgesellschaft (DLG). Es wird den Weinen verliehen, die die Mindestan-forderungen der amtlichen Qualitätsprüfung übertreffen. Außerdem gibt es, nur für Weine aus Baden, das „Gütezeichen für badische Qualitätsweine", mit noch schärferen Bedingungen. Für das Deutsche Weinsiegel müssen die Weine gegenüber der amtlichen Qualitätsprüfung einen Vorsprung von 3 Punkten bei Qualitätswein und von 2 Punkten bei Qualitätswein mit Prädikat aufweisen (bei einer Höchstpunktzahl von 20). Das Deutsche Weinsiegel wird in 3 Farben vergeben:

– *rot* für Wein, der *lieblich* ist,
– *gelb* für *trockenen* Wein und
– *grün* für *halbtrockenen* Wein.

Außerhalb der EG gibt es andere Vorschriften. In Österreich z. B. schreibt ein neues Weingesetz eine strenge Kennzeichnungspflicht und Kontrolle vor. Jedes Flaschenetikett muß neben den üblichen Angaben auch Auskunft über den Zuckergehalt geben. Der Begriff *„trocken"* wird bei einem Restzuckergehalt bis 4 g/l und *„halbtrocken"* für Weine mit einem Restzuckergehalt bis zu 9 g/l verwendet.

Die Begriffe „trocken", „halbtrocken", „lieblich" und „süß" enthalten wichtige Hinweise für alle, die aus Interesse oder mit Rücksicht auf eine Diät etwas über den Zuckergehalt des Weins erfahren wollen. Für Diabetiker reicht diese Information jedoch nicht immer aus. Für diesen Personenkreis gibt es spezielle *Diabetikerweine*. Ein Diabetikerwein ist ein Wein, der aufgrund seiner Zusammensetzung auch von Diabetikern genossen werden kann. Da aber dazu fallweise Einschränkungen gemacht werden müssen, soll Diabetikerwein „nur nach Befragen des Arztes" von dieser Personengruppe getrunken werden. An die Zusammensetzung werden folgende Anforderungen gestellt: weniger als 4 g/l Zucker, 25 mg/l freie schweflige Säure, 200 mg/l gesamte schweflige Säure (Rotwein nur 175 mg/l!) und 95 g/l Gesamtalkohol. Darüber hinaus müssen der physiologische Brennwert, der Alkoholbrennwert und die Broteinheiten erfaßt und deklariert werden.

Das Gelbe Weinsiegel der DLG kennzeichnet Diabetikerweine, sofern diese auf einem Rückenetikett zusätzlich die o. a. Kennzeichnungselemente aufweisen. Auch Weine mit Gelbem Weinsiegel und der Aufschrift „trocken" sind für Diabetiker geeignet. Ein Vergleich mit den in anderen Diabetikergetränken tolerierten Zuckermengen (Glucose) zeigt, daß der höchstzulässige Gehalt an Zucker in Diabetikerweinen extrem niedrig angesetzt ist. Auch trockene Weine mit einem Restzuckergehalt bis 9 g/l sind von dieser Seite her gesehen für Diabetiker ungefährlich. Meist besteht der Restzucker nur zu höchstens 50 % aus Glucose, der überwiegende Teil ist Fructose (DU).

(34) Erzeugnisse aus Wein

Heißer Glühwein, so wie er auf Weihnachtsmärkten angeboten wird, muß nicht immer Glüh-„Wein" sein. Eine Überprüfung ergab, daß der Wein von einem Stand erheblich gestreckt worden war. Ein weiterer, an einem anderen Marktstand heißgehaltener Glühwein war „praktisch alkoholfrei" (SIG).

„Eine als Verbraucherbeschwerde vorgelegte leere Sektflasche enthielt größere Mengen nadelförmiger Kristalle, die sich als das Insektenbekämpfungsmittel Propoxur entpuppte. Anhand des noch nachweisbaren blauen Warnfarbstoffes konnte auf ein bestimmtes Handelspräparat geschlossen werden. Der Konsument des Sekts kam nur deshalb glimpflich davon, weil das Insektizid der minder giftigen Substanzklasse der Carbamate angehört. Wie das Mittel in die Sektflasche gelangte, war bisher nicht zweifelsfrei zu ermitteln (OG).

Entalkoholisierte Weine waren falsch gekennzeichnet. Sie enthielten unzulässige Angaben zu den geschmacklichen Eigenschaften. Die Schwefelung war nicht ausreichend gekennzeichnet. Außerdem darf Wein, dem der Alkohol entzogen wurde, nicht mehr als alkoholfrei ausgezeichnet werden (S).

(35) Weinähnliche Getränke

Verschiedene Apfelweine schmeckten bitter oder essigstichig bzw. enthielten unzulässigerweise den künstlichen Süßstoff Saccharin (SIG).

Von den Zolldienststellen wurden 7 Kernobstmoste mit der Bitte um Untersuchung gebracht. Für 4 dieser Proben konnte der Verdacht erhärtet werden, daß bei der Herstellung ausbeuteerhöhende Stoffe zugesetzt worden waren (KA).

Ein Problem stellt ein Erzeugnis namens Kombucha dar, das aus gezuckertem Schwarztee durch alkoholische Gärung mit dem Kombucha-Teepilz hergestellt und als biologisches Lebensmittel verkauft wird. Dem Produkt werden in Faltblättern, Zeitschriften, Zeitungsanzeigen usw. gesundheitliche Wirkungen der verschiedensten Art, insbesondere in der Krebstherapie und bei der Bekämpfung zahlreicher Stoffwechselerkrankungen, zugeschrieben. Diese Angaben sind irreführend, da sie wissenschaftlich nicht hinreichend gesichert sind; unabhängig vom Wahrheitsgehalt sind derartige gesundheitsbezogene Angaben in der Werbung für Lebensmittel nicht zulässig. Nach den Aussagen der Werbung wäre das Getränk ein Arzneimittel (SIG).

(36) Bier

Ein seltener, aber typischer Beanstandungsgrund für Bier ist die Eiweißtrübung (DU, BO, W). Sie entsteht, wenn das Bier zu kalt gelagert wird oder nicht sachgerecht hergestellt wurde.

Häufiger kommt es vor, daß manche Fremdkörper, wie z. B. Käferlarven, Pflanzenteile, Folie, Pilzhyphen usw. in der Flasche landen, von der Laugenspülung nicht entfernt werden können und von der Endkontrolle ebenfalls nicht entdeckt werden (S). Sogar Farbstoffreste und Spuren eines Lösungsmittels wurden im Bier gefunden. Hier war offenbar die Flasche, wie auch manche Mineralwasserflasche, vom Verbraucher zweckentfremdet verwendet worden (D, HAM).

Durch ihren ätzenden und beißenden Geruch erkannte ein Beschwerdeführer eine „Laugenflasche". Diese Bierprobe enthielt eine gesundheitsschädliche Ätznatronkonzentration von 11,8 g/l. Im Abfüllbetrieb hatten offensichtlich alle betriebsinternen Kontrollen, so auch der „bottle-inspector" der Abfüllstraße, versagt (PF).

Aber auch das kommt vor: In einer Mehrwegflasche fand ein Verbraucher statt Bier eine farblose, geschmacksneutrale Flüssigkeit. Vermutlich war Spülwasser, das zum Ausspülen der mit Laugen gereinigten Flaschen verwendet wird, in der Flasche geblieben. Ein anderer Biertrinker fand beim Ausschenken des zweiten

Glases aus einer Pfandflasche eine ganze Zahnbürste. Er konnte allerdings nicht ausschließen, daß sich seine Kinder einen Scherz gemacht hatten (NE).

Nicht nach Reinheitsgebot gebraute Biere wurden bisher kaum beobachtet. In größerem Umfang wurden Importbiere untersucht. Dabei trugen 5 Bierproben keine ausreichende deutsche Kennzeichnung. Die Biere stammten aus Großbritannien, der Schweiz und Thailand. In 2 Bieren eines belgischen Herstellers und einem Bier aus Holland konnte Papain nachgewiesen werden, das offensichtlich zur Stabilisierung der Trübung eingesetzt worden war. Da das Papain auf dem Etikett nicht deklariert war, mußten die Biere beanstandet werden (KA).

Die Untersuchung auf Spuren der Konservierungsmittel Sorbinsäure, Benzoesäure und PHB-Ester in handelsüblichen Biersorten verlief erfreulicherweise negativ; bei einer Nachweisgrenze von 1 mg/l waren keine Konservierungsstoffe nachweisbar (DU).

Seit einiger Zeit tragen einige Biere auf den Etiketten die Angabe des Alkoholgehaltes. Dabei zeichnet sich ab, daß durchweg niedrigere Alkoholgehalte als die vorhandenen unter Nutzung der zulässigen Abweichung angegeben werden (S).

Ein helles Bier mußte beanstandet werden, weil es durch sog. Färbebier zu dunklem Bier umgefärbt wurde (OG).

Die feuchte Witterung im Sommer 1987 führte bei manchen Brauereien zu Problemen bei der Herstellung von Weizenbier. Durch den starken Befall des Getreides mit bestimmten Schimmelpilzen kam es im fertigen Bier zum sogenannten „gushing", d. h. zu einem plötzlichen Auf- und Überschäumen des Bieres nach dem Öffnen der Flasche. Bei einer Flasche trat diese Erscheinung so stark zutage, daß das Bier beim Öffnen explosionsartig aus der Flasche spritzte (SIG).

Für die Herstellung bestimmter Biersorten ist eine Räucherung notwendig. Das durch die Räucherung entstehende 3,4-Benzpyren wurde in Gerstenmalz und Pilsener Malz für die Bierherstellung in unterschiedlich hohen Konzentrationen nachgewiesen. Die Werte schwanken von n. n. bis zu 2,5 μg/kg. Einen Höchstwert für den Gehalt von Benzpyren in Bier gibt es noch nicht. Da Benzpyren zu den krebserregenden Stoffen gehört, sollten die Rückstände möglichst klein gehalten werden. Für Fleischwaren gilt ein Grenzwert von 1 μg/kg. In den untersuchten obergärigen Bieren und in einer Sorte Rauchbier konnte jedoch kein Benzpyren nachgewiesen werden (DU).

Kritische Warenkunde für Verbraucher – Bier

Das einst nach altüberliefertem Geheimrezept hergestellte Gebräu hat durch technologische und wissenschaftliche Entwicklungen ebenso starke Veränderungen erfahren wie die sonstigen Lebensmittel. Einerseits hat sich aus den wenigen Bierarten und -typen eine riesige Palette mit hunderten von Arten und Sorten entwickelt, daneben hat die Einführung ultramoderner Methoden neue Produkte erste ermöglicht. Andererseits haben insbesondere im Ausland die wissenschaftlich chemischen Erkenntnisse zu ganz anderen Produktionsmethoden geführt und zu Produkten, die wir in naher Zukunft sicher auch in unserem Land genießen dürfen. Die „Ausländer" sind momentan nur mit Bier nach Reinheitsgebot am Markt, anders hergestelltes Bier ist bisher noch nicht im Handel angetroffen worden. Die Kenntnis der veränderten Herstellung ist aber schon heute eine Betrachtung wert (s. u.).

Von größerem Interesse ist aber der wohl am stärksten expandierende Markt der sog. „alkoholfreien" Biere, deren Bezeichnung schon eine Irreführung beinhaltet und auch deren Herstellung dem Verbraucher tunlichst in der Werbung verschwiegen wird. Dagegen betont man das Reinheitsgebot (technische Einschränkungen sehen die Biersteuerbestimmungen im Hinblick auf das Reinheitsgebot nicht vor!) gerade hier werbemäßig in einer Weise so stark, daß ein kritischer Verbraucher hellhörig werden muß. Wer dies alles verstehen will, sollte aber erst einige Begriffe kennen.

Die einzelnen Biergattungen unterscheiden sich im *Stammwürzegehalt*, der prozentual angibt, wieviel Bestandteile (insbes. Zuckerarten und Eiweißstoffe) aus dem Getreide herausgelöst wurden. Je stärker die Stammwürze vergoren wird, um so mehr Alkohol entsteht und entsprechend sinkt der Extraktgehalt.

Tabelle 1. Stammwürze, Alkoholgehalt und Extraktgehalt verschiedener Biersorten

Begriffe	Stammwürze	Alkoholgehalt	Extraktgehalt
Einfachbier	2 – 5,5 %	1 – 2 Vol.-%	1 – 4 %
Schankbier	7 – 8 %	2,2 – 2,7 Vol.-%	2,5 – 3,2 %
Vollbier	11 – 14 %	3,2 – 4 Vol.-%	4,5 – 6,7 %
alkoholfrei	[1])	0,3 – 0,5 Vol.-%	ca. 6 %
Starkbier	> 16 %	4,5 – 7,5 Vol.-%	6 – 10 %

[1]) Der Versuch, über die zuständige Finanzbehörde Auskunft über die Stammwürze vor der Alkoholverminderung bei einem bestimmten Hersteller zu erhalten, war erfolglos.

Wie beim Wein kann man wenig vergären und erhält ein süßes Bier, das frühere *Malzbier*. Heute wird aber meist ein unvergorenes Gemisch aus Malz, Glukosesirup, Zuckercouleur und Kohlensäure als *Malztrunk* gehandelt.

Andererseits kann man voll vergorenes Bier, mit wenig Restzucker und viel Alkohol, herstellen. Dies wird dann nach geringfügiger Alkoholverminderung als *Diätbier für Diabetiker* verkauft. Der Kaloriengehalt stammt hier immer noch in großer Menge vom Alkohol.

Mit den Diätbieren verwechselt werden häufig die „alkoholfreien" und alkoholarmen Biere. Aber weder von diesen noch von den Diätbieren kann man schlank werden (wenn, dann nur durch Verzicht darauf). Der Grund liegt darin, daß *alkoholarme* Biere häufig niedrig vergorene *Schankbiere* sind. Sie enthalten daher immer noch Kohlenhydrate, erkennbar am etwas süßlichen Geschmack, aber auch ihr Alkoholgehalt (um 1,5 Vol.-%) liefert noch Kalorien. Da sie als Schankbiere (niedrigere Stammwürze) produziert werden, enthalten sie von der Produktion her schon weniger Kalorienlieferanten als übliches Vollbier. Manchmal wird ihnen zusätzlich noch der Alkohol entzogen. Übrig bleibt ein dünnes, nicht sehr vollmundiges Getränk.

Auch die *„Alkoholfreien"* enthalten noch deutliche Kohlenhydratanteile (ca. 4%), denn auch sie werden bevorzugt wenig vergoren. Ihnen entzieht man nach dem Brauprozeß den Alkohol, neuerdings bevorzugt durch Umkehrosmose oder Dialyse bis auf unter 0,5 Vol.-%. Die früher üblichen Verfahren, durch Destillation den Alkohol zu entfernen, sind energietechnisch ungünstiger und liefern auch ein geschmacklich nicht optimales Produkt.

Zielgruppe der „alkoholfreien" Biere sind die Autofahrer, Berufstätigen oder Personen, die Alkohol ablehnen. Mit „Alkoholfreiem" wird man zwar schwerlich zu einem Alkoholrausch kommen und auch eine Gewöhnung ist unwahrscheinlich, doch können sie Alkoholkranke zum Wiedereinstieg verleiten, da der psychologische Effekt dem von normalem Bier entspricht. Auch bisherige „Nichtbiertrinker" könnten dadurch auf den Geschmack kommen.

Beschränkte man sich in Deutschland bisher auf physikalische und technologische Verfahren, die Produktion zu steigern, zu verbessern oder zu variieren, so hat man im Ausland die aus anderen Lebensmittelherstellungsverfahren bekannten chemischen Möglichkeiten wirtschaftlich erfolgreich genutzt. Zu rechnen hat der Verbraucher bei ausländischem Bier je nach Herkunft mit Mais, Reis oder anderen stärkehaltigen Rohstoffen, die dann zum Abbau speziell zugesetzte *Enzyme* erfordern. Daneben werden *keimanregende und regulierende* Stoffe eingesetzt. Störende Schäume werden mit *Silikonprodukten* vermieden, störende Metalle mit *Komplexbildnern* behandelt. Gegen die Einwirkung von Luftsauerstoff helfen *Ascorbinsäure und schwefelige Säure,* die Haltbarkeit kann wie sonst üblich natürlich mit *Konservierungsstoffen* verlängert werden. Zur Vermeidung von Trübungen während der Lagerzeit lassen sich Zusatzstoffe, wie *Formaldehyd,* Tannin oder proteolytische *Enzyme* einsetzen. Und damit der Schaum nicht allzuschnell wieder zusammenfällt, helfen diverse *Schaumstabilisatoren* sicher weiter.

Ob dieses Bier auch vom deutschen Verbraucher angenommen wird, kann er selbst durch sein Marktverhalten entscheiden (DU).

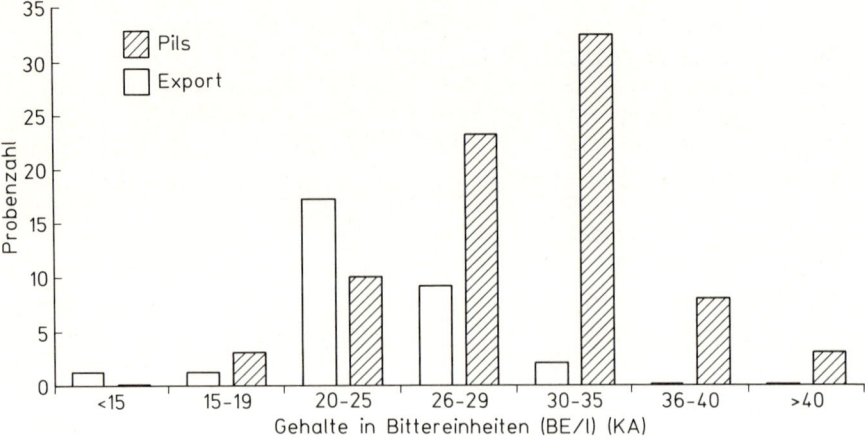

(37) Spirituosen

Allgemein gaben die Kennzeichnungen von Spirituosen u. a. durch ungenaue Phantasiebezeichnungen oder sehr weit gefaßte Oberbegriffe Anlaß zu Beanstandungen. Die Hersteller halten sich z. T. nicht an die Begriffsbestimmungen für Spirituosen. Sie beschreiben ihr Produkt z. B. durch eine Zutatenliste nicht so, daß der Verbraucher die Art der Spirituosen erkennen könnte. Aus diesem Grund wäre die Schaffung von einheitlichen Beurteilungskriterien und Kennzeichnungsvorschriften dringend notwendig (NE, KA).

Die Ausgießer, Flaschenhälse und Flaschen von Rum, Fruchtsaftlikör, Kräuterlikör und Korn waren stark verschimmelt und verschmutzt. Beim Entleeren geraten Schimmel und Schmutz in die Getränke (W).

Als Irreführung wurde die Unter- bzw. Überschreitung der angegebenen Alkoholgehalte in 41 Fällen beanstandet. Ebenso unzulässig ist die Mitverarbeitung von Fremdalkohol, der in 3 Fällen nachgewiesen wurde (OG). 2 Eierliköre enthielten viel weniger Eigelb als vorgeschrieben. Bei 4 Erzeugnissen fehlte jegliche Füllmengenangabe. 4 andere Flaschen trugen Verschlüsse ohne jede Sicherheitsvorkehrung, wie Feststellring, Plastik- oder Stanniolkappe (KA).

5 Spirituosen fielen durch ihre stark erhöhten Gehalte an den höheren Alkoholen Butanol und Propanol auf. Diese Alkohole entstehen, wenn das verwendete Ausgangsmaterial nicht mehr einwandfrei, sondern angegoren ist (KA).

Als Beschwerde wurde eine Rumprobe eingereicht, weil sie angeblich nach Verdünnung bzw. Lösungsmittel roch. Die Beschwerde war jedoch nicht berechtigt, zumal gerade einfache Sorten oftmals erhöhte Gehalte an Ethylacetat aufweisen (KA).

„Bei 2 Proben war eine *unerlaubte Maischezuckerung* festzustellen. In einem Fall eines angemeldeten Gemisches aus Zwetschgen- und Mirabellenmaterial konnte die nicht angemeldete Mitverarbeitung von Kernobst und Weintrauben nachgewiesen werden. 2 Proben Kirschwasser erwiesen sich wegen ihrer Herkunft aus hochgradig mikrobiell verdorbenen Maischen als nicht verkehrsfähig. In einem anderen Fall eines angemeldeten Brennverfahrens hatten die Zollbeamten aufgrund verdächtiger Umstände außer einer Probe des angemeldeten Materials aus den Vorratsbehältern auch eine Materialprobe aus der eben gefüllten Brennblase entnommen. Die Untersuchung ergab, daß es sich um verschiedene Maischen handelte, woraufhin der Brenner jetzt wohl einem *Strafverfahren* wegen Mitverarbeitung *unangemeldeten Materials* entgegensieht! Nicht anders erging es einem weiteren Brenner, der von Zollbeamten an seinem geheizten Brenngerät mit einer gefüllten und bereits erhitzten Brennblase angetroffen wurde, ohne daß ein Brennverfahren überhaupt angemeldet worden war. Die Schutzbehauptung, es handle sich bei dem Blaseninhalt nur um mit Wasser ausgespülte Reste von Zwetschgenmaische aus leeren Fässern angemeldeter früherer Brennverfahren, konnte durch den Untersuchungsbefund widerlegt werden. Die angeblichen stark verdünnten Reste erwiesen sich als normale, unverdünnte Zwetschgenmaische" (OG).

In einem als Kräutertrank für Diabetiker bezeichneten Getränk, das 21 % Alkohol enthielt, wurde tatsächlich Süßstoff nachgewiesen. Dieses Getränk mußte beanstandet werden, da Spirituosen nicht als diätische Erzeugnisse mit dem Hinweis auf einen bestimmten Ernährungszweck, wie z.B. für Diabetiker, verkauft werden dürfen.

„Ein Hersteller warb für seinen Topinambur durch ein Schild bei der Ware mit der Aussage, daß das Produkt für ‚Zucker- und Magenkranke‘ geeignet sei. Dies trifft jedoch nur für den Verzehr der Topinamburknolle zu, nicht aber für den durch Vergärung daraus gewonnenen Alkohol. Dies zog so weite Kreise, und zwar unter den Kunden, daß die Ärzte der in der Nähe befindlichen Kurklinik in Sorge gerieten und sich über die Bezirksärztekammer an die Zentrale zur Bekämpfung der Unlauterkeit im Heilgewerbe wandten. Der Hersteller verteilte nämlich sogar Handzettel mit ‚empfohlenen und erprobten Rezepturen für Zuckerkranke‘. Darin hieß es unter anderem: „Bei hochgradigem Diabetes nach jeder Mahlzeit ein Gläschen. Tapinambur darf auch bei hohem Blutdruck getrunken werden. Für Magenkranke nach den Mahlzeiten ein gekühltes Gläschen Topinamburschnaps" (KA).

In 26 Fällen wurden bei Steinobstbränden, z.B. Kirschwasser, die vom Bundesgesundheitsamt vorgeschlagenen Richtwerte für Ethylcarbamat überschritten. Nachgewiesen wurde Ethylcarbamat bis zu 8 mg/l. Besonders auffällig war, daß in vielen Fällen bei Produkten, die einen Gehalt an Ethylcarbamat im Bereich des Richtwertes hatten, nach Belichtung die Konzentration um eine Vielfaches anstieg (KA).

„Ethylcarbamat hat in Tierversuchen an verschiedenen Tierarten eine krebserregende Wirkung gezeigt. Anfang 1986 ergaben Untersuchungen im In- und Ausland, daß Spirituosen, insbesondere Steinobstbranntweine, erhebliche Mengen an Ethylcarbamat enthalten können. Dabei ist davon auszugehen, daß dieser Stoff beim üblichen Herstellungsverfahren der Spirituosen gebildet wird und demnach seit jeher in den Erzeugnissen vorhanden ist. Das Bundesgesundheitsamt konnte das gesundheitliche Risiko der Aufnahme von Ethylcarbamat nur schwer abschätzen. Es ist davon ausgegangen, daß ein deutlicher Abstand zu den im Tierversuch als wirksam erkannten Dosen besteht, da diese Spirituosen, sofern kein ohnehin gesundheitsschädlicher Mißbrauch vorliegt, nicht lebenslang täglich in erheblichen Mengen getrunken werden (BGA Pressedienst 09/87 vom 12. 2. 1987). Maßgeblich beteiligt an der Bildung des Ethylcarbamates ist das aus den Steinen des verwendeten Obstes stammende natürliche Cyanid. Außerdem wird der Gehalt zusätzlich durch Lichteinwirkung erhöht. Bei der Industrie werden zur Zeit Möglichkeiten geprüft, den Gehalt an Ethylcarbamat bei den betroffenen Spirituosen zu minimieren. Dabei bieten sich mit der sorgfältigen Entfernung der Vorstufen (u. a. Vermeidung des Zertrümmerns der Steine beim Herstellungsprozeß) oder Forcierung der Bildung von Ethylcarbamat mit anschließender destillativer Entfernung vorerst zwei mögliche Verfahrensweisen an" (DU, 1986).

3.3 Süßes

(39) Zucker

Mit Zucker gibt es wenig Probleme. Ab und zu wird Zucker von Insekten befallen und muß beanstandet werden.

In einem Fall enthielten mehrere beim Abpacker direkt entnommene Proben Rostpartikel bis zu einer Größe von 5 mm. Die Chargen wurden aus dem Verkehr genommen. Nachforschungen bei der Firma ergaben, daß Rohzucker angeblich bereits aus den Ursprungsländern mit derartigen Verunreinigungen geliefert wird, so daß vor dem Abpacken des Zuckers zusätzliche Reinigungsschritte über Grob- und Feinsiebe sowie durch Magnete vorgenommen werden müssen. Bei den beanstandeten Proben war die unzureichende Reinigung des Rohzuckers vermutlich durch den Ausfall des Magneten bedingt (SIG).

(40) Honig

Kritische Warenkunde für Verbraucher: Honig

Viele Verbraucher verbinden mit Honig Vorstellung wie „Heilkräfte der Natur" oder „Lebenselexier für den Menschen". Man vertraut auf seine geheimnisvolle Wirkungen für Körper, Geist und Schönheit. Aus der Erkenntnis, daß er Grundnahrung für die Bienenbrut ist und zudem Blütenpollen (Basis neuen Lebens) enthält, entwickeln sich schnell mystische Vorstellung über seine Inhaltsstoffe. Doch was nüchtern betrachtet übrig bleibt, sind: durchschnittlich 81 % Zuckerstoffe und 18 % Wasser, neben etwas Fett, Eiweiß und Mineralstoffe. Die vielgepriesenen Enzyme, Vitamine und Pollen sind vorhanden, aber ihre Mengen sehr niedrig und deren Wirkungen mehr Glaubenssache.

Für Honig bedeutsam ist seine Vielfalt an Sorten und damit verbunden sein Aroma. Nicht verschwiegen werden sollte, daß auch Honig bei der Verarbeitung technischen Verfahren unterworfen wird und damit Veränderungen unterliegt. Auch Verfälschungen kommen vor, die hier aber, wegen der natürlich bedingten, stark schwankenden Beschaffenheit, immer sehr schwer nachweisbar sind.

Von der Blüte bis ins Glas

Es bedarf schon vieler fleißiger Bienen, die je Flug etwa 70 mg süßen Nektar sammeln, ihn mit eigen erzeugter Wärme verdicken, die Waben zudecken, bis ihnen schließlich der Imker die Waben stiehlt, um daraus Honig zu erhalten.

Den ursprünglichsten Honig, in noch zugedeckelten, von den Bienen vollständig selbst gebauten Wabenstücken, kann man als *Waben- oder Scheibenhonig* heute nur selten kaufen, denn häufig werden den Bienen industriell vorgefertigte Waben unterschoben und viele Verbraucher mögen es auch nicht, ein Stück Wachs mitzuverzehren. So ist Nachfrage und Angebot gering.

Die schonendste Art der Gewinnung ist das ablaufenlassen aus den entdeckelten Waben *(Tropfhonig)*. Da hierbei viel Honig an den Wandungen kleben bleibt, wird er kostengünstiger in einer Zentrifuge herausgeschleudert *(Schleuderhonig)*. Die größte Ausbeute aber erreicht man durch Abpressen *(Preßhonig)*. Dieser Honig ist trübe und schmeckt mehlig. Auf welche der 3 Arten der Honig gewonnen wurde, muß auf dem Etikett aber nicht angegeben werden.

Bei der Weiterverarbeitung üblich ist meist ein Erhitzen auf 40°C, damit er flüssig und abfüllbar wird. Zuckerkristalle lassen sich so lösen. (Im Haushalt hilft ein warmes Wasserbad oder kurz in die Mikrowelle, wenn man Honig lieber flüssig genießen möchte.) Will man verhindern, daß Honig später auskristallisiert, filtriert man ihn, um Kristallisationskeime zu entfernen.

Eine Handelsmarke mit gleicher Farbe, gleichem Aussehen, gleichem Geruch, gleichem Geschmack und gleichem Kristallisationsverhalten (wie dies mancher Verbraucher wünscht) kann man nicht von einem Lieferanten, sondern nur durch Mischung von Honigen verschiedener Provenienzen erhalten. Und die großen Werbeversprechungen wie „Auslese, Auswahl" deuten nur auf eine überdurchschnittliche Eigenschaft in Farbe, Aussehen, Konsistenz oder Geschmack hin.

Die Begriffe „wabenecht, kalt geschleudert, feinste, beste" geben Hinweise auf sorgfältige Gewinnung, Lagerung oder Abfüllung.

Neben der Herstellungsart wird bei Honig mehr noch die Herkunft betont. Als Oberbegriffe unterscheidet man zwischen *Honigtauhonig* und *Blüten-honig*. Für *Honigtauhonig* sammeln die Bienen die Ausscheidungen von Insekten (z. B. Blattläusen) auf Pflanzen oder andere Sekrete lebender Pflanzen. Diese Honige sind hellbraun, meist grünlich-braun bis fast schwarz und werden in ihrem sehr intensivem Geruch und Geschmack von der Herkunftspflanze geprägt.

Blütenhonige stammen dagegen überwiegend aus dem Nektar von blühenden Pflanzen. Sie zeichnen sich durch helle Farben aus, von weißlich bis braun. Ihr Geruch wird von den Blüten geprägt (daher schmeckt Zitrushonig nicht nach Zitrusfrüchten) und kann von zart bis aufdringlich parfümiert riechen.

Bei den *Blütenhonigen* wird besonders häufig die „*Tracht*" hervorgehoben. Hinter diesem Begriff verbirgt sich ein Hinweis, von welchen Blütenarten die Bienen hauptsächlich den Nektar gesammelt haben. Der Imker erreicht dies dadurch, daß er seine Bienenstöcke in Gebieten mit großem Angebot einer Blütenart aufstellt. Die Bienen bleiben ihrer Tracht treu, solange das Nahrungsangebot ausreicht.

Tracht	Farbe	Aroma
Akazie	farblos bis hellgelb	mild, schwach aromatisch
Klee	gelb bis hellbraun	mild, weich
Heide	rötlichbraun	stark aromatisch
Linde	grünlich-gelb	mild aromatisch
Raps	weißlich bis hellgelb	süß, mild
Wald (meist Gemisch aus Honigtau und Blütenhonig)	hell- bis rotbraun	würzig, herb
Tanne (reiner Honigtauhonig)	dunkelbraun bis grünlich-schwarz	würzig, terpenartig

Wichtige Honiglieferanten sind heute die UdSSR, USA, Südamerika, Kanada, Australien und China.

Heilmittel Honig?

Die *Enzyme Acetylcholin und Glucoseoxidase* sollen angeblich die gesundheitlich bedeutsamen Wirkungen des Honigs ausmachen. Diese Erkenntnisse beruhen auf alt überlieferten, aber schwer nachprüfbaren Ergebnissen von Einzelbeobachtungen. Wissenschaftlich objektiv bestätigt wurden sie bisher noch nicht. Und so ist es bis heute noch nicht erlaubt, für Honig als ein Heilmittel zu werben.

Sicher wirksam ist bei Honig sein Anteil an schnell resorbierbarer Glucose und damit verbunden sein hoher Energiegehalt in Form von Kohlenhydraten. Ebenso sicher sind mit dem Genuß von Honig aber auch die Risiken wie Karies und zu hohe Energiezufuhr verbunden. Hier unterscheidet er sich in seinen Wirkungen nicht vom üblichen Haushaltszucker.

Wem Honig schmeckt, der sollte ihn essen, aber nicht als ein Hausheilmittel ansehen. Die „Heiße Milch mit Honig" liefert erst den idealen Nährboden für Krankheitskeime im Hals.

Und wer glaubt an Pollen?

Dem Blütenstaub (Pollen) werden noch viel wertvollere Wirkungen als dem Honig nachgesagt. Für ihn bewegt sich die Werbung meist auf einem sehr schmalen Grat zwischen Dichtung und Wahrheit. Fest steht, daß Pollen weder ein Arzneimittel noch ein diätisches Lebensmittel sind. Sie sind einfach ein exklusives Lebensmittel, über dessen Geschmack und Natürlichkeit man streiten kann. Käuflicher Pollen besteht aus Kohlenhydraten, Eiweiß, Fett, Mineralstoffen und Vitaminen in durchaus günstiger Zusammensetzung. Man gewinnt ihn, indem die Bienen am Eingang des Stocks über eine Art Bürste laufen müssen und dabei die Pollen von ihren Hinterbeinen abstreifen. Diese Pollen werden gesammelt, mit Zucker oder Honig vermischt (manchmal auch gestreckt) und zu Granulat getrocknet. Sie sind sehr schimmelanfällig und müssen daher sorgfältig getrocknet und gelagert werden.

Wissenschaftliche sichere Erkenntnisse über die Hemmung von Prostatakrebs oder die Vermehrung der roten Blutkörperchen liegen bisher noch nicht vor (DU).

Die meisten Beanstandungen beim Honig waren auf Wärmeschädigung durch zu starkes Erhitzen bei der Verarbeitung zurückzuführen (SIG, HA).

Eine Irreführung stellt das Umtaufen von Importhonig in „Schwarzwälder Waldhonig" dar. Im Schwarzwald ansässige Großbetriebe statten ihre Importhonige mit Etiketten aus, auf denen schwarzwaldtypische Symbole wie Tannenbäume, Schwarzwaldhaus oder Bollerhut blickfangmäßig herausgestellt wurden.

Ein Honig, der mit überwiegend aus Spanien stammenden Blütenpollen angereichert war, wurde als „Honig mit Gebirgsblütenpollen" verkauft. Bei der mikroskopischen Prüfung konnte zumindest kein nennenswerter Anteil an Pollen von typischen Gebirgspflanzen festgestellt werden (KA).

Ein Honighändler bezeichnete eine Reihe von Honigen werbewirksam als „kalt geschleudert", obwohl die Voraussetzungen dafür nicht gegeben waren (KA).

Etliche Waldhonige waren falsch eingestuft. Sie mußten als Blütenhonige beurteilt werden.

„Bei den Importeuren regt sich der Unmut über die Beanstandungspraxis der Chemischen Untersuchungsämter. Nach Erschließung neuer Importquellen für

Honigtauhonige (z. B. Südamerika, Neuseeland, Australien, Süd- bzw. Südost-europa), die dem Verbraucher auch den Vorteil eines günstigeren Preises bringen, sind die Importeure und viele private Handelslaboratorien der Ansicht, daß die deutsche Verbrauchererwartung bezüglich des Waldhonigs neu definiert werden müßte. Letztere sei seitens der Überwachung immer noch geprägt vom ,Schwarz-wälder Waldhonig' als Bezugspunkt. Hier ist jedoch zu entgegnen, daß derartige Importhonige insbesondere sensorisch in Richtung Blütenhonig abweichen" (OG).

Mehrere Honigproben wurden auf Rückstände von Akariziden (Milbenbe-kämpfungsmittel) untersucht. Ende 1987 waren noch in über 30 % der untersuch-ten Honige Rückstände des in der Bundesrepublik verbotenen Mittels Chlordi-meform festgestellt worden. Im Laufe des Jahres 1988 sank die Anzahl der posi-tiven Proben. In ca. 13 % der untersuchten Honige fanden sich dennoch Chlor-dimeform-Rückstände; lediglich bei 2 Proben war die seit April 1988 geltende Höchstmenge überschritten. Mit einem chlordimeform-freien Honigmarkt ist vor-aussichtlich erst 1989 zurechnen (SIG).

Bei anderen Untersuchungen konnten nur in wenigen Proben Rückstände bis 0,1 mg/kg an Brompropylat, das ebenfalls gegen die gefürchtete Varroatose ein-gesetzt wird, nachgewiesen werden (PF, HA). Hinweise auf den Einsatz von in der Bundesrepublik nicht zugelassenen Akariziden ergaben sich hier nicht (HA).

Darüber hinaus wird Ameisensäure als Therapeutikum gegen Varroatose ver-wendet (Illertisser Milbenplatte) und der Einsatz von Milchsäure diskutiert. Aus diesem Grund wurden mehrere Blüten- und Waldhonige auf ihren Gehalt an Ameisen- und L-Milchsäure untersucht. Die Ergebnisse zeigen, daß erhöhte Kon-zentrationen an den beiden Säuren nicht nachgewiesen werden konnten (HA).

Die Blei- und Cadmiumgehalte von insgesamt 41 untersuchten Proben Honig einheimischer Erzeuger lagen deutlich unter den Anfang der 80er Jahre ermit-telten Gehalten. Für Honig gibt es keine festgesetzten Höchstwerte. Nimmt man den BGA-Richtwert für Gemüse als Maßstab, so überschreitet der höchste ge-messene Wert für Blei diesen Richtwert um fast das Doppelte (S).

„Ein Blütenpollen-Tonikum wurde mit Werbematerial in Verkehr gebracht, in dem Aussagen zur Beseitigung, Linderung und Verhütung von Krankheiten, z. B. Bettnässen, Arthritis/Arthrose und Frauenleiden, geäußert wurden. Dadurch er-hielt das Blütenpollen-Tonikum den Anschein eines Arzneimittels" (PF).

(41) Konfitüren, Marmeladen

Erdbeerkonfitüre wurde auf Rückstände von Pflanzenbehandlungsmitteln unter-sucht. Die nachgewiesenen Rückstände blieben meistens unter den zulässigen Höchstwerten wie 0,001 mg/kg Lindan (Höchstmenge 1,0 mg/kg) und 0,006 mg/ kg Vinclozolin (Höchstmenge 8,0 mg/kg). In einer Erdbeerkonfitüre wurde al-lerdings der Grenzwert für Chlorpyriphos von 0,001 mg/kg gleich um das 3fache überschritten (BO).

„Eine Beschwerdeprobe Erdbeerkonfitüre enthielt an der Oberfläche feine Fasern unbekannter Herkunft. Gartenerdbeerkonfitüre war nicht ausreichend deklariert. Mit einer Beschwerdeprobe Pflaumenmus wurde ein Vogelfuß (Star oder Amsel) als Beschwerdegrund mitgeliefert" (HH).

(42) Speiseeis

„Bei der Herstellung von Speiseeis in handwerklichen Betrieben werden dem Wasser, das zum Reinigen der Gerätschaften verwendet wird, mitunter silberhaltige Desinfektionsmittel zugesetzt. Nach der Trinkwasser-Aufbereitungsordnung darf ein so aufbereitetes Trinkwasser nicht mehr als 0,1 mg Silber je Liter enthalten. Speiseeis, das in einer mit vorschriftsmäßig aufbereitetem Trinkwasser gereinigten Apparatur zubereitet wurde, dürfte demnach keinen nennenswerten Gehalt an Silber mehr aufweisen.

Da Speiseeis jedoch stark mikrobiell gefährdet ist, kann im Einzelfall eine bewußte Zugabe von Desinfektionsmittel zur Speiseeismasse nicht mit Sicherheit ausgeschlossen werden. So hergestelltes Eis wäre wegen der Verwendung eines nicht zugelassenen Zusatzstoffes nicht verkehrsfähig.

Insgesamt wurden 25 Speiseeisproben aus 24 Einzelbetrieben überprüft. Es war keine Probe zu beanstanden; der höchste Wert lag bei 0,08 mg/kg. Alle anderen Werte lagen unterhalb der Nachweisgrenze von 0,01 mg/kg" (OG).

Eine andere Untersuchung stellte in 3 Proben Speiseeis aus handwerklichen Betrieben Silbergehalte (0,35 bis 0,52 mg/kg) fest, die nur durch direkten Zusatz des Desinfektionsmittels zum Eis entstehen können. „Offenbar werden den Eisherstellern von findigen Vertretern derartige Produkte zur Verbesserung der hygienischen Qualität des Eises „aufgeschwatzt". Daß ein derartiger Zusatz bei Milchspeiseeis nicht nur unzulässig, sondern auch unsinnig ist – der sog. oligodynamische Effekt der Silberionen funktioniert nur bei klaren Wässern – war den Betroffenen wahrscheinlich nicht bekannt" (HAM).

Allgemein läßt sich sagen, daß offensichtlich durch die intensive Überwachung eine Verbesserung des Mißstandes eingetreten ist. Nur vereinzelt gab es Beanstandungen, vor allem in neu eröffneten Betrieben (SIG, HA).

„Wie schon in den Jahren zuvor wurden nochmals 20 italienische Speiseeishalberzeugnisse (Pasten und Pulver) auf einen Gehalt an Diethylenglycolmonoethylether (DEGME) überprüft. Dieses Lösungsmittel für Aromastoffe ist zwar in Italien, nicht jedoch in der Bundesrepublik Deutschland zugelassen. Eine Speiseeispaste wurde wegen ihres Gehaltes an DEGME beanstandet" (OG).

Von Rückständen des bedenklichen Perchlorethylens ist auch Milchspeiseeis nicht verschont geblieben (s. Kap. 4.3). Das Eiscafe liegt direkt neben einer chemischen Reinigung. Zum Glück begann nach Bekanntwerden der Untersuchung die Winterpause (DU).

„Milchspeiseeis Joghurt" gab es auch in diesem Jahr wieder zu kaufen, obwohl es ein solches Produkt eigentlich gar nicht geben dürfte. Die Verwendung von

Joghurt ist nur bei den Speiseeissorten Fruchteis, Eiskrem, Einfacheiskrem und Kunstspeiseeis zugelassen, nicht aber bei Milchspeiseeis (KA).

Häufig fehlte bei Eissorten, die mit kakaohaltiger Fettglasur hergestellt waren (z. B. Stracciatella), die Deklaration dieser Zutat (SIG). Einmal enthielt Stracciatella-Eis statt der herstellungsüblichen Schokoladesplitter nur kakaohaltige Pflanzenfettraspel (OG).

Bei Fruchtspeiseeis, z. B. Zitrone, wurde mehrfach festgestellt, daß der erforderliche 10%ige Fruchtanteil nicht eingehalten war (SIG). In einer Probe „Fruchtspeiseeis Himbeer" konnte durch eine mikroskopische Analyse ein Zusatz von Heidelbeeren nachgewiesen werden. Dieser stark färbende Zusatz täuscht einen höheren Himbeeranteil vor und muß kenntlich gemacht werden (KA).

Fruchteis und Milchspeiseeis waren künstliche Farbstoffe zugesetzt worden (OG), die betreffenden Eisproben waren nicht als Kunstspeiseeis gekennzeichnet. Nur bei Kunstspeiseeis ist eine derartige Färbung zulässig. In der Mehrzahl der Fälle wurde statt dessen die Bezeichnung Fruchtspeiseeis oder Milchspeiseeis verwendet, da diese Speiseeissorten vom Verbraucher höher bewertet werden (KA).

(43) Süßwaren

Viele Probleme bei Süßwaren entstehen dadurch, daß Hersteller mit Hinweisen auf eine angebliche gesundheitsfördernde Wirkung ihrer Produkte werben. Solche Werbung ist natürlich unzulässig. Nur für Arzneimittel darf so geworben werden.

Neuer Trend bei Gummi-Bonbons sind „zuckerfreie" Produkte, die mit viel Sorbit – das ist ein Zuckerersatzstoff, der zwar keine kariesfördernde Wirkung, jedoch die gleiche Menge Kalorien hat – hergestellt werden. Ein Hinweis darauf fehlt aber häufig. Bei der Hervorhebung der „geringen" Zuckeranteile ist es dringend erforderlich, daß dieser geringe Zuckeranteil genau angegeben wird. Denn „gering" ist relativ; manche Hersteller erachten einen Zuckeranteil von 50% als gering (DU).

Manchmal wurde für sorbithaltige Bonbons mit der Angabe „zahnschonend" geworben. Werbeaussagen, die sich auf die Verhütung von Krankheiten beziehen, sind bei Lebensmitteln verboten (KA).

Fraglich ist, ob Lakritzbonbons überhaupt zuckerfrei sein können. Denn wenn dem Süßholzsaft der Zuckeranteil vollständig entzogen wurde, kann er eigentlich nicht mehr „Süßholzsaft" heißen! Für Lakritzwaren ist aber ein Zusatz von 5% Süßholzsaft Vorbedingung; er gibt dem Produkt die charakteristische Beschaffenheit (DU).

Eine Marktlücke wollten die Hersteller von Kaudrops mit eiweißspaltenden Enzymen der Ananas ausfüllen. Da soll getrocknetes Ananaspulver der Schönheit und der Figur dienen. Als Lebensmittel dürfen solche Enzymzubereitungen jedoch nicht verkauft werden. Zweckbestimmung ist bei einem direkten Zusatz von Enzymen eine arzneiähnliche Wirkung; solche Produkte bedürfen aber der Zulassung als Arzneimittel (DU).

Einige „normale" Beanstandungen: Bei 3 Proben Lakritzwaren war die in der Aromen-Verordnung festgesetzte Höchstmenge für Ammoniumchlorid überschritten (BO). „Adventskalender" sollten Süßwaren-Spezialitäten enthalten. Es handelte sich jedoch lediglich um normale Fruchtgummi und Gelee-Früchte. Außerdem waren Teerfarbstoffe nicht deklariert (W).

Ein weingummiähnliches Erzeugnis war mit reiner Zitronensäure bestreut. Es hatte bei einem Kind erhebliche Reizungen der Mundschleimhaut hervorgerufen (HAM).

In 2 Fällen waren die Auswurfschächte der Automaten loser Süßwaren dermaßen verschmutzt, daß die ekelerregenden Süßwaren alles andere als zum Verkauf geeignet waren (D).

„Infolge von Witterungseinflüssen und zu langer Wartungsintervalle waren dragierte Kaugummikugeln und Erdnüsse aus stark verschmutzten Straßenautomaten bereits in den Vorratsgefäßen unappetitlich verklebt, in der Glasur gesplittert oder durch Ameisenfraß beschädigt. Die Kontrolle eines betroffenen Abfüllbetriebes zeigte überdeutlich das Fehlen einer Hygiene-Verordnung für derartige Erzeugnisse. Der Betrieb glich eher einer unaufgeräumten Mechanikerwerkstatt als einem Betrieb, der mit Lebensmitteln umgeht" (OG).

(44) Schokolade

Bei Schokolade waren die Hauptbeanstandungsgründe falsche Kennzeichnung und der Befall durch Insekten (z. B. BO, DU, W, SIG).

Schokoladen und Schokoladenprodukte aus 2 großen Supermärkten mit gemischtem Sortiment mußten mehrmals wegen des Befalls mit Schädlingen beanstandet werden. Nach wiederholtem Auftreten der Schädlinge wurden die Geschäftsleitungen aufgefordert, die entsprechenden Regale gründlich zu reinigen und die Süßwaren von Tierfuttermitteln getrennt unterzubringen. Seit dem Zeitpunkt traten keine Beanstandungen mehr auf. Die räumliche Nähe von Schokolade und z. B. Vogelfutter war offensichtlich der Grund für den wiederholten Schädlingsbefall (HAM).

Vereinzelt waren Schokoladen wegen unsachgemäßer oder zu langer Lagerung verdorben. So schmeckten bei einer Milchschokolade mit ganzen Nüssen die Nüsse so ranzig, daß das gesamte Erzeugnis sehr nachteilig beeinträchtigt war (KA).

Schokolade mit hohem Kakaoanteil (Zartbitter- und Bitterschokolade) wurde auf ihren Cadmiumgehalt geprüft. Diese Schokoladen enthalten z. T. relativ hohe, natürlich bedingte Cadmiummengen, bis zu 0,43 mg/kg. Einen zulässigen Höchstwert gibt es bisher nicht; der vergleichbare Richtwert für die meisten Gemüse beträgt 0,1 mg/kg. Das Cadmium kommt über den Kakao in die Schokolade (s. Kap. 3.4 (45)) (D).

Leider bleibt auch Schokolade – wie alle fetthaltigen Nahrungsmittel – nicht vor Rückständen des problematischen Reinigungsmittels Perchlorethylen (PER) verschont (s. Kap. 4.3) (SIG).

3.4 Genußmittel

(45) Kakao

Ein kakaohaltiges Getränkepulver, dessen Zuckeranteil teilweise durch Sorbit ersetzt war, wurde beanstandet. Sorbit ist zwar allgemein für Lebensmittel, nicht aber für Getränke zugelassen (KA).

Kakaopulver und Schokolade mit hohem Kakaoanteil wurde auf ihren Cadmiumgehalt untersucht, da verschiedene Kakaosorten dazu neigen, Cadmium anzureichern. Wie in den Vorjahren wurden z. T. hohe Cadmiumgehalte ermittelt. Für Kakao gibt es noch keine Richtwerte. Die in Betracht kommenden Firmen wurden unterrichtet. Daraufhin teilte der Bundesverband der Deutschen Süßwarenindustrie mit, daß z. Zt. Anbauversuche durchgeführt werden mit dem Ziel, den Cadmiumgehalt des Rohkakaos zu verringern (D).

(46) Kaffee

Ein bei einer Werbefahrt angebotener „Kaffee" enthielt nicht unerhebliche Mengen an stärkehaltigem Ersatzkaffee. Entsprechend war auch der Coffeingehalt im Vergleich zu Bohnenkaffee deutlich niedriger (SIG).

Zur Entfernung von Coffein aus Kaffee wird von verschiedenen Herstellern das Extraktionslösungsmittel Dichlormethan verwendet. Bei Überprüfung von über 30 Proben entcoffeinierten Kaffees auf Lösungsmittelrückstände wurden in etwa 2/3 der Proben Dichlormethan-Gehalte von Spuren bis 3,5 mg/kg bestimmt. Nur in 5 Proben waren keine Lösungsmittelrückstände nachweisbar (OG, SIG). In der EG-Richtlinie über Extraktionslösungsmittel (Nr. 88/344 vom 13. 6. 1988) wurde für Dichlormethan in Kaffee ein Grenzwert von 10 mg/kg festgelegt; 3 Jahre nach Erlaß der Richtlinie wird dieser Wert auf 5 mg/kg gesenkt. Damit lag für die Kaffeeproben keine Grenzüberschreitung vor (SIG).

Aufgrund einer Presseveröffentlichung wurden 30 Kaffeeproben auf Rückstände von Dichlormethan und anderen Chlorkohlenwasserstoffen untersucht. Andere Chlorkohlenwasserstoffe als Dichlormethan waren in keinem Kaffee nachweisbar. Erstaunlicherweise waren nicht nur im entcoffeinierten Kaffee Dichlormethan-Rückstände nachzuweisen, sondern auch im Normal-Kaffee und den als „reizstoffarm" u. ä. bezeichneten Kaffeeproben. 50% der Normal-Kaffeeproben enthielten Rückstände zwischen 0,01 und 0,3 mg/kg. Das deutet darauf hin, daß auch bei normalem Rohkaffee die Entfernung des die Kaffeebohnen in einer dünnen Schicht umgebenden Kaffeewachses nicht nur durch mechanischen Abrieb erfolgt, sondern auch noch durch den Einsatz von Dichlormethan (OG). In einer anderen Untersuchung konnte in 6 Kaffeeproben kein Dichlormethan nachgewiesen werden (S).

Ein Demeter-Kaffee aus „biologischem Anbau" enthielt Rückstände an HCH und PCB. Ein solcher Kaffee kann nicht mehr als naturrein bezeichnet werden (OG).

(47) Tee

Bei Tee gibt es so gut wie keine Beanstandungen.

Ein als „Bergkräutertee" bezeichnetes teeähnliches Getränk enthielt Waldmeister. Waldmeister darf nach der Aromen-Verordnung wegen des Cumarin-Gehaltes (krebserregend?) nicht zur Herstellung von Lebensmitteln verwendet werden (S).

Nach der Einführung der Zulassungsregelung für Arzneimittel werden immer mehr Tees und teeähnliche Erzeugnisse, denen eine heilende Wirkung zugeschrieben wird, als Lebensmittel verkauft. Die Produzenten versuchen, damit die arzneimittelrechtliche Zulassung zu umgehen. Diese Tees enthalten jedoch z. T. Drogen, die als Heilmittel und nicht in erster Linie wegen ihres Geschmacks getrunken werden. Derartige Drogen sind nicht als Lebensmittel, sonder als Arzneimittel einzustufen und bedürfen infolgedessen der ausdrücklichen Zulassung (KA).

Verschiedene Tees wurden auf Rückstände von Pflanzenbehandlungsmitteln untersucht. Fast alle Proben enthielten meßbare Rückstände, allerdings lag keine über den zulässigen Höchstmengen (BO, D). In 4 von 12 Proben „schwarzer Tee" aus Rußland wurden minimale Rückstände an HCH-Isomeren beobachtet. DDT-Rückstände waren nicht feststellbar (SIG).

„Mit unangenehmen Folgen verbunden war der Genuß von Tee für einige Kinder einer Kindertagesstätte, die sich kurz nach dem Verzehr übergeben mußten oder über Magenbeschwerden klagten. Nachdem sich die anfängliche Angst gelegt hatte und alle Untersuchungen auf Giftstoffe ergebnislos blieben, wurde fast zufällig bemerkt, daß ein extrem hoher Kupfergehalt in dem Tee vorhanden war. Die Ursache zu finden, bedurfte dann noch einiger Recherchen, bis schließlich nur noch der Wasserboiler übrigblieb. Nach dessen Zerlegung zeigte sich anhand der extrem blanken Heizspirale, daß beim Stromdurchfluß viel Kupfer in Lösung gegangen sein mußte" (DU).

3.5 Speziallebensmittel

(48) Säuglings- und Kleinkindernahrung

Säuglings- und Kleinkindernahrung mußte mit bis zu 62% z. T. außergewöhnlich häufig beanstandet werden. Das lag u. a. daran, daß verschiedene Spinatzubereitungen, vor allem „Junior-" und „Babykost" einer Firma des „biologischen Anbaus", Sand enthielten (BO, SIG, W).

Mehrere Proben Baby- und Juniorkost rochen und schmeckten unangenehm, z. T. faulig oder muffig. Alle Proben hatten das Mindesthaltbarkeitsdatum noch längst nicht erreicht. Eine Babykost „Spinat mit Naturreis" enthielt außerdem lange Fasern (6 cm), was zu einer bundesweiten Rückrufaktion dieses Produktes durch die Herstellerfirma führte (KA).

Einige Proben Breinahrung mußten beanstandet werden, da sie mit falschen Angaben über den Zuckergehalt gekennzeichnet waren. So wurden 2 verschiedene Fertigbreie mit dem Hinweis „ohne Kristallzucker" verkauft, sie enthielten jedoch 18% bzw. 7% Zucker (Saccharose). Schließlich war auch der Hinweis „mit wenig Kristallzucker" für eine Breinahrung nicht berechtigt, die 23% Saccharose enthielt.

Baby-Obstzubereitungen mit Vollkornerzeugnissen und Zusatz von Honig war mit der Werbeaussage „Ohne Zusatz von Zucker und ... Salz" versehen. Eine solche Werbung ist irreführend, da diesen Produkten Speisesalz ohnehin nicht zugesetzt wird, und Honig eine ebenso kariesfördernde Wirkung wie Zucker hat. Die Gläschen enthielten an kariesgünstigen Mono- und Disacchariden aus Honig und Obst rund 9–13% (KA).

Die Angabe „Kindermehl" zeugt von einer regen Phantasie des Produzenten, sie kann jedoch nicht als Bezeichnung für eine ganz normale Mehlmischung gelten. Die Mischung enthielt Buchweizen-, Reis- und Hirsemehl und hätte genauso ausgezeichnet werden müssen (KA).

Untersuchungen auf Rückstände von Pflanzenbehandlungsmitteln hatten erstaunliche Ergebnisse. Mehr als die Hälfte der untersuchten Proben wiesen Rückstände von Pestiziden auf, die jedoch unter der im Routinebetrieb erreichbaren Bestimmungsgrenze lagen (S). In mehreren Fällen lagen die Mengen über den zulässigen Grenzwerten: Vollkorn-Müsli enthielt zuviel Heptachlorepoxid, Milchbreie mit Joghurt und Pfirsich wiesen überhöhte Mirex-Anteile auf (W). Eine Probe Früchtekompott überschritt den zulässigen Höchstwert für Parathionmethyl um das 5fache. Festgestellt wurden 0,054 mg/kg, der Grenzwert liegt bei 0,01 mg/kg (BO).

Säuglingsnahrung mit der Angabe „aus kontrolliertem biologischen Anbau" enthielt 0,34 bzw. 0,41 mg/kg des Insektizids Piperonylbutoxid. Sie wurde in 2facher Hinsicht beanstandet, einmal weil der Grenzwert für Pestizidrückstände um ein Mehrfaches überschritten war, zum anderen, weil Nahrungsmittel aus biologischem Anbau praktisch überhaupt keine Rückstände aufweisen dürfen. Der Hinweis „aus kontrolliertem biologischen Anbau" stellt also eine Irreführung dar.

Auch PCBs (polychlorierte Biphenyle) konnten in Kleinkindernahrung nachgewiesen werden (BO, W).

Über die Nitratbelastung von Säuglingsnahrung s. Kap. 4.4.

(49) Diätetische Lebensmittel

Diese Gruppe umfaßt eine Vielzahl unterschiedlicher Lebensmittel.

In vielen diätetischen Nahrungsmitteln, vor allem für Diabetiker, wurden die ausgewiesenen Gehalte an Fett, Eiweiß oder Kohlenhydraten z. T. weit über- oder unterschritten. Auch die ermittelten Brennwerte der Nahrungsmittel für Diabetiker stimmten häufig nicht mit den angegebenen Werten überein (KA).

Ähnlich wie bei normalen Nahrungsmitteln gibt es auch bei diätetischen Nahrungsmitteln Probleme mit der Kennzeichnung. Fehlerhafte oder sogar fehlende Deklarationen waren keine Seltenheit. So ist zunehmend festzustellen, daß bei Diabetikerlebensmitteln, wie Diät-Fruchtsaftgetränken und Diät-Backwaren, jeglicher Diäthinweis in der Verkehrsbezeichnung fehlt, so daß diese Produkte auf den ersten Blick nicht als diätetische Lebensmittel zu erkennen sind (KA).

Fisch- und Lachsölkapseln werden in Drogerien und Apotheken vermehrt angeboten. Für das Fischöl wird mit Aussagen geworben wie „günstiger Einfluß auf die Gerinnungseigenschaften des Blutes", „positiver Einfluß auf das Blutfettsystem", „zur natürlichen Regulierung des Cholesterinspiegels und bei Belastung von Kreislauf und Stoffwechsel". Die zuständigen Stellen sind sich noch nicht darüber einig, ob diese Fischölkapseln als Lebensmittel oder als Arzneimittel einzustufen sind. In einem Fall hat das Verwaltungsgericht Berlin die Lachsölkapseln eines Herstellers als Arzneimittel eingestuft. Auf der anderen Seite konnte nach einem Schreiben des Bundesgesundheitsamtes bisher „für Fischöle und Fischölfraktionen kein besonderer Ernährungseffekt definiert und wissenschaftlich hinreichend gesichert werden, der den besonderen Ernährungserfordernissen der Diät-Verordnung entspricht". Aus diesem Grunde können die Fischölkapseln weder als Arzneimittel noch als diätetische Lebensmittel eingestuft werden, sondern müssen als normale Lebensmittel angesehen werden. Die Kapseln wurden wegen unzulässiger gesundheitsbezogener Werbung beanstandet (OG).

Multivitamintabletten, Mineralstoff- und Trockenleberpräparate sowie Präparate auf Basis einzelner Pflanzenextrakte u. ä. gehören zu den sog. Nahrungsergänzungspräparaten. Diese Präparate gehören nicht zu den Arzneimitteln, sie sind aber auch keine diätetischen Lebensmittel. Bislang fehlt jegliche gesetzliche Regelung, die eine Einordnung dieser Produkte ermöglicht. Es muß dringend eine Rechtsgrundlage geschaffen werden, die die Anforderungen an solche Lebensmittel regelt – wie etwa die Schweizer Lebensmittelverordnung (KA).

Insbesondere muß schnellstens eine Mengenbegrenzung der Mineralstoffe und Vitamine bei diesen Produkten eingeführt werden. Nach dem Motto „Viel hilft viel" lagen die Gehalte einzelner Vitamine und Mineralstoffe oftmals weit über dem täglichen Bedarf eines Menschen.

In anderen Fällen – bei Multivitaminsäften – lagen die Vitamingehalte häufig viel zu niedrig. Vitamine sind sehr empfindlich. Sie zersetzen sich bei längerer Lagerdauer der Vitaminsäfte, so daß zwangsläufig der Vitamingehalt älterer Säfte geringer ist als der junger Säfte zum Zeitpunkt der Herstellung. Um ein Unterschreiten der angegebenen Vitaminmenge bis zum Mindesthaltbarkeitsdatum zu verhindern, werden die Vitamine üblicherweise überdosiert. Nach den gültigen lebensmittelrechtlichen Bestimmungen dürfen Vitamine weder überdosiert werden noch die angegebene Konzentration unterschreiten. Das Problem bedarf dringend einer verbindlichen Klärung und einer rechtlichen Regelung (KA).

„Immer wieder fallen Verbraucher auf unseriöse Werbeanzeigen in Zeitschriften herein, die schnelles Abnehmen versprechen mit Hinweisen wie z. B. Abnehmen mit der skandinavischen Superpille – Das Schlankheitsgeheimnis von Weltstars – Mit Dr. Eberhardts erstaunlicher Bio-Schlank-Pille ohne Hunger und

Turnen gertenschlank werden. In den Werbeanzeigen der Zeitschriften sind zwar Firmenname und -sitz genannt, es handelt sich aber meist um sogenannte Briefkastenfirmen, die schwer zu fassen sind. Die Beschwerdeproben waren wegen unzulässiger schlankheitsbezogener Angaben zu beanstanden. Neben Ananaspulver enthielten die sogenannten Ananasenzymtabletten einen Gesamtzuckergehalt von etwa 50 %. Als Schlankheitsmittel sind diese, zu überhöhten Preisen angebotenen Erzeugnissen, unwirksam" (S).

„Bei anderen Schlankheitspillen, die als Beschwerde wegen Unwirksamkeit eingesandt wurden, handelte es sich um Meeresalgen-Tabletten, die aus einer Mischung von Algenpulver mit 44 % Milchzucker bestanden. Der mitgelieferte Prospekt enthielt unzulässige Hinweise auf ärztliche Empfehlungen" (S).

Intensiv untersucht wurden industriell hergestellte Diätmahlzeiten für Übergewichtige. Die Zusammensetzung solcher Diätmahlzeiten ist in der Diät-Verordnung geregelt. Die Diät-Fertiggerichte unterschritten z. T. die festgelegten Gehalte an essentiellen Fettsäuren, Mineralstoffen sowie verschiedenen Vitaminen erheblich. Der Linolsäuregehalt erreichte in manchen Fällen maximal 20 % der geforderten Menge. Eine Erklärung dieser Unterschreitungen fand sich bei einer Kontrolle im Herstellerbetrieb. Den einzelnen Erzeugnissen wurde zwar ein pflanzliches Öl zugesetzt, verwendet wurde jedoch – vermutlich aus Kostengründen – ölsäurereiches und damit linolsäurearmes Rapsöl (SIG).

Tabletten mit Bestandteilen von Ananas-, Papaya- und Mangofrüchten erscheinen z. Zt. mit mehr oder weniger offenkundig schlankheitsbezogener Werbung verstärkt auf dem Markt. Die Enzyme der tropischen Früchte sollen eine Gewichtsreduzierung herbeiführen. Auf den Packungen wurde mit dem Hinweis „Mit verdauungsfördernden Enzymen aus …" und der Abbildung einer weiblichen Person auf einer Waage geworben. Die Tabletten wurden wegen Irreführung und unzulässiger Hinweise auf gewichtsreduzierende Eigenschaften beanstandet (KA).

Gemeinschaftsverpflegungen

Mehrere in Krankenhäusern, Altenheimen o. ä. Einrichtungen hergestellte Nachspeisen für Diabetiker mußten beanstandet werden, da sie Farbstoffe enthielten, die für diätetische Lebensmittel nicht zugelassen sind (SIG).

„Gemessen an den Empfehlungen der Deutschen Gesellschaft für Ernährung enthielten Diäten in Stätten der Gemeinschaftsverpflegung zuviel Kochsalz, zuwenig Calcium und zu wenig Linolsäure. Die berechneten Gehalte an den Nährstoffen Eiweiß, Fett und Kohlenhydrate stimmten mit den tatsächlichen nicht überein" (OG).

Sportlernahrung

„Erneut wurden zahlreiche für Sportler bestimmte Zusatz- und Spezialnahrungen untersucht. Der Anteil der Proben, welcher die lebensmittelrechtlichen Anforderungen nicht erfüllt, ist bei diesen Produkten nach wie vor hoch.

Beanstandet wurden die unzulässige Verwendung von Süßstoffen, teilweise erhebliche Unterschreitungen von deklarierten Vitamin- und Mineralstoffgehalten, die Nichterfüllung lebensmittelrechtlicher Kennzeichnungsbestimmungen sowie zahlreiche irreführende Angaben. Beispielsweise enthielt eine ‚cholesterinfreie' Eiweißnahrung über 20 mg Cholesterin pro 100 g, der Fettanteil einer Muskelnahrung auf Molkeneiweißbasis in der Geschmacksrichtung ‚Erdbeer-Sahne' bestand ausschließlich aus Pflanzenfett und ein Mineralgetränk, das für Diabetiker geeignet sein sollte, wies einen hohen Maltodextringehalt auf. Ein Nahrungskonzentrat in Wurstform für Extremsportler wurde als ‚Vollnahrungsmittel' bezeichnet, das ‚alle notwendigen Grundnährstoffe, Mineralien, Schutz- und Reglerstoffe' halten sollte. Das Erzeugnis, dessen Fettgehalt über 50% betrug, war jedoch relativ einseitig zusammengesetzt, die Angabe, daß allein dieses Produkt zur Ernährung ausreichend sei, mußte als unzutreffend beurteilt werden" (SIG).

„Verschiedene als ‚Aminosäuren-Tabletten' oder als ‚Aminosäuren und Peptide aus Lactalbumin' bezeichnete Erzeugnisse waren fast durchweg aus Molkeneiweißhydrolysat hergestellt. Aminosäuren sollen nach Angaben der Hersteller bzw. Vertreiber dieser Mittel schneller verstoffwechselt werden als Protein und dem Muskelwachstum sofort zur Verfügung stehen. Da isolierte Aminosäuren für Lebensmittel nur begrenzt zugelassen sind, wird der Umweg über die Eiweißhydrolysate gewählt, was geschmackliche Nachteile ergibt (Bittergeschmack). Zudem deutete ein starker Geruch nach Ammoniak auf Zersetzungsprozesse hin. Der Gehalt an flüchtigen basischem Stickstoff betrug bis zu 395 mg/100 g, in einem Fall war das biogene Amin Cadaverin (480 mg/kg) enthalten. Andere, sensorisch weniger auffällige Proben, die als Aminosäuren-Tabletten bezeichnet waren, enthielten keine Aminosäuren in freier Form, sondern allenfalls kurzkettige Peptide. Die Bezeichnung Aminosäuren-Tabletten war somit als irreführend zu beurteilen.

Ein als Sportlernahrung bezeichnetes Erzeugnis enthielt im wesentlichen Gelatinehydrolysat mit niedrigster biologischer Wertigkeit. Auch Trinkampullen mit Eiweißhydrolysat gehören zum Angebot. Besonders wurde dabei auf hohe Gehalte an den Aminosäuren Arginin, Lysin, Ornithin, Serin und Tryptophan hingewiesen, die aber in der als Tagesdosis vorgesehenen Ampulle nur in bedeutungslosen Gehalten vorlagen" (S).

Bei Überprüfungen sog. Sportlerstudios wurden Proben von „Sportlernahrung" auf ihre Zusammensetzung untersucht. Ein Doppelpräparat für Tag und Nacht enthielt überwiegend freie Aminosäuren. Die Verwendung von isolierten Aminosäuren für die Herstellung von Nahrungsmitteln ist jedoch nicht zulässig. Die „Sportlerpräparate" mußten beanstandet werden (AC).

„Oftmals werden den Sportlern, die sich von diesen Mitteln in bezug auf ihre Leistungsfähigkeit zuviel versprechen, minderwertige Erzeugnisse zu hohen Preisen verkauft" (S).

(50) Fertiggerichte und zubereitete Speisen

Der überwiegende Anteil der Beanstandungen bezog sich auf nicht ausreichende bzw. fehlerhafte Kennzeichnung der Erzeugnisse. So war beispielsweise bei fleischhaltigen Fertiggerichten der Fleischanteil nicht ordnungsgemäß deklariert (AC).

Eine als „Schafskäse-Oliven-Meze in würziger Öl-Marinade" bezeichnete, fertig zubereitete Speise enthielt keinen aus reiner Schafsmilch hergestellten Käse (HAM).

In Kartoffelpüree und Kartoffelsalat wurden überhöhte Gehalte an Schwefeldioxid (104 bzw. 222 mg/kg) festgestellt. Schwefeldioxid darf u. a. getrockneten Kartoffelerzeugnissen wie Kartoffelpüreepulver zur Verhinderung der bekannten braunen Verfärbung von Kartoffeln durch Sauerstoffeinwirkung zugesetzt werden (S).

Die Marinade von geschnetzeltem Schweinefleisch enthielt unzulässigerweise Konservierungsstoffe. Steril verpackte Eierspätzle waren geschönt; sie waren mit β-Carotin gefärbtem Fett überzogen (S).

Auf einer tiefgefrorenen Pizza befand sich ein Mäuseschwanz (SIG).

3.6 Würzmittel und Zusätze zu Lebensmitteln

(52) Würzmittel

Es fällt auf, daß die Anzahl der würzenden Erzeugnisse weiter zunimmt. Die Hauptzutaten dieser als „Würzmischungen" oder „Würzer" bezeichneten Erzeugnisse sind Kochsalz, Stärke, Glutamate und gelegentlich Zuckerarten.

Beanstandet werden mußten einige Obstessige, die zu hohe Mengen an Schwefeldioxid enthielten. Schwefeldioxid wird wie beim Wein als Konservierungsmittel und Antioxidans eingesetzt (W). Ein anderer Essig war mit Essigälchen übersät, die durch eine fehlerhafte Filtration in den Essig gelangten (KA). Für feinwürzigen Essig, der als Zusatzstoff Zuckercouleur enthielt, wurde mit der unzulässigen Angabe „biologisch gewonnen" geworben (KA).

Meersalz wurde als Vollwertkost bezeichnet! (ME)

Senf, der als „naturrein" angeboten wurde, enthielt geringe Mengen der Pestizide Hexachlorbenzol und Lindan (W).

„Würzsoßen werden heute überwiegend durch Hydrolyse von pflanzlichem Eiweiß hergestellt, das in großen Mengen bei der Ölsaatenverarbeitung anfällt. Die Hydrolyse kann entweder enzymatisch erfolgen, wie z. B. bei echten Soja-Soßen, oder auch mit Hilfe von Salzsäure. Durch die Einwirkung von Salzsäure auf Restmengen an Fett entstehen Dichlorpropanole als unerwünschte Nebenprodukte, und zwar hauptsächlich das 1,3-Dichlorpropanol. Da diese Substanz im Verdacht steht, Krebs zu erzeugen, hat das BMJFFG einen vorläufigen Richtwert von maximal 0,05 mg 1,3-Dichlorpropanol/kg Würzsoße festgelegt" (SIG).

In fast allen untersuchten Würzsoßenzubereitungen (Speisewürze und Sojasoße) war 1,3-Dichlorpropanol nachweisbar. Nur eine einzige Probe „echte Sojasoße" war rückstandsfrei. In ca. der Hälfte der Proben war der Höchstwert überschritten, manchmal sogar um mehr als das 50fache (OG). In einigen v. a. holländischen Sojasoßen wurden zu Beginn des Jahres extrem überhöhte Werte (bis zu 80 mg/l; Richtwert: 0,05 mg/l) festgestellt. Die Proben wurden aus dem Verkehr gezogen. Laut Herstellerangaben handelte es sich um einen Restposten. Später lagen die Werte deutlich unter dem Richtwert (S).

(53) Gewürze

Die meisten Beanstandungen erfolgten wegen Überlagerung, Mottenbefall und Kennzeichnungsmängeln.

Als „Gewürze" oder „Gewürzmischungen" bezeichnete Erzeugnisse enthielten deutliche Mengen an Kochsalz. Gewürzen darf natürlich nicht einfach, ohne einen entsprechenden Hinweis, Kochsalz zugesetzt werden. Die Proben mußten beanstandet werden (S).

11 Gewürzproben wurden auf unzulässige Bestrahlung untersucht. Eine Bestrahlung war in keiner Probe nachweisbar (SIG).

Das gängige Konservierungsverfahren für Gewürze war bis vor einigen Jahren Begasung mit Ethylenoxid. Ethylenoxid ist bei Raumtemperatur ein schwach süßlich riechendes, sehr reaktionsfähiges Gas mit antimikrobiellen Eigenschaften. Neuere Befunde zeigen, daß Ethylenoxid ohne Zweifel gentoxisch wirkt. Leukämien treten bei exponierten Arbeitern häufiger auf und dieser Verdacht der krebserregenden Wirkung wurde durch Karzinogenitätsstudien erhärtet. Aufgrund dieser Ergebnisse wurde Ethylenoxid 1984 in der MAK-Liste in die Gruppe A2 der „gefährdenden, krebserregenden Arbeitsstoffe" eingestuft. Seitdem gilt für Ethylenoxid ein Anwendungsverbot (§ 11 LMBG).

In einer Schwerpunktuntersuchung wurden nun zahlreiche Gewürzproben auf Rückstände einer möglichen Begasung geprüft. Das Ethylenoxid selbst ist nach kurzer Zeit in den Gewürzen nicht mehr nachweisbar. Bei der Begasung entsteht jedoch durch Umsetzung mit Chloridionen aus den Gewürzen das giftige Ethylenchlorhydrin, das noch lange nachgewiesen werden kann. In keiner der untersuchten Proben konnte ein Rückstand ermittelt werden. Damit ergibt sich auch kein Verdacht, daß Ethylenoxid bei den entsprechenden Proben als Begasungsmittel zur Entkeimung eingesetzt wurde. Vergleicht man diese Ergebnisse mit früheren Befunden, so kann angenommen werden, daß offensichtlich mit dem Bekanntwerden der toxikologischen Bedenklichkeit die Anwendung von Ethylenoxid zur Begasung von Gewürzen stark eingeschränkt oder sogar eingestellt wurde (DU).

„Bei einem Austauschprodukt für Macisblüte handelte es sich um eine Mischung verschiedener Gewürze, der lt. Zutatenliste Gewürzöl zugesetzt worden war. Die hervorgehobene Bezeichnung „Macis" für einen Macis-Ersatz wurde als irreführend beurteilt. Die Aufzählung der einzelnen Gewürze fehlte in der Zutatenliste. Der Klassenname „Gewürze" reichte nicht aus. Ebenfalls fehlte die Angabe der im Aroma enthaltenen Aromastoffe.

Lorbeerblätter waren mit Bodenpartikeln verunreinigt und wiesen Gespinst auf. Der Gehalt an schwefliger Säure, berechnet als Schwefeldioxid, betrug bei einer Probe Ingwer in Stücken 361 mg/kg und überschritt damit den zulässigen Gehalt von 10 mg/kg erheblich." (HH).

(54) Essenzen, Aromen

Flüssigrauch wurde in einer Metzgerei regelmäßig zur Herstellung von „Schinken nach Schwarzwälder Art" benutzt. Das „Räuchern" von Lebensmitteln darf nicht durch wäßrige Lösungen, Speiseöle oder andere Flüssigkeiten erfolgen. Laut Herstellerhinweis war das Präparat nur für Exportfleischwaren bestimmt. (D).

„Bei einem Fruchtaroma, das zum Export bestimmt war, wurde das Antioxidationsmittel Butylhydroxianisol (BHA) als Zusatzstoff nachgewiesen, entgegen der Angabe in den Produktspezifikationen seitens der Firma „Keine Zusatzstoffe". BHA ist als Antioxidationsmittel für Aromen zwar zugelassen, ein derartiges Verneinen der Anwesenheit ist aber nicht akzeptabel.

Dieser Sachverhalt deutet auf ein in der Aromenbranche übliches Manko hin, wonach Aromen und Aromahalbfertigerzeugnisse oft nur aufgrund von Produktspezifikationen (physikalisch-technische Daten, Aromatyp: natürlich, naturidentisch, künstlich, Verarbeitungshinweise) gehandelt werden, also ohne Angabe der Zusammensetzung und ohne eine ausreichende Qualitätskontrolle, die aufgrund der komplexen Zusammensetzung aus vielen Einzelaromastoffen sehr aufwendig ist" (KA).

(56) Hilfsmittel aus Zusatzstoffen

Spritzmittel für Kochschinken waren lt. Etikett zum Export bestimmt. Da die Produkte alkalische Diphosphate und das Verdickungsmittel Guarmehl enthielten, durften sie Fleischerzeugnissen, die in der Bundesrepublik Deutschland in den Verkehr gebracht werden, nicht zugesetzt werden. Derartige Produkte müssen getrennt von anderen, die für das Inland bestimmt sind, gelagert werden. Eine Anmeldung gemäß § 50 (2) Lebensmittel- und Bedarfsgegenständegesetz beim Landesuntersuchungsamt war außerdem unterblieben (D).

„In einem Kutterhilfsmittel war neben L-Ascorbinsäure auch Isoascorbinsäure enthalten. Isoascorbinsäure wird im Ausland oft anstelle von Ascorbinsäure als Umrötungshilfsmittel verwendet, da sie preiswerter ist. In der BR Deutschland ist sie aber nicht zugelassen.

In den letzten Jahren wurde nur noch relativ selten Isoascorbinsäure in inländischen Produkten gefunden. Meist lagen dann Verwechslungen von Exportprodukten mit Inlandsware von, d. h., nur für den Export bestimmte Produkte wurden im Inland verkauft. Nach eigenen Erfahrungen halten viele Betriebe die nach § 50 (2) des LMBG vorgeschriebene getrennte Lagerung und Kenntlichmachung von Exportware, die den lebensmittelrechtlichen Vorschriften der BR Deutschland nicht entspricht, von zum Verkauf im Inland bestimmter Ware nicht ein" (KA).

3.7 Trink- und Mineralwasser

(59) Trinkwasser, Mineralwasser

Trinkwasser

Überprüft wird das Wasser aus den verschiedensten Quellen: Trinkwasser aus der öffentlichen Wasserversorgung, Wasser aus privaten Einzelbrunnen, Rohwasser für Trinkwasser und z. T. Brauch- und Betriebswasser sowie Grundwasser. Das Trinkwasser muß die Vorgaben der Trinkwasser-Verordnung erfüllen, die für bestimmte Stoffe Grenzwerte festlegt.

Die meisten öffentlichen Wasserversorger können die Grenzwerte der Trinkwasser-VO einhalten. Aber auch hier gibt es Beanstandungen. Der Nitratgehalt macht öfter Probleme. Andere Mängel – wie zu hoher Eisen- oder Mangangehalt – waren fast ausschließlich leitungsbedingt (W).

Private Trinkwasserversorgungsanlagen haben z. T. in steigendem Maß erhebliche Schwierigkeiten. Sie unterliegen nach der Trinkwasser-VO der Aufsicht des Gesundheitsamtes. Die chemischen und bakteriologischen Untersuchungen sind für den Eigentümer zwingend vorgeschrieben. Viele private Brunnen können die Werte der Trinkwasser-VO nicht mehr einhalten. So lag dabei die Bemängelungsquote z. B. in Wuppertal/Solingen bei über 90 %. Der hohe Anteil bemängelter Proben ist auf die Anwesenheit von Ammonium, Nitrit, Phosphat und oxidierbaren, organischen Substanzen (Permanganatverbrauch) zurückzuführen. Diese Parameter gelten als Verschmutzungsindikatoren. In diesen Fällen ist eine intensive bakteriologische Überprüfung erforderlich. Bei einer Vielzahl der Proben war auch der pH-Wert zu niedrig. Hier besteht die Gefahr einer Korrosion der Leitungen. Gleichzeitig wurden dann auch überhöhte Eisen- bzw. Kupfergehalte festgestellt. Bei einigen Proben war der Nitratgrenzwert von 50 mg/l überschritten (vgl. Kap. 4.4). Die Schwermetallbelastung (außer Eisen) war in mehreren Fällen zu hoch (W).

„Erhebliche Aufregung und Unsicherheit verbreitete die Nachricht über bei fünf Säuglingen in Bayern festgestellte schwere Lebererkrankungen, wobei – nach einer Stellungnahme des Bundesgesundheitsamtes – folgende Gemeinsamkeiten vorlagen:

1. Die Säuglingsnahrung wurde mit Wasser aus einem hauseigenen Brunnen zubereitet.
2. Das verwendete Wasser war sauer; es hatte in allen Fällen einen pH-Wert unter dem Grenzwert der Trinkwasserverordnung von 6,5.
3. Im verwendeten Leitungswasser wurde ein hoher Kupfergehalt ermittelt; ein wesentlicher Anteil der Kaltwasserleitungsrohre bestand jeweils aus Kupfer.
4. Die erkrankten Säuglinge waren nicht oder nur kurze Zeit gestillt worden. Über längere Zeit gestillte Geschwister der Patienten blieben von der Erkrankung verschont.

Aufgrund dieser Gemeinsamkeiten wird angenommen, daß die Erkrankungen ursächlich oder mit ursächlich durch das zur Zubereitung der Säuglingsnahrung verwendete kupferhaltige Wasser ausgelöst wurden. Die hohen Kupferkonzentrationen entstehen durch Korrosionsvorgänge des sauren Wassers mit den Kupferleitungen der Wasserinstallation" (SIG).

Erhöhte Kupfergehalte können allerdings, außer bei sauren Wässern, auch bei pH-Werten über 7 auftreten, wenn das Trinkwasser längere Zeit, beispielsweise über Nacht oder über das Wochenende, in den Leitungen steht (Stagnationswasser). Vergleichende Untersuchungen in Nordrhein-Westfalen zeigten, daß sich das Trinkwasser in den Kupferleitungen über Nacht um das 10 bis 50fache anreichern kann. Der Kupfergehalt des ankommenden Stadtwassers betrug in Duisburg im Mittel 5 μg/l, während er in mehreren Proben stagnierenden Trinkwassers 100–250 μg/l erreichte. Diese Werte ließen sich fast durchweg damit erklären, daß unsachgemäß, d.h. in der falschen Reihenfolge verlegte Leitungsrohre (sog. Mischinstallation) zu erhöhten Korrosionen geführt haben. Doch da der EG-Wert für stagnierendes Leitungswasser (3000 μg/l) bei weitem nicht erreicht wurde, mußte man – rein formal – solche Trinkwässer „noch als unbedenklich" beurteilen (DU). Stichprobenuntersuchungen in Baden-Württemberg ergaben teilweise Gehalte über 2000 μg/l Kupfer (SIG).

Die chemischen Untersuchungsämter schenken schon seit längerer Zeit erhöhten Kupfergehalten Aufmerksamkeit, auch wenn sie sich erst in Größenordnungen weit unter dem EG-Richtwert befinden. „Dies um so mehr, als die meisten Verbraucher bei den heute allgemein verbreiteten hausinternen Kupferleitungen nicht vorsorglich das morgendliche Stagnationswasser ablaufen lassen und weil noch weniger bekannt ist, daß sich in stagnierenden Leitungswässern auch schon nach wenigen Stunden (also ebenso tagsüber) wiederum Kupfersalze anreichern. Da es sich hier im häuslichen Trinkwasser um einen Stoffübergang von dem Bedarfsgegenstand Wasserleitungsrohr auf das Lebensmittel Trinkwasser handelt, kann hier auf Grund § 31 LMBG und zwar zu Lasten der jeweiligen Hauseigentümer beanstandet werden.

Ein bemerkenswertes Rundschreiben unter „Kupfer und Trinkwasser" vom Deutschen Verein des Gas- und Wasserfaches e.V. (DVGW) vom 22. 6. 1988 an seine Mitgliedsunternehmen enthält folgende Details:

– „Die Kupfergehalte des vom Wasserwerk gelieferten Trinkwassers liegen in der
  Regel im Bereich von wenigen Mikrogramm pro Liter.
– Die Kupfergehalte im fließenden Kaltwasser von Hausinstallationen liegen im
  allgemeinen deutlich unter 100 μg/l.
– Die Kupfergehalte im stagnierenden Kaltwasser von Hausinstallationen
  schwanken zwischen weniger als 100 μg/l und mehreren mg/l. Sehr häufig
  werden Gehalte unter 1 mg/l festgestellt; Konzentrationen über 2 mg/l sind die
  Ausnahme.
– Die Kupfergehalte im stagnierenden Kaltwasser von relativ neuen Installatio-
  nen liegen tendenziell höher als bei älteren Installationen.
– Die Kupfergehalte gehen nach Ablaufen von etwa 10 l Wasser in der Regel auf
  5–20 % der im stagnierenden Kaltwasser gefundenen Konzentrationen zurück.
– Die Kupfergehalte im Warmwasser sind gegenüber den Gehalten im Kaltwasser
  im allgemeinen erhöht.
– Die Kupferlöslichkeit steigt tendenziell mit sinkenden pH-Werten.

Den Wasserversorungsunternehmen wird empfohlen, in der aktuellen Debatte
folgende Haltung einzunehmen:

– Frisches Trinkwasser aus Kupferleitungen (d. h.: Wasser, das nicht längere Zeit
  in den Leitungen gestanden hat) kann in jedem Fall ohne Bedenken für die
  Zubereitung von Säuglingsnahrung verwendet werden.
– Säuglingsnahrung sollte nicht mit Warmwasser aus zentralen Warmwasserver-
  sorgungsanlagen zubereitet werden.
– In der ersten Zeit nach Inbetriebnahme einer Hausinstallation sollte für die
  Zubereitung von Säuglingsnahrung kein Trinkwasser verwendet werden, das
  über längere Zeit, z. B. über Nacht, in den Installationsleitungen stagnierte"
  (DU).

„Unter Haloformen versteht man Substanzen, die chemisch der Gruppe der
chlorierten Kohlenwasserstoffe zuzuordnen sind. Sie sind leichtflüchtig und bilden
sich bei der Chlorung des Wassers aus dessen Inhaltsstoffen (z. B. aus Huminsäu-
ren), aber auch durch sog. anthropogene Kontamination – durch Menschen verursachte Belastung – des Grundwassers.
    In der Trinkwasser-Verordnung sind in Anlage 2 Nr. 12 für organische Chlor-
verbindungen verbindliche Grenzwerte festgelegt worden. Für die Trihalogenmethane – wie Chloroform, Monobromdichlormethan und Dibrommonochlor-
methan und Bromofrom – ist noch immer keine gesetzliche Regelung erfolgt.
Hier gilt nach wie vor die Empfehlung des Bundesgesundheitsamtes, daß die
Summe von 25 μg/l als vertretbarer Jahresmittelwert angesehen wird.
    Der Rat der Europäischen Gemeinschaft hat am 15. 07. 80 als Richtwert für
die Qualität des Wassers, das für den Verzehr eingesetzt werden soll, eine Konzentration von 1 μg/l für organische Chlorverbindungen im Sinne einer allgemeinen Reinheitsanforderung vorgeschlagen. Auch der MAGS/NW hat mit Schreiben
vom 18. 06. 84 die Auffassung vertreten, daß bei Gehalten von 1 bis 2 μg/l

organischer Chlorverbindungen Sanierungsmaßnahmen erforderlich seien. Es muß bezweifelt werden, daß diese Vorstellungen bzw. Forderungen durchsetzbar sind." (W).

Korrosionsbedingte Zinkgehalte bis zu 6 mg/l wurden in Wasserproben aus Hausinstallationen mit verzinkten Stahlrohren ermittelt. Für Zink und Kupfer ist jedoch in der Trinkwasser-Verordnung ein Grenzwert nicht festgelegt worden (OG).

In der Trinkwasser-Verordnung wurden wesentlich höhere Werte, nämlich für 1.1.1-Trichlorethan, Trichlorethylen, Tetrachlorethylen und Dichlormethan 25 μg/l und für Tetrachlorkohlenstoff 3 μg/l als Grenzwerte festgeschrieben.

Für Wuppertal lag die Gesamtkonzentration an organischen Chlorverbindungen im Trinkwasser 1988 im Mittel bei 19,3 μg/l gegenüber 2,4 μg/l in den Jahren 1986 und 1987. Die Konzentration des Trihalogenmethan lag im Jahresmittel bei 2,4 μg/l gegenüber 2,0 bzw. 1,8 μg/l 1986/87. Die Gehalte an organischen Chlorverbindungen sind also z. T. erheblich gegenüber den Vorjahren gestiegen. Sie überschreiten alle den vorgeschlagenen Grenzwert der EG von 1 μg/l, liegen aber natürlich unter den Grenzwerten der Trinkwasser-Verordnung. Die Werte für die Trihalogenmethane blieben unter dem vom Bundesgesundheitsamt empfohlenen Jahresmittelwert von 25 μg/l (W).

Untersuchungen auf leichtflüchtige Halogenkohlenwasserstoffe in Baden-Württemberg ergaben in einigen Fällen hohe Konzentrationen (über 25 μg/l), wobei das Grundwasser offensichtlich mit Abstand am stärksten belastet ist (SIG).

Im Raum Heidelberg/Mannheim werden regelmäßig Roh- und Grundwasserproben im Hinblick auf die Aufklärung und Überwachung von Grundwasserschadensfällen untersucht. Mehr als 30 % der Proben lagen 1988 mit ihrem Gehalt an leichtflüchtigen Halogenkohlenwasserstoffen über dem Grenzwert, der allerdings nur für Trinkwasser gilt (KA).

Zum 1. 10. 1989 endet die 3jährige Übergangsfrist für das Inkrafttreten der Grenzwerte für Pflanzenbehandlungsmittel und ähnliche Stoffe nach der neuen Trinkwasserverordnung. Die neuen Grenzwerte stellen an die für die Untersuchungen zugelassenen Laboratorien hinsichtlich Nachweisempfindlichkeit und Präzision hohe bis höchste Anforderungen. Sicherlich wird es unmöglich bzw. extrem aufwendig sein, alle zugelassenen Pflanzenbehandlungsmittel überwachen oder auch nur erfassen zu wollen. Daher sollten die Berater der Landwirtschaftskammer die Listen von tatsächlich angewandten Wirkstoffen und nach Möglichkeit auch deren Verbrauchsmengen offenlegen. Dies könnte das z. T. berechtigte Mißtrauen gegenüber den Landwirten verringern helfen, welches die Bevölkerung und die Gesundheitsaufsicht nach der bisherigen Erfahrung hegen. Zudem würden Kosten gespart und die unnötige Bindung von Untersuchungskapazität vermieden (HAM).

Proben mit Gehalten an Atrazin und Simazin übr 0,1 μg/l bewegten sich mit 5 % in etwa auf dem Niveau der Vorjahre. Andere Wirkstoffe als die vorzugsweise im Maisanbau als Herbizide ausgebrachten Triazine Atrazin und Simazin wurden auch im vergangenen Jahr in Trinkwasserproben aus dem Regierungsbezirk Tübingen nicht nachgewiesen.

Allerdings sind in einer nicht unerheblichen Anzahl von Proben auch deren Abauprodukte Desethylatrazin und Desisopropylatrazin in relevanten Konzentrationen aufgetreten. So wurden in immerhin 8 % aller untersuchten Proben Gehalte an diesen Substanzen über 0,1 µg/l festgestellt. Die rechtliche Bewertung von Konzentrationen dieser Abauprodukte über 0,1 µg/l ist jedoch nicht geklärt. Der Grenzwert der Trinkwasserverordnung beinhaltet ausschließlich *toxische* Hauptabbauprodukte von Pflanzenbehandlungsmitteln. Eine toxikologische Bewertung dieser zweifellos als Hauptabbauprodukte von Atrazin anzusehenden Verbindungen steht noch aus (SIG).

„Bei einem Trinkwasserbrunnen wurden Bromacil und Hexazinon, zwei Totalherbizide, in Konzentrationen über 0,1 µg/l nachgewiesen. Im Einzugsbereich dieses Brunnens liegen Bahngleise der Deutschen Bundesbahn.

Die übrigen Überschreitungen dieses zukünftigen Grenzwerts waren alle dem Maisspritzmittel Atrazin (bzw. dessen Abbauprodukt Desethylatrazin) zuzuschreiben. Die höchsten gemessenen Konzentrationen lagen bei 0,6 bzw. 1,2 µg/l.

Daneben wurden vereinzelt auch Simazin, Metolachlor und Ametryn nachgewiesen. Hier lagen die Gehalte jedoch noch unter 0,1 µg/l. Immer mehr Trinkwasserversorgungen sind von dem Problem der Pflanzenbehandlungsmittel betroffen. Dies zeigt, daß dringend bessere Schutzmaßnahmen für das Grundwasser in Einzugsbereichen von Trinkwasserbrunnen und -quellen (wie Ausweisung noch fehlender Schutzgebiete, Erweiterung bisher zu klein bemessener Schutzgebiete und bessere Kontrolle der verwendeten Pflanzenschutzmittel) nötig sind, wenn dies auch kurzfristig nicht den gewünschten Erfolg bringen kann. Eine Aufbereitung des Trinkwassers kann nur als Reparaturmaßnahme angesehen werden.

In einer Wasserversorgung waren Spuren an polychlorierten Biphenylen nachweisbar. Diese Verunreinigung war höchstwahrscheinlich auf die für den Anstrich der Wasserkammern im Hochbehälter verwendete Farbe zurückzuführen. In früheren Jahren enthielten derartige Anstrichmittel z. T. hohe Gehalte an polychlorierten Biphenylen" (OG).

Mineralwasser

Als „klassischer" Beanstandungsgrund war in einigen Mineralwasserflaschen Eisenhydroxid- und Manganausfällungen festzustellen. Die schwärzlichen Manganflocken entstehen, wenn das im Mineralwasser gelöste Mangan beim Abfüllen mit dem Luftsauerstoff reagiert. Die Ausfällungen werden einfach abfiltriert. Nur nach ungenügender Filtration gelangen Mineralwasserflaschen mit restlichen Ausfällungen in den Handel (BO, DU).

Unverändert dominierten auch im vergangenen Jahr Beanstandungen, die aus Beschwerden von Verbrauchern resultierten. Rückstände und Verunreinigungen aller Art zeigten, daß nach wie vor die Kontrolle der gereinigten Flaschen bei verschiedenen Betrieben zu wünschen übrig läßt. Da der Verbraucher eine Verunreinigung meist erst nach dem Öffnen der Flasche erkennt, ist ein Verschulden des Herstellers oft nicht eindeutig beweisbar.

In einem Fall war in einer Flasche ein durchsichtiger Bodenkörper, geformt entsprechend dem Flaschenboden, enthalten (BO). Weiterhin enthielten einige Mineralwasserproben Lösungsmittelreste (PF). In allen Fällen war allem Anschein nach eine Abfüllung in eine nicht ausreichend gereinigte Flasche vorgenommen worden. In diesem Zusammenhang ist zu beklagen, daß offenbar noch viele Verbraucher im Haushalt leere Mineralwasserflaschen zur Aufbewahrung von verschiedensten Flüssigkeiten mißbrauchen (Farben, Lacke etc.), die dann nach Rückgabe der Pfandflasche zu Schwierigkeiten bei der Flaschenreinigung führen und oft genug den Grund für Beanstandungen wie im vorliegenden Fall darstellen (BO).

„An diesen Beanstandungsgründen wird deutlich, welche gewichtige Bedeutung der Flaschenreinigung in den Mineralwasserbetrieben zukommt. Bei immer höheren Stundenleistungen der Abfüllstraße müssen geeignete Kontrolleinrichtungen, wie ein „bottle inspector", eingesetzt werden. Zudem ist eine ausreichende, permanente und personelle Überwachung der automatisierten Anlagen zur Erfüllung der Sorgfaltspflicht unbedingt erforderlich. Auch das manuelle Aussortieren und Vernichten von augenscheinlich verdächtigen Flaschen vor der automatisierten Spülung und eine verstärkte Verbraucheraufklärung können hier vorbeugen" (PF).

Ein großes Mineralwasserunternehmen verkaufte seit Jahren ein Mineralwasser, welches aus 2 Mineralwassertypen, die offensichtlich aus 2 verschiedenen Quellen stammten, gemischt wurde. Eine willkürliche Mischung solch unterschiedlicher Mineralwässer ist jedoch nicht zulässig. Dazu hat das zuständige Amtsgericht festgestellt, daß der Vertrieb eines Gemisches verschiedener Mineralwässer unter Angabe eines Quellorts eine Irreführung des Verbrauchers darstellt. Dabei sei es unwesentlich, ob die Mischung oberirdisch oder – wie offenbar im vorliegenden Fall geschehen – durch bohrtechnische Manipulationen unterirdisch vorgenommen wird (S).

Natürliche Mineralwässer müssen von „ursprünglicher Reinheit" sein, das heißt, sie dürfen keine vom Menschen verursachten Verunreinigungen enthalten. Nachdem bereits vor einigen Jahren Verunreinigungen durch leichtflüchtige Chlorkohlenwasserstoffe zur Aufgabe von Mineralwasservorkommen führte, wurden im vergangenen Jahr erstmals Rückstände von Pflanzenbehandlungsmitteln in genutzten Mineralwasservorkommen in Baden-Württemberg bekannt (SIG, OG). Erschreckenderweise stellte sich heraus, daß 14 Mineralquellen in einer Gemeinde durch die Herbizide Bromacil und z. T. auch Hexazinon verunreinigt waren. Durch den Nachweis dieser eindeutig anthropogenen Verunreinigungen besitzen die Wässer nicht mehr die für Mineralwasser geforderte ursprüngliche Reinheit (OG).

„Demzufolge mußte den beiden betroffenen Abfüllbetrieben eine weitere Förderung von Mineralwasser aus diesen verunreinigten Brunnen untersagt werden, was beide Firmen in erhebliche wirtschaftliche Schwierigkeiten brachte.

An der Ursachenermittlung und Sanierung dieser Mineralbrunnen, die in klüftigem Gestein gebohrt wurden, wird zur Zeit gearbeitet. Bromacil und Hexazinon sind Totalherbizide, die auf Nichtkulturland (Industriegelände, Wege und Plätze,

Gleisanlagen) angewendet werden. Da unmittelbar neben den verunreinigten Brunnen ein Bahnhof bzw. eine Schienentrasse der Deutschen Bundesbahn liegt, konzentrierten sich die Ermittlungen zunächst auf diesen Bereich, zumal bekannt war, daß die Bundesbahn derartige Mittel zu Bahnhofs- und Gleisspritzungen verwendet hat" (OG).

„Bei Mineralbrunnen in anderen Gebieten wurden keine Herbizidbelastungen nachgewiesen.

In einem weiteren Mineralbrunnen wurden Spuren an polychlorierten Biphenylen (Clophen A 60) ermittelt, deren Hrkunft bislang noch nicht geklärt ist" (OG).

In einer anderen Mineralwasserquelle wurde das Lösungsmittel Tetrachlorethen gefunden. Auch diese Quelle mußte geschlossen werden (OG).

26 Mineralwasserproben wurden auf ihren Fluoridgehalt untersucht. Die ermittelten Werte lagen zwischen 0,04 und 3,6 mg Fluorid/l. Überhöhte Fluoridgehalte über 1,5 mg/l waren ordnungsgemäß gekennzeichnet (KA).

Mehrere Mineralwasserproben waren ohne die erforderliche konstante Zusammensetzung. Bei einigen Mineralwässern änderte sich die Zusammensetzung durch in den Brunnen eindringendes Grundwasser. Die Änderungen der festen gelösten Bestandteile waren größer als die tolerierte Schwankungsbreite von 20 % (OG).

3.8 Tabakerzeugnisse

(60) Tabak

Der Untersuchungsschwerpunkt bei Zigaretten, Zigarillos usw. lag bei der Bestimmung der Rauchinhaltsstoffe Nikotin und Kondensat. Meist stimmten die auf den Packungen angegebenen Nikotin- und Kondensatwerte mit den ermittelten Werten überein (SIG). Auch bei den „no-name"-Zigaretten, die mittlerweile von fast allen großen Lebensmittelhandelsketten angeboten werden, wurden die Nikotinwerte im wesentlichen bestätigt, die Kondensatwerte lagen jedoch interessanterweise generell unter den angegebenen Werten. Leichte Überschreitungen der angegebenen Nikotin- und Kondensatwerte wurden bei starken filterlosen Zigaretten festgestellt (DU).

Bei 2 Proben fehlte der nach der Tabakverordnung vorgeschriebene Warnhinweis hinsichtlich der Gesundheitsgefährdung durch Rauchen (SIG).

Auch Werbung für Zigaretten mußte beanstandet werden. Auf den Werbeplakaten eines Zigarettenherstellers war eine weibliche Person in schwesternähnlicher Tracht abgelichtet. Nach den Bestimmungen des Lebensmittel- und Bedarfsgegenständegesetzes ist es jedoch verboten, für Tabakerzeugnisse so zu werben, daß der Eindruck erweckt wird, der Genuß von Tabakerzeugnissen sei gesundheitlich unbedenklich. Deshalb ist eine Zigarettenwerbung mit der Darstellung einer Krankenschwester nicht zulässig (SIG).

3.9 Bedarfsgegenstände

(80) Bedarfsgegenstände in Kontakt mit Lebensmitteln

Solche Bedarfsgegenstände sind z. B. Verpackungsmaterialien für Lebensmittel, Geschirr, Gläser, Bestecke und alle Geräte, die zur Herstellung bzw. zur Verarbeitung von Lebensmitteln benötigt werden.

„Heiße Steine", in der Gastronomie zum Erhitzen von Fleisch, insbesondere Steaks, am Tisch eingesetzt, wurden aufgrund einer Verbraucherbeschwerde untersucht. Ein geschliffener und ein polierter Stein gaben keine nennenswerten Schwermetallmengen ab. Die Glasur des dritten Steins gab Blei ab. Der Grenzwert der entsprechenden Verordnung wurde erreicht, aber noch nicht überschritten (W).

Eine Vielzahl von Teilen aus Getränkeschankanlagen, wie Anstichrohre (Stechdegen), Zapfköpfe, Ventile, Bierleitungen, Schläuche und Anschlußstücke waren verschmutzt und mit Hefen, Kokken, Stäbchen bzw. Schimmelpilzhyphen übersät (W).

Mikrowellengeschirr aus gefülltem Polypropylen bzw. aus Polyester/Polycarbonat rief eine Geschmacks- bzw. Geruchsbeeinträchtigung bei den erhitzten Lebensmitteln hervor. Die Geschmacksbeeinträchtigungen waren sehr stark und ließen sich auch durch mehrmaliges Auskochen nicht beseitigen. Ein Arbeitskreis beim Bundesgesundheitsamt arbeitet für derartiges Geschirr z. Zt. technische und chemische Beurteilungsgrundlagen aus (S, W, HAM).

Die Blei-, Cadmium-, Chrom-, Nickel-, Kupfer-, Kobalt- und Zinkabgabe von Keramikgegenständen wurde geprüft. 2 Reisschalen fielen wegen Überschreitung des Grenzwerts der entsprechenden Verordnung vom März 1988 auf (W). Außerdem wurde eine nicht tolerierbare Bleiabgabe bei Schnapspinnchen (6,8 mg/l) sowie Weinbechern (4,7 mg/l) festgestellt (BO). Von einer Pfeffermühle wurden erhebliche Mengen Zink an das Mahlgut abgegeben (BO). Keramikgeschirre, vornehmlich aufglasurdekoriertes Kindergeschirr und außen im Trinkrandbereich dekorierte Trinkgläser wurden auf ihre Blei- und Cadmiumabgabe überprüft. Bei diesen Dingen wurden keine Grenzwertüberschreitungen festgestellt. Eine Pfanne (Omas Eisenpfanne) wurde mit den Werbehinweisen verkauft, man könne durch den Verzehr von in der Pfanne zubereiteten Lebensmitteln Eisenmangelkrankheiten verhüten. Ein Bratversuch zeigte, daß der auf das Bratgut übergehende Eisenanteil nur unwesentlich zur Deckung des täglichen Eisenbedarfs beitragen kann. Die Werbeaussagen waren daher nicht berechtigt (D).

Da in den letzten Jahren wiederholt Verbraucherbeschwerden über nicht säurefeste Feldflaschen eingegangen waren, wurden in diesem Jahr gezielt Feldflaschen aus Metall untersucht. Die Untersuchungen ergaben, daß von 8 Feldflaschen 2 aus nicht säurebeständig hergestelltem Aluminium (z. B. durch das Eloxalverfahren) bestanden. Diese Feldflaschen wurden aufgrund der Korrosion und des Übergangs von Stoffen an die Getränke, die nach Metall schmeckten, aus dem Verkehr gezogen (KA).

„Sogenannte selbsterwärmende Konservendosen gaben bei bestimmungsgemäßer Verwendung wäßrige Kalklauge an das darin abgefüllte Lebensmittel ab. Bei den Behältern handelte es sich um doppelwandige Metalldosen, deren Wandungshohlraum Calciumoxid und, in einem separaten Kunststoff-Folientank, Wasser enthielt. In den Metallkranz, der den Hohlraum nach oben verschloß, waren 3 Vertiefungen vorgeprägt, in die ein ca. 10 cm langer Nagel eingeschlagen werden konnte. Dabei wurde der Kunststofftank zerstoßen, so daß das Wasser hinauslief und mit Calciumoxid unter Abgabe von Wärme zu Löschkalk reagierte. Entsprechend der Gebrauchsanweisung sollte die Mahlzeit nach 10–12 Minuten auf einen Teller umgefüllt werden. Beim Umfüllen lief noch nicht gebundenes alkalisches Wasser (pH-Wert: 12,5) aus dem perforierten Hohlraum in das Lebensmittel. Derartige Dosen sollten deshalb mit einem Hinweis wie: „Vorsicht! Heiße Dosen nicht kippen. Inhalt nur aus der Dose essen. Beim Kippen kann ätzende Flüssigkeit austreten." versehen sein" (OG).

An Verpackungsmaterialien für Lebensmittel wurden Zellglasfolien, Folien zur Verpackung von Käse und anderen fetthaltigen Lebensmitteln, Folien zur Verpackung von Fleisch und Lebensmittelverpackungen aus Polystyrol untersucht.

„Während Haushaltsfolien aus Kunststoff im allgemeinen ohne Bedenken zum Verpacken von Lebensmitteln verwendet werden können, wenn die auf den Packungen angebrachten Hinweise zur Anwendung beachtet werden, wurde wiederholt festgestellt, daß im Einzelhandel zum Verpacken von fetthaltigen Lebensmitteln wie Käse, Wurst oder Backwaren nicht geeignete Kunststoff-Folien benutzt werden. Dabei handelte es sich um PVC-Folien mit einem Weichmachergehalt von mehr als 6% (festgestellter Mittelwert: 17%). Die Verwendung dieser Folien ist entsprechend einer Empfehlung der Kunststoffkommission des Bundesgesundheitsamtes eingeschränkt. So sind sie z. B. zum Verpacken fetthaltiger Lebensmittel nicht geeignet, weil Weichmacher vom Fett herausgelöst werden und von der Folie auf das Lebensmittel übergehen. Wenn auch das Vorhandensein von Weichmachern in oder auf Lebensmitteln unerwünscht ist, so ist es bei der derzeitigen Rechtsprechung nicht möglich, die unsachgemäße Verwendung von weichgemachten PVC-Folien zu verbieten. Dazu wäre es notwendig, den Nachweis zu erbringen, daß die auf das Lebensmittel übergegangenen Weichmacheranteile gesundheitlich, geruchlich und geschmacklich bedenklich und darüber hinaus technisch vermeidbar sind (§ 31 [1] LMBG). Diesen Beweis kann die Lebensmittelüberwachung nicht liefern.

Der Bundesminister für Jugend, Familie, Frauen und Gesundheit teilt nach hiesigem Kenntnisstand noch die Auffassung der Rechtsprechung und hält deshalb die vom Lande Nordrhein-Westfalen angeregte Verbesserung der Rechtssituation nicht für erforderlich.

Trotz der unbefriedigenden Rechtslage wurden weiterhin Kunststoff-Folien aus dem Lebensmittel-Einzelhandel untersucht (28 Proben). In den Folien waren fetthaltige Lebensmittel bereits verpackt oder sie waren für diesen Zweck vorgesehen.

In 4 Fällen lagen PVC-Folien mit dem Weichmacher Diethylhexyladipat vor. Auf der Oberfläche der Lebensmittel (Käse) konnten bereits übergegangene

Weichmacheranteile nachgewiesen werden. Die Einzelhändler wurden angehalten, geeignetes Folienmaterial zu verwenden.

Bei den anderen überprüften Folienmaterialien handelte es sich um Polyethylen, PVC – PVDC und Ethylen-Vinylacetat-Copolymre" (D).

„Am 21. Mai 1987 trat die *Zellglas-Bedarfsgegenstände-Verordnung* in Kraft. Danach ist u. a. Diethylenglykol (DEG) nicht mehr als Feuchthaltemittel zugelassen; außerdem darf Zellglasfolie nur dann für Bedarfsgegenstände in den Verkehr gebracht werden, wenn sie mit dem Hinweis „Für Lebensmittel" oder mit dem Symbol Becher und Gabel kenntlich gemacht ist. Von 21 untersuchten Proben fehlten bei 9 die entsprechenden Angaben, des weiteren hatten 2 Proben noch DEG-Gehalte von 11 bzw. 13 % "(SIG).

Aluminiumfolien müssen mit einem den Verwendungszweck einschränkenden Hinweis versehen sein. Sie sind zum Abdecken feuchter, saurer oder salziger Lebensmittel auf Metallunterlagen nicht geeignet, da sich Aluminium unter diesen Bedingungen auflöst und in das Lebensmittel übergeht. Der zuständige Industrieverband beschloß, im Rahmen einer freiwilligen Vereinbarung Gebrauchshinweise anzubringen (OG, D).

„Bemängelt werden mußte jedoch die Verwendung von Schalen aus geschäumten Polystyrol zur Heißverpackung von Fisch, Fischfrikadellen usw. Das Polystyrol hatte einen Schmelzpunkt von 125°C; brachte man auf 150°C erhitztes Öl mit den Schalen in Berührung, wurden diese angeschmort. Da in der Praxis mit Öltemperaturen von 150–180°C zu rechnen ist, ist die Eignung dieser Schalen zur Heißverpackung von Fisch fragwürdig. Dies bestätigten auch stark angeschmorte Beschwerdeproben" (SIG).

Spankisten zum Transport und zur Lagerung von Obst und Gemüse wurden auf Pentachlorphenol (PCP), den Wirkstoff eines Holzschutzmittels, untersucht. Die Kisten waren z. T. erheblich mit PCP belastet. Sie waren offensichtlich mit einem PCP-haltigen Holzschutzmittel gestrichen worden. Alle hochbelasteten Kisten stammten aus Spanien. Wegen der leichten Verdampfbarkeit ist ein Übergang von PCP auf das Obst oder Gemüse je nach Lagerdauer und -temperatur nicht auszuschließen. Die Kisten wurden bemängelt (OG).

Aus einer Wurstpelle (Kunstdarm aus Polyamid) wanderten keimtötende Stoffe aus. Solche Kunstdärme sind nicht zulässig (S).

Aus lackierten Dosen gingen zu hohe Mengen an Formaldehyd in Wasser über (S).

Backpapier enthielt entgegen einer Presseveröffentlichung nur Spuren an Weichmacher. Der Weichmacher ist ein Bestandteil der Druckfarben. Da Backpapiere lediglich auf der den Lebensmitteln abgewandten Seite bedruckt sind, ist mit einem Übergang der Weichmacher auf die Backwaren nicht zu rechnen (S).

Obsttüten aus Papier enthielten vereinzelt Salicylsäure. Die Nachforschung ergab, daß zur Leimung des Papiers ein mit Salicylsäure konservierter Leim verwendet worden war (S).

„Nach mehrjähriger Unterbrechung wurde zu Kontrollzwecken wieder eine Serie von Papiertüten auf das Vorhandensein von Polychlorierten Biphenylen untersucht. Von insgesamt 20 untersuchten Tüten wies lediglich eine Probe einen überhöhten Gehalt auf (80 mg/kg, berechnet als Clophen A 30, zulässig: 10 mg/kg).

Es ist anzumerken, daß es fast schon als Anachronismus erscheint, daß die PCB-Gehalte nach der Empfehlung der Kunststoff-Kommission noch immer als Clophen berechnet werden müssen, obwohl sich in anderen Bereichen die Bestimmung der PCB-Einzelkomponenten durchgesetzt hat" (HAM).

In einer anderen Untersuchung wurde Papier, Karton und Pappe auf PCB getestet. Auch hier war PCB nachweisbar. Im Vergleich zu früheren Jahren zeigten die Gehalte jedoch eine deutlich sinkende Tendenz. Die ermittelten Konzentrationen lagen unter 1mg/kg (S).

Ein Schulranzen aus Leder war mit einer stark phenolisch riechenden Trennwand aus Karton hergestellt. Der Geruch übertrug sich auf Brot, Butter und Backwaren (S).

Ein als „vergoldet" bezeichnetes Besteck-Set enthielt nur Spuren von Gold, eine „versilberte" Kuchenzange nur Spuren an Silber (S).

(82) Bedarfsgegenstände mit Körperkontakt, Spielwaren

Bedarfsgegenstände mit Körperkontakt

„115 Bedarfsgegenstände aus Gummi, darunter 99 Flaschen- und Beruhigungssauger, wurden im Hinblick auf den Übergang von Nitrosaminen bzw. nitrosierbaren Stoffen in eine Speicheltestlösung untersucht. Dabei wurde bei 22 Saugern die Migration von präformiertem N-Nitroso-dibenzylamin, mit Werten bis zu 81 μg/kg, nachgewiesen. Der Grenzwert der Nitrosamin-Bedarfsgegenstände-VO liegt dagegen bei 10 μg/kg. Obwohl dieses Nitrosamin toxikologisch bei weitem nicht so bedenklich ist wie z. B. DMNA, war ein Erzeugnis zu beanstanden. Der Nachweis von N-Nitroso-dibenzylamin gelang erst nach Modifizierung der bisher üblichen Methode" (5).

Toilettenpapier, das mit dem Umweltengel ausgezeichnet ist, wurde auf Schwermetalle untersucht. Dabei fielen 2 Produkte mit überdurchschnittlich hohem Zinkgehalt auf. Zwar wird der Umweltengel nur für den Aspekt vergeben, daß das Toilettenpapier aus Altpapier hergestellt wird, jedoch sollten in „umweltfreundlichen" Produkten Schwermetalle nicht überdurchschnittlich erhöht sein, da die Kläranlagen ansonsten unnötig belastet werden (D).

„Als Naturborsten und Naturpinselhaare werden meist Dachshaare aus China oder dem Vorderen Orient verwendet. Wegen der langen Transportwege werden Haare und Felle zum Schutz gegen Mottenbefall mit Naphthalin bestreut.

Wie die Untersuchungsergebnisse zeigen, schwankte der Naphthalingehalt in weiten Grenzen. Im Hinblick auf eine Schadstoffminimierung und zum Schutz des Verbrauchers sollten Stoffe, die wie Naphthalin in höheren Konzentrationen gesundheitsschädlich wirken, so weit wie möglich aus den Bosten entfernt werden. Dies ist auch deshalb gerechtfertigt, weil der Verbraucher beim Erwerb von

Naturhaarbürsten oder -pinseln nicht mit einer derartigen Verunreinigung rechnet" (OG).

Garne aus Wolle, Baumwolle bzw. ihren Mischungen, u. a. auch in Kombination mit Kunststoffen, wurden auf Formaldephyd und Pestizide geprüft. Chlorierte Kohlenwasserstoffe (Pestizide) waren nicht nachweisbar. Der mittlere Formaldehydgehalt wurde zu 9,7 mg/kg bestimmt. In fast 50 % der untersuchten Proben war Formaldehyd nicht nachweisbar (W).

„Gegenstände mit Hautkontakt aus Leder (Krawatten, Uhrarmbänder, Handschuhe, Schuhleder) wurden auf ihren Gehalt an Pentachlorphenol (PCP) untersucht. Wie nachstehende Graphik zeigt, enthielten 4 von 23 Proben (= 17 %) deutliche Gehalte an PCP.

PCP wirkt auf Mikroorganismen stark toxisch und wird deshalb während der Lederherstellung als Konservierungsmittel eingesetzt. In höheren Konzentrationen ist PCP auch für den Menschen schädlich. Die Aufnahme von PCP erfolgt beim Menschen auch über die Haut.

Zwar ist der eindeutige Nachweis, daß PCP auch in den gefundenen Konzentrationen für den Menschen schädlich wirkt, bisher nicht erbracht. Die Beobachtungen der letzten 15 Jahre – vor allen Dingen auch im Umgang mit Holzschutzmitteln – zeigen jedoch, daß auch geringere PCP-Konzentrationen in Erzeugnissen, die auf den Menschen einwirken oder mit denen er Berührung hat, äußerst problematisch und bei langfristiger Einwirkung u. U. gesundheitlich nicht unbedenklich sind. Da die gesundheitliche Unbedenklichkeit von geringen PCP-Konzentrationen alles andere als erwiesen ist, wurden 1 Paar Lederhandschuhe mit 1400 μg/g und 1 Probe Brandsohlenleder mit 230 μg/g unter Hinweis auf § 30 LMBG bemängelt.

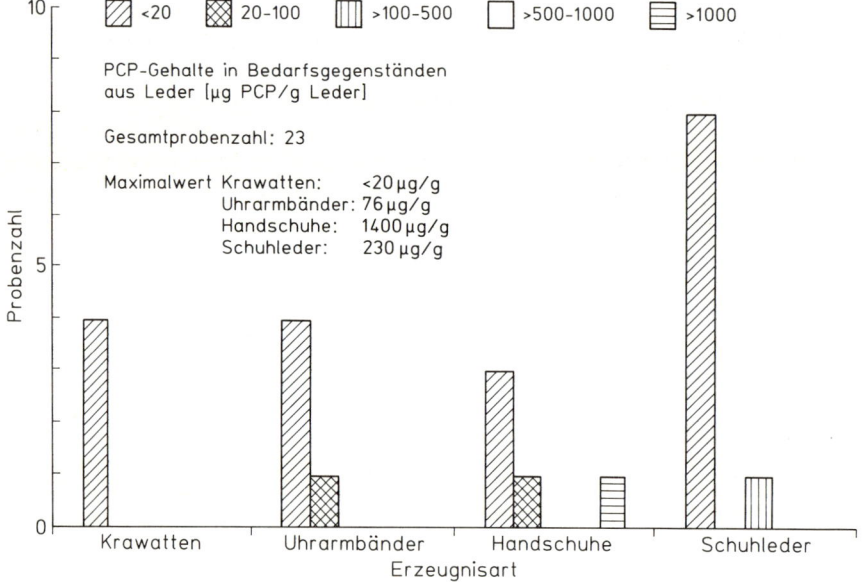

Eine Beanstandung PCP-belasteter Bedarfsgegenstände mit Hautkontakt ist zur Zeit nicht möglich, da eine konkrete Rechtsbestimmung für die Verwendung von PCP bei der Herstellung dieser Bedarfsgegenstände sowie für das Inverkehrbringen PCP-haltiger Bedarfsgegenstände fehlt. Ein Verwendungsverbot von PCP in Holzschutzmitteln für den Innenausbau gibt es schon seit Beginn der 80er Jahre" (OG).

Spielwaren und Scherzartikel

Noch immer befinden sich Spielwaren aus Weich-PVC im Handel, die entweder so klein sind, daß sie verschluckt werden können, oder so weich sind, daß Kinder Teile abbeißen oder -reißen und verschlucken können. Solche Spielwaren sind kleine Puppenschuhe, manche weichen Kunststoffspieltiere und vieles andere mehr. Verschluckt nun ein kleines Kind z.B. ein abgerissenes Spinnenbein, so wird durch den Verdauungssaft des Magens der Weichmacher aus dem Kunststoff herausgelöst. Das ehemals butterweiche Spinnenbein wird zu einer spitzen, scharfkantigen Nadel, die durch Verletzungen von Magen- und Darmwänden lebensgefährliche innere Blutungen hervorrufen kann. Der Verkauf der eben beschriebenen Spielwaren ist (nach § 30 LMBG) verboten. Trotzdem findet man in der gesamten Bundesrepublik immer wieder dieses gefährliche Spielzeug aus Weich-PVC (z.B. S, SIG, HAM).

„Spielwaren aus Weich-PVC wie Puppen, Spieltiere, Badebücher usw. besaßen z.T. einen sehr unangenehmen Geruch nach Phenol. Es wird darüber diskutiert, einen Richtwert für die Phenolabgabe festzulegen"(S).

„Außerdem enthielten manche derartige Erzeugnisse den in den Empfehlungen des Bundesgesundheitsamtes nicht aufgeführten Stabilisator tert.-Butylbenzoesäure oder Organo-Zinnstabilisatoren die bei gleichzeitiger Verwendung von Weichmachern nicht zugesetzt werden sollen" (S).

„Bei einem Ball aus Weich-PVC entsprach die Weichmacherzusammensetzung nicht den Empfehlungen des Bundesgesundheitsamtes: er enthielt Dibutylphthalat in einer Menge, die deutlich über dem genannten Richtwert von 20% lag" (S).

Andere Babyspielsachen aus Weich-PVC enthielten zu hohe Mengen des Weichmachers DEHP (BO).

Bei 2 Tiernachbildungen (Wabbeltier, Gummibärchen) aus Isopren-Mischpolymerisat aus Styrol war wegen der optischen Aufmachung nicht auszuschließen, daß besonders kleine Kinder, die zum ersten Mal damit in Berührung kommen, diese Spielwaren mit einer Süßware (Weingummis) verwechseln können. Ein versehentliches Verschlucken von Teilen der Spielwaren kann nach unserem jetzigen Kenntnisstand jedoch aufgrund der stofflichen Zusammensetzung zu keiner konkreten Gesundheitsgefährdung führen" (HH).

Eine Malfarbe „Biomaler" enthielt unter anderem Methanol. Die Gehalte lagen in einer Größenordnung, die für Kinder beim bestimmungsgemäßen Umgang noch keine konkrete Gesundheitsgefahr darstellen. Doch ist bei derartigen

Produkten grundsätzlich ein Gehalt an gesundheitlich bedenklichen Stoffen abzulehnen (S).

„Die Filzminen sogenannter Zauber-, Wunder- oder Magic-Filzstifte waren
meist mit Butylacetat oder Isobutylacetat getränkt. Der Lösemittelgehalt/Mine
schwankte zwischen 0,25 und 2,4 g. Mit Hilfe der Stifte wird die Farbe einer
Vorlage durch das Lösemittel des Stiftes gelöst und auf ein anderes Objekt über-
tragen. Bei diesem Vorgang können Kinder, die ihre Nase nah am Objekt haben,
u. U. größere Mengen des Lösemittels einatmen. Butylacetat oder Isobutylacetat
sind stark riechende Flüssigkeiten, die in höheren Konzentrationen Übelkeit,
Erbrechen, Schwindelgefühl und Ohnmacht bewirken können. Der MAK-Wert
liegt bei 950 mg/m^3 Luft (MAK-Wert: höchstzulässige Konzentration eines Stoffes
in der Luft am Arbeitsplatz, die bei wiederholter langfristiger, täglich 8stündiger
Einwirkung im allgemeinen die Gesundheit eines Beschäftigten nicht beeinträchtigt). Enthielt eine Filzmine soviel Butylacetat, daß die Menge, bezogen auf 1 m^3
Luft, den MAK-Wert überstieg, so wurde der Kopierstift beanstandet. Dieser
Bewertung hat sich auch das Bundesgesundheitsamt angeschlossen"(OG).

Mehrfach wurden Spielzeugartikel auf ihren Gehalt an Schwermetallen nach
der derzeit noch gültigen DIN/EN 71 untersucht. So konnte bei einer Schildkröte
aus Metall, die auf dem Christkindelsmarkt Karlsruhe zum Verkauf angeboten
wurde, ein stark erhöhter Blei- und Chromgehalt des Lacks festgestellt werden.
Nachgewiesen wurden 4950 mg/kg Blei und 845 mg/kg Chrom! Zulässig nach DIN/
EN 71 sind für beide Metalle 250 mg/kg Lack. Alle übrigen 36 lackierte Holz-
und Metallspielwaren blieben mit den Schwermetallen im Rahmen der Norm
(KA).

„Radiergummis aus weichmacherhaltigem PVC, figürlich gestaltet, zum Teil
als Lebensmittelimitationen und größtenteils fruchtig aromatisiert, werden vereinzelt immer noch in Geschäften angeboten. Bei diesen Spielwaren ist es erfahrungsgemäß vorhersehbar, daß Kleinkinder durch die Form und Konsistenz der
Radiergummis diese mit im Handel befindlichen aromatisierten Süßwarenkom-
primaten verwechseln können. Sie werden verleitet, diese Figuren in den Mund
zu nehmen, daran zu lutschen und zu kauen. Nach unseren Prüfungen bei 10
Proben können Teile davon abgebrochen oder abgebissen und somit auch verschluckt werden. Wir weisen auf das Urteil des Bayerischen Obersten Landes-
gerichtes vom 24. 03. 85 hin, wonach Radiergummis mit Weich-PVC mit hohem
Weichmacheranteil, aromatisiert und als Lebensmittelnachbildungen lebensmit-
telrechtlich Spielwaren sind und wegen ihrer stofflichen Zusammensetzung gegen
§ 30 LMBG verstoßen" (HH).

Auch bei Knetmassen gab es keine Überschreitungen des Richtwertes für
Schwermetalle (KA).

Mehrere Wachsmalstifte, Buntstifte (Minen und Lacküberzug), Wasserfarben
und Emaillepulver wurden auf ihre Gehalte an den Schwermetallen Blei, Cadmium, Chrom, Kupfer und Zink untersucht. In fast der Hälfte der untersuchten
Wachsmalstifte konnte Blei bis zu einer Konzentration von 45 mg/kg (Richtwert:
100 mg/kg) gemessen werden. Cadmium und Chrom waren nicht nachweisbar
(PF). In anderen Untersuchungen lagen einmal die Barium- und Bleikonzentra-

tionen von Wachsmalstiften (S), ein anderes mal die Gehalte an Blei und Chrom (D) über der Richtwerten von 250 mg/kg (Barium), 100 mg/kg (Blei) bzw. 25 mg/kg (Chrom).

In Buntstiftminen war Chrom (bis zu 4,5 mg/kg) nachweisbar, aber kein Blei oder Cadmium. Die Lacküberzüge der Buntstifte waren die „gehaltvollsten" Proben. Sie enthielten bis zu 45 mg/kg Blei, bis zu 46 mg/kg Cadmium und bis zu 7 mg/kg Chrom (PF).

In den Wasserfarben waren weder Cadmium noch Blei nachweisbar, jedoch enthielt ca. ein Drittel der untersuchten Farben bis zu 3 mg/kg Chrom. In Emaillepulver konnten Cadmium (3 mg/kg) und Chrom (41 mg/kg) nachgewiesen werden (PF).

In keinem Fall wurde bei den untersuchten Proben eine Überschreitung der Richtwerte festgestellt. Kupfer und Zink konnten nahezu in jeder Probe nachgewiesen werden. Für diese beiden Metalle gibt es keine Richtwerte (PF).

Ein Schwerpunkt bei der Untersuchung von Kinderspielzeug lag in der Überprüfung von Fingermalfarben auf die Einhaltung der in der „Freiwilligen Vereinbarung über Fingermalfarben von 1987" der Mineralfarbenindustrie festgelegten Anforderungen. Nach der Vereinbarung dürfen bestimmte Richtwerte für Schwermetalle nicht überschritten und nur ganz bestimmte Konservierungsstoffe verwendet werden. Damit die Kinder gar nicht erst in Versuchung kommen, die Fingerfarben aufzuessen, enthalten alle Malfarben nach der freiwilligen Vereinbarung einen Bitterstoff.

Alle untersuchten Proben entsprachen dieser Vereinbarung. Die Schwermetallgehalte lagen deutlich unter den Richtwerten der Vereinbarung. Alle untersuchten Fingerfarben enthielten PHB-Ester (Lebensmittelkonservierungsstoff) und den Bitterstoff Bitrex (KA).

Ein Bilderbuch aus Holz gab deutliche Mengen an Formaldehyd ab. Der Hersteller wurde angehalten, nur Materialien zu verwenden, die kein Formaldehyd abgeben können (S).

Einige bemalte und lackierte Holzspielwaren waren nicht schweiß- und speichelecht (S).

„Einem Brettspiel, bei dem durch Fingerschnippen Steine zum Gleiten über das Spielfeld gebracht werden, lag als Gleitmittel reine Borsäure bei. Es konnte nicht ausgeschlossen werden, daß Kinder beim Spielen Borsäure verschlucken. Borsäure ist aber giftig. Die tödliche Dosis liegt für Kleinkinder bei 5–6 g" (OG).

Die Untersuchung von Knetmassen auf polycyclische aromatische Kohlenwasserstoffe ergab, daß sie nur noch in Spuren vorkommen. Die Gehalte liegen im gleichen Konzentrationsbereich wie bei vielen Lebensmitteln. Auch der Gehalt an Benzo-a-pyren – einem starken Kanzerogen – liegt deutlich unter dem Grenzwert für geräucherte Fleischwaren (KA).

„Im Handel werden immer noch weichmacherhaltige Modelliermassen angetroffen, die nicht entsprechend den Vereinbarungen zwischen dem Bundesminister für Jugend, Familie, Frauen und Gesundheit mit den Wirtschaftsverbänden gekennzeichnet sind. Der Bundesminister ist der Auffassung, daß diese Erzeugnisse nicht in Kinderhände gehören und

- eine Warnung, daß es sich nicht um ein Kinderspielzeug handelt,
- ein Hinweis, daß das Erzeugnis nur für Erwachsenen bestimmt ist,
- Warnungen, daß gesundheitliche Gefahren beim Verschlucken der Knetmasse
  und beim Einatmen von Dämpfen beim Härten der Kunststoffmasse im Backofen bestehen

tragen sollen" (S).

„Eine ‚Insta Mouss' bestand aus Gelantinekapseln, die je eine zusammengepreßte
Schaumstoffigur enthielten. Sie wurden beanstandet, weil durch die Ähnlichkeit
mit Arzneipräparaten und Lebensmitteln (z. B. handelsüblichen Vitaminkapseln)
vorhersehbar ist, daß Kinder die Kapseln in den Mund nehmen und verschlucken
können. Durch die Einwirkung des Magensaftes wird sich die Gelantinehülle nach
einiger Zeit auflösen und die Schaumstoffigur freigeben. Diese kann durch ihr
Volumen und ihre Ausdehnung eine konkrete Gesundheitsgefahr durch Magen-
und Darmverschluß darstellen" (S).

Ebenso gefährlich sich Tiernachbildungen, die ein starkes Quellvermögen besitzen. Sie vergrößern sich innerhalb von 2 Tagen von 3 auf 11 cm. Beim Verschlucken stellen sie eine akute Gefahr für die Gesundheit dar (PF).

Ein mit Methanol gefüllter „Love-Meter" kann konkret die Gesundheit schädi-
gen und wurde deshalb aus dem Verkehr gezogen (S).

Plastikkleber für Modellbausätze enthielten ca. 80 % organische Lösungsmittel
(u. a. Methylenchlorid und Isobutylacetat). In der Kennzeichnung war nicht darauf hingewiesen worden, daß das Einatmen der Dämpfe gesundheitsschädlich
und eine Berührung des Klebers mit der Haut zu vermeiden ist (KA).

„Eine Kindergärtnerin fragte an, wieweit Juckreiz und allergische Hauterschei-
nungen bei Kindern auf die Verwendung von „Engelshaar" in der Bastelstunde
zurückzuführen sei. Es stellte sich heraus, daß das „Engelshaar" zur Verwendung
als Tannenbaumschmuck bestimmt war und aus Glaswolle bestand. Glaswolle
bricht beim Hantieren sehr leicht und verursacht durch das Eindringen der haar-
feinen Glas-Kapillaren in die Haut kleine Verletzungen und mechanische Reizungen (NE).

„Auch in Luftballons wurden wiederholt Nitrosamine nachgewiesen. Der
Richtwert von 10 μg/kg in Empfehlung XXI des Bundesgesundheitsamtes wurde
z. T. weit überschritten" (S).

„Spielwaren aus gefärbten Kunststoffen enthielten z. T. Cadmium. Zwar ist ein
Herauslösen von Cadmium aus dem Kunststoffmaterial beim spielerischen Umgang nicht zu erwarten, doch wurden die Hersteller auf eine Empfehlung des
Bundesgesundheitsamtes hingewiesen, aus Gründen des Umweltschutzes von Cd-
haltigen Pigmenten zur Einfärbung von Kunststoffbedarfsgegenständen zu verzichten, da Farbmittel ohne Cadmium in ausreichendem Umfang zur Verfügung
stehen" (S).

„Modellier- und Spielmassen enthielten Borsäure und z. T. m-Chlorkresol als
Konservierungsstoffe. Die Hersteller wurden aufgefordert, gesundheitlich unbedenkliche Konservierungsstoffe einzusetzen" (S).

„Mit Weichmachergemischen und einer lumineszierenden Substanz befüllte
Leuchtketten und Leuchtringe werden immer noch vor allem auf Jahrmärkten

angeboten. Das Bundesgesundheitsamt ist der Auffassung, daß grundsätzlich derartige Stoffe in Spielwaren nicht eingesetzt werden sollten, zumal die gesundheitliche Unbedenklichkeit der durch Kinder bei evtl. Genuß aufgenommen Weichmacheranteile noch nicht als nachgewiesen zu betrachten ist" (S).

„In einer Packung mit Christbaumbehang aus Fernost (22 buntbemalte Holzfiguren) waren Papierbeutel mit weißem, pulvrigem Inhalt eingelegt, die einen stechenden Geruch abgaben. Nach unseren Untersuchungen bestand das Pulver aus Paraformaldehyd, einer Formaldehyd-Verbindung in fester Form, das wahrscheinlich beim Transport aus Übersee eine mögliche Schimmelbildung verhindern sollte. U.E. bestand für den Verbraucher zweifelsfrei nach dem Abheben des Deckels die Gefahr einer Schleimhautreizung und -ätzung, weil das Pulver Formaldehyd-Dämpfe freisetzt. Besonders bei Kindern schlossen wir nicht aus, daß beim ‚Christbaumschmücken' Teile des Pulvers auf die Haut gelangen oder sogar verschluckt werden können" (HH).

(83) Bedarfsgegenstände zur Reinigung und Pflege

Ein großer Teil der Beanstandungen betraf die Gruppe der Haushaltsreiniger. Scheuermittel, Edelstahlreiniger und Entkalker wurden ohne Angabe der Wirkstoffgruppen in den Verkehr gebracht, teilweise fehlten die kindergesicherten Verschlüsse bzw. die vorgeschriebenen Warnhinweise. Bei Mitteln, die anläßlich von Werbeveranstaltungen oder bei Haustürgeschäften verkauft wurden, waren diese Mängel besonders häufig zu beobachten.

„Sehr teuer bezahlt manche Hausfrau heute immer noch ihr Wasser für die Fensterreinigung, wenn sie dazu *Glasreiniger* in Sprühflaschen verwendet. Diese bestehen nicht selten zu 90% aus Wasser, dazu kommt etwas Ammoniak, billiger Alkohol und eine Spur Tenside. Alles zusammen wird dann zu einem Preis nicht unter 2,– DM verkauft. Ein Eimer Wasser mit einem kleinen Spritzer Spülmittel hilft preisgünstiger" (DU).

„Noch mehr werden die Liebhaber von *Raumsprays* zur Kasse gebeten. Zwar könnte man mit dem Treibgas mancher Sprühdose sein Feuerzeug füllen, leider lädt man sich aber gleichzeitig bis zu 95% Wasser ein. So erhöhen diese Dosen bei Gebrauch wenigstens die Luftfeuchtigkeit im Raum, auf den Geruch mancher Duftrichtung wird man nach dem ersten Gebrauch weiterhin leicht verzichten können" (DU).

„Ein *Silbertauchbad* mit einem Gehalt von 10% Thioharnstoff war lediglich mit dem Hinweis ‚Von Kindern fernhalten' versehen.

Laut Gebrauchsanweisung sollten größere Silbergegenstände mit einem getränkten Wattebausch behandelt werden, wobei der Hautkontakt nicht verhindert werden konnte. Angesichts der Einstufung von Thioharnstoff zu den Stoffen, bei denen ein nennenswertes krebserzeugendes Potential zu vermuten ist und die dringend der weiteren Abklärung bedürfen (Liste III B DFG, Anhang VI Nr. 1578 der Gefahrstoff-VO), wurde dem Hersteller nahegelegt, die Kennzeichnung um entsprechende Hinweise auf mögliche Gefahren und zu deren Vermeidung zu vervollständigen" (S).

„Während 1,4-Dichlorbenzol in Erzeugnissen, die in Toilettenschüsseln oder Wasserspülkästen eingehängt werden, kaum mehr festgestellt wurde, enthielten *Luftreiniger* in durchbrochenen Behältern mit einer Aufhängevorrichtung vorwiegend diesen leicht verdampfenden Stoff. 1,4-Dichlorbenzol gelangt nicht nur durch Abzüge oder beim Lüften durch das Fenster in die Umwelt, sondern auch beim Reinigen der bedampften Toilettenwände in Gewässer. Aus Gründen des Umweltschutzes haben Umweltbundesamt und Bundesgesundheitsamt empfohlen, auf die Anwendung dieses als fischtoxisch erwiesenen Stoffes zu verzichten" (S).

„*Phosphorsäurehaltige Entkalker* mit pH-Werten unter 1 enthielten in der Kennzeichnung vielfach Hinweise wie

‚Kraftvoll – ohne Salzsäure'

‚Ungiftig! Enthält keine Salzsäure!'

Die Aussagen waren als verharmlosend zu beurteilen, da sie der Gefährlichkeit des Mittels nicht gerecht wurden. Denn für die Abschätzung der Gefährlichkeit ist es unerheblich, ob das Mittel Salzsäure oder Phosphorsäure enthält. Die Aussagen verleiten den Verbraucher zu einem leichtfertigen Umgang mit den Mitteln und erhöhen das Unfallrisiko" (OG).

„*Enteiser für Tiefkühlgeräte* enthielten ca. 60% Isopropylalkohol und 40% Ethylenglykol. Ethylenglykol und Isopropylalkohol sind giftige Flüssigkeiten. Ein 4jähriges Kind braucht von einer Ethylenglykollösung mit 50% Wasser nur 60–70 ml zu trinken, um die tödliche Dosis an Ethylenglykol aufzunehmen. Gefahrenhinweise irgendwelcher Art, z. B. ‚Darf nicht in die Hände von Kindern gelangen' enthielt die Kennzeichnung nicht. Es wurde im Gegenteil der ‚Entwarnung' signalisierende Hinweise ‚Für Lebensmittel unbedenklich' gegeben" (OG).

„Die Untersuchung von *Imprägniersprays* ergab, daß ein Hersteller den mit der Industrie vereinbarten Warnhinweis:

‚Vorsicht

Gesundheitsschäden durch Einatmen möglich.

Nur im Freien oder bei guter Belüftung anwenden.

Nur wenige Sekunden sprühen.

Vor Kindern fernhalten. Gefahr für Haustiere'

nicht mehr vollständig auf dem Etikett anbringt.

Der Hersteller wurde aufgefordert – auch wenn nach der Rezeptur keine chlorierten Lösungsmittel und vernetzende Silikone mehr eingesetzt werden – diesen Gefahrenhinweis in der vereinbarten Form anzubringen. Dies ist insbesondere deshalb erforderlich, weil die Auswertung der durch Umfrage bei den Informations- und Behandlungszentren für Vergiftungen bekanntgewordenen Vergiftungsunfällen mit Imprägniersprays aus dem Jahr 1986 durch das Bundesgesundheitsamt ergab, daß sich auch bei einem Erzeugnis Vergiftungsunfälle ereignet hätten, bei dem der Hersteller u. a. auch aufgrund toxikologischer Untersuchungen eine gewisse Sicherheit zu haben glaubte, daß Vergiftungsunfälle vermieden würden.

Außerdem fiel auf, daß die meisten Imprägniersprays in der Gebrauchsanweisung auch zum Imprägnieren *großflächiger* Gegenstände wie ‚Mäntel, Zelte etc., als geeignet ausgelobt werden.

Die Hersteller wurden aufgefordert, aus Gründen des vorbeugenden Gesundheitsschutzes diese Empfehlung der Anwendung zu unterlassen, da der Anwender bei der Imprägnierung dieser Gegenstände unweigerlich größere Mengen der Imprägnierspray-Dämpfe aufnimmt, selbst dann, wenn die Imprägnierung, z. B. eines Zeltes, im Freien vorgenommen wird" (KA).

„Untersuchungen an einem Herdputzmittel ergaben, daß in ihm ca. 6 g Blei/kg enthalten sind. Aufgrund der toxikologischen und ökologischen Gefährlichkeit von Bleiverbindungen und der fehlenden technologischen Notwendigkeit wurde der Hersteller aufgefordert, auf den Einsatz von Bleiverbindungen zu verzichten" (KA).

„Bei der Überprüfung der Aufmachung und Kennzeichnung der Wasch- und Reinigungsmittel fielen wiederum besonders einige alternative Hersteller auf. Drei Hersteller benannten ihre Produkte ‚Bio-Sanitärreiniger', ‚biologisches Vollwaschmittel', ‚Bio-clean' und warben für ihre Produkte mit Aussagen wie ‚umweltfreundlich', ‚Biologisch abbaubar', ‚pure Natur', obwohl die Zusammensetzung normalen handelsüblichen Produkten entsprach. Ein anderer Hersteller warb für seinen Schimmelbekämpfungsspray, der als Wirksoff Natriumhypochlorit und kationische Tenside enthielt, mit ‚umweltfreundlich, biologisch abbaubar, bio-aktiv'. Da es bei Bedarfsgegenständen keine Bestimmungen gegen irreführende Kennzeichnung oder Aufmachung gibt, wurden diese irreführenden Aussagen nach dem Gesetz gegen den unlauteren Wettbewerb (UWG) beurteilt" (KA).

„Drei isopentylnitrithaltige Raumluftverbesserer, die zur sexuellen Stimulanz durch Inhalation dienen sollen, wurden aufgrund der potentiellen Toxizität des Inhaltsstoffes Isobutylnitrit nach § 30 LMGB beanstandet" (KA).

„Während in früheren Jahren *Insektenvernichtungsmittel* als wirksame Komponenten Phosphorsäureester, wie z. B. Dichlorvos enthielten, werden heute überwiegend Pyrethroide eingesetzt. Die Untersuchung von acht Insektenvertilgungssprays bestätigte dies. Nur eine Probe enthielt Diclorvos als wirksamen Bestandteil, in den übrigen Proben waren pyrethroide Wirkstoffe enthalten.

Während früher nach der Arbeitsstoff-VO bzw. Gift-Verordnung der Länder Hersteller von Insektenvertilgungssprays, die als Inhaltsstoff weniger als 0,5% Dichlorvos enthalten, für diesen Inhaltsstoff keine Gefahrenhinweise anbringen mußten, gelten nach Inkrafttreten der Gefahrstoff-VO auch für diese Sprays spezielle Kennzeichnungs-Vorschriften. Diese Gefahrenhinweise waren auf dem dichlorvoshaltigen Spray nicht vorhanden. Der Hersteller wurde aufgefordert, sein Produkt entsprechend der Gefahrstoff-VO zu kennzeichnen" (KA).

„Bei einem Elektro-Insektenvernichter erwärmt sich die Heizfläche des Gerätes nach dem Einstecken in die Steckdose und aus dem auswechselbaren Wirkstoffplättchen wird über einen Zeitraum von etwa 10 Stunden das Insektizid ‚Bio-Allethrin' frei. Nach Angaben auf der Packung sowie den Abbildungen eines schlafenden Kindes und eines Wohnwagens ist das Erzeugnis sowohl für Lebensmittelbetriebe als auch für Wohn- und Schlafräume und Schränke geeignet. Gegen die Werbeaussage ‚ist nicht gesundheitsschädlich und hinterläßt keine Rückstände' bestanden erhebliche Bedenken. Dem Verantwortlichen wurde empfohlen, auf diese verharmlosenden Angaben zu verzichten und künftig nicht mehr für die Verwendung in Schlaf- und Kinderzimmern zu werben. Diese Beurteilung steht im Einklang mit der Auffassung des Bundesgesundheitsamtes" (SIG).

„Es wurden gezielt Produkte, die unter die neuen Begriffsbestimmungen des Wasch- und Reinigungsmittelgesetz (WMRG) fallen (Metall- und Herdputzmittel, Entfärber, Fleckenreiniger), geprüft. Bei noch keiner dieser Proben waren die Inhaltsstoffe deklariert. Die Hersteller wurden aufgefordert, ihre Produkte entsprechend den Vorschriften des § 7 des WMRG unverzüglich zu kennzeichnen. Die Überprüfung der Etiketten auf die Deklaration der Anmeldenummer ergab, daß inzwischen alle größeren Firmen sie auf dem Etikett angebracht haben. Bei elf kleineren Herstellern, insbesondere solchen sogenannter Alternativwaschmittel war die Anmeldenummer auf dem Etikett nicht deklariert. Die Proben wurden deshalb nach § 7 des WMRG beanstandet.

Bei fünf verschiedenen Waschmittelherstellern in Baden-Württemberg wurden 17 *Waschmittelproben* erhoben und auf die Einhaltung der Bestimmungen der Phosphathöchstmengen-VO und der Tensid-VO untersucht. Die Phosphatgehalte aller Waschmittel lagen dabei unter den Grenzwerten der Phosphathöchstmengen-VO für die verschiedenen Härtebereiche. Außerdem bestätigte sich der Trend der letzten Jahre, daß immer mehr phosphatfreie Waschmittel auf dem Markt angeboten werden, der Marktanteil liegt schon über 80%.

Von elf Wasch- und Reinigungsmitteln wurde die biologische Abbaubarkeit oder anionischen und nichtionischen Tenside nach dem *OECD-Screening-Test* ermittelt. Alle untersuchten Tenside genügten den Anforderungen der Tensid-VO, wonach Tenside als abbaubar gelten, wenn eine Abbaurate von mindestens 80% erreicht wird. Ferner wurden alle Waschmittel, die nichtionische Tenside enthielten, auf die Einhaltung der Bestimmungen der freiwilligen Vereinbarung über den Verzicht auf Alkylphenolethoxylate (APEO) zwischen dem Bundesministerium des Innern und der Wirtschaft überprüft. Die Untersuchung ergab keinen Hinweis auf einen Einsatz dieser Tenside in den Proben" (KA).

(84) Kosmetische Mittel

Mangelhafte und sogar fehlende Kennzeichnungen waren die Hauptbeanstandungsgründe in dieser Warengruppe.

Kleine *Seifenstücke in Obstform,* die auch noch in Bonbongläsern verpackt waren, können vor allem von kleinen Kindern verwechselt werden. Sie wurden deshalb beanstandet (HAM).

Stark alkalische thioglykolsäurehaltige *Enthaarungsmittel* wurden immer noch unzutreffenderweise als hautschonend angepriesen (DU, D)

Shampoos mit einem Hinweis auf Ei enthielten zu wenig Eigelb. Haarreinigungsmittel mit einem Hinweis auf Ei müssen einen Eigelbanteil von mindestens

0,5 % aufweisen. Sogar diese geringe Menge ist in den beanstandeten Proben unterschritten worden. Der Hinweis auf den Eigehalt war irreführend (DU).

„Werbeaussagen bei einem bleiacetathaltigen *Haarfärbemittel* waren geeignet, den Verbraucher über chemische Eigenschaften und Wirkungsweise des Produktes zu täuschen. Das Produkt wies z. B. einerseits vorgeschriebene Warnhinweise auf, andererseits wurde es unzutreffend global als ‚unschädlich‘ bezeichnet.

Im übrigen ist es unverständlich, daß bleihaltige Haarfärbemittel mit einem maximal zulässigen Bleiacetatgehalt von 0,6 % sogar ohne Kenntlichmachung des Bleisalzzusatzes nach derzeit geltendem Recht noch erlaubt sind. Aus Gründen des Umwelt- und Gesundheitsschutzes sind bleisalzhaltige Haarfärbemittel abzulehnen" (D).

Vier verschiedene *Haarshampoos* eines Herstellers, die als „biologische Haarshampoos verkauft wurden, enthielten synthetische Produkte, wie z. B. Tenside. Desweiteren wurde in der Kennzeichnung u. a. auf einen „hautfreundlichen pH-Wert von 5,5" hingewiesen, obwohl bei 3 Proben die pH-Werte mit 8,4 und 9,2 deutlich höher lagen (PF).

„Auf dem Behältnis einer *Sonnenschutzmilch* waren nur die Wirkstoffe pflanzlicher Herkunft kenntlich gemacht worden, auf die Verwendung von Konservierungsstoffen wurde in diesem Zusammenhang nicht hingewiesen. Letzteres erfolgte lediglich auf einem Handzettel, dessen Informationswert jedoch geringer ist, weil nicht gewährleistet ist, daß jeder Käufer des Produktes in den Besitz eines solchen Handzettels gelangt. Gerade die deutliche Kenntlichmachung des Konservierungsstoffzusatzes ist für viele Verbraucher aus gesundheitlicher Sicht von Wichtigkeit, da einige Konservierungsstoffe allergene Eigenschaften besitzen. Es geht nicht an, daß nur die werbewirksamen Inhaltsstoffe hervorgehoben werden, dagegen die ‚weniger geschätzten‘ Stoffe dem Verbraucher nur versteckt mitgeteilt beziehungsweise verschwiegen werden" (D).

Etliches *Hautcremes* und Hautlotionen, die als „Naturkosmetik", „Naturhautpflege" oder „Bio-" bezeichnet wurden, enthielten Konservierungsstoffe. Nach einem Gerichtsurteil von 1987 dürfen so gekennzeichnete Produkte keine Konservierungsstoffe enthalten. Manchen Herstellern von „Naturkosmetik" ist nicht bekannt, daß die von ihnen verwendeten pflanzlichen Auszüge oft vorkonserviert sind (W, DU).

Aus einem Betrieb, dessen Erzeugnisse sämtliche Angaben wie „Bio-", „naturrein" o. ä. trugen, wurden sog. „Super-Extrakte" (z. B. aus Hopfen, Kamille, Algen usw.) zur Untersuchung eingereicht. Sie sollten entweder für sich oder als Bestandteil von Cremes und Lotionen eingesetzt werden. Die Analyse ergab, daß alle Extrakte im wesentlichen aus Glycerin, Zuckercouleur und Wasser bestanden; ätherische Öle und andere ausgelobte Wirkstoffe lagen an der unteren Grenze der Nachweisbarkeit. Darüberhinaus waren alle Produkte mit Sorbinsäure konserviert (SIG).

Für eine *Intimwaschlotion* wurde mit der Angabe „keine Tierversuche" geworben, obwohl zugelassene Konservierungsstoffe enthalten waren. Solche Konservierungsstoffe sind mit Sicherheit einmal im Tierversuch getestet worden (OG).

Mit der Wirkung von Kamille und Kamilleninhaltsstoffen in kosmetischen Mitteln wird vielfach geworben, obwohl Kamillenwirkstoffe nicht oder nur in Spuren vorhanden sind. Hier wurden die Hersteller darauf hingewiesen, daß ausgelobte Wirkstoffe in pflegewirksamen Mengen in den Erzeugnissen sein müssen (Urteil OLG Düsseldorf von 1978) (S).

„Das Gemisch von Chlormethylisothiazolon und Methylisothiazolon ist bereits in geringer Konzentration antimikrobiell wirksam. Ein Hersteller empfiehlt den Einsatz von 3–15 aktiven Bestandteilen/kg zur Langzeitkonservierung der meisten kosmetischen Präparate. Die für kosmetische Mittel zulässige Höchstmenge für Isothiazolone wurde seit 1985 zweimal reduziert, von ursprünglich 50 mg/kg auf nunmehr 15 mg/kg. Mit dieser Maßnahme soll eine weitere Zunahme allergischer Reaktionen vermieden werden, die auf die weit verbreitete Verwendung nicht nur in kosmetischen Mitteln zurückgeführt wird. Der betroffene Wirtschaftsverband empfahl bereits vor der gesetzlichen Absenkung der Höchstmenge die Beschränkung auf maximal 15 mg/kg.

Aufsehen erregte ein Beitrag in der Fernsehsendung ‚Monitor‘, in dem gesundheitliche Bedenken gegen die Verwendung der Isothiazolone in kosmetischen Mitteln vorgebracht wurden. Deshalb wurden insgesamt 23 Präparate verschiedener Erzeugnisgruppen auf ihren Gehalt an Isothiazolonen untersucht. In 52% der untersuchten Proben waren Isothiazolone enthalten. In keinem Fall wurden Gehalte über 30 mg/kg nachgewiesen. Entsprechend der geltenden Übergangsregelungen sind kosmetische Mittel mit einem Gehalt bis zu 30 mg/kg bis zum 31. 12. 1990 verkehrsfähig“ (OG).

„Nach einer großflächigen Behandlung der Beine mit einem *Kräuteröl*, das u. a. als Körperpflegemittel zur Massage empfohlen war, erlitt ein Mann schwere

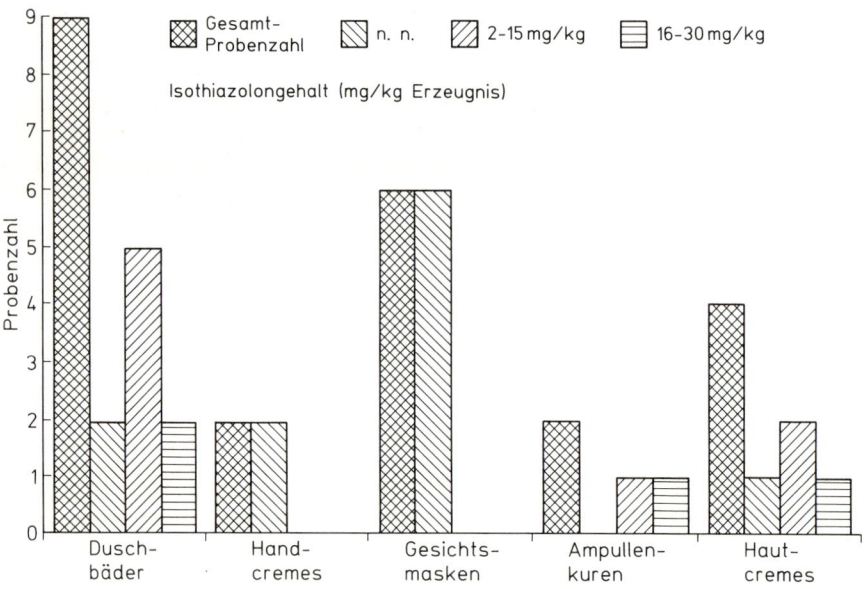

Hautentzündungen, die ärztlicher Behandlung bedurften. Nekrosen waren zu befürchten. In Anbetracht des Vorfalls war das Kräuteröl, bei dem der Gehalt an hautreizenden Monoterpenen Limonen, α- und β-Pinen ca. 500 mg/ml betrug und Angaben über die Dosierung sowie jegliche warnende Hinweise fehlten, in diesem Einzelfall als gesundheitsschädigend zu beurteilen.

Eine Reihe von Kräuterölen, die aus Mischungen verschiedener ätherischer Öle zusammengesetzt waren und mit überwiegend kosmetischen Zweckbestimmungen in den Verkehr gebracht werden, enthielten hohe Anteile an Limonen (48–85%) und α-Pinen (10–30%). Der β-Pinengehalt schwankte zwischen 1 und 17%, er lag aber im Mittel bei 5%. In der Literatur sind die hautreizenden Wirkungen monoterpenreicher Öle sowie deren Auslösung von Kontaktallergien besonders hervorgehoben. Limonen ist als ‚gefährlicher Stoff‘ und als ‚Reizstoff‘ in der Gefahrstoff-VO aufgeführt. Zubereitungen mit einem Limonenanteil von 25% müssen mit Gefahrensymbol, Gefahrenbezeichnung und Warnhinweisen versehen sein. Die Frage der gesundheitlichen Unbedenklichkeit derart zusammengesetzter Erzeugnisse wird im Bundesgesundheitsamt überprüft. Die Empfehlung dieser Erzeugnisse ‚zur gesunden Körperpflege‘ wurde als irreführend beurteilt“ (S).

„Ein *Color-Haarspray* trug die Angabe ‚mit umweltfreundlichem Treibgas‘. Bei der Untersuchung wurden Fluorchlorkohlenwasserstoffe nicht nachgewiesen, statt dessen jedoch 30% Dichlormethan. Diese Substanz ist zwar in der Gefahrstoff-Verordnung als ‚mindergiftig‘ eingestuft und in den gefundenen Konzentrationen auch zur Herstellung kosmetischer Mittel zugelassen, da inzwischen aber der begründete Verdacht auf ein krebserzeugendes Potential des Stoffes besteht, hat das Bundesgesundheitsamt der Kosmetik-Industrie empfohlen, den derzeitigen Anteil von Dichlormethan z. B. in Haarsprays deutlich zu verringern. Unter diesem Gesichtspunkt bestanden gegen die o. a. Werbeaussage erhebliche Bedenken, eine Rezepturumstellung wurde dem Verantwortlichen nahegelegt“ (SIG).

Im Rahmen einer weiteren Untersuchung über *Treibgase in Spraydosen* wurden insgesamt 19 Schaumfestiger, Rasierschäume und Haarsprays untersucht. Dabei wurden nur noch in einem Rasierschaum und in einem Haarspray die ozonschädigenden Fluorchlorkohlenwasserstoffe nachgewiesen. Alle anderen Treibgase bestanden aus gesättigten Kohlenwasserstoffen und Dimethylether (KA).

„Verschiedene *Nagellacke* eines Herstellers führten bei mehrfacher Anwendung zu einer dauerhaften Gelbfärbung der Nägel. Über eine weiterführende gesundheitliche Gefährdung wurde nichts bekannt. Ursache der Verfärbung war nach Angaben der Firma der Gehalt an Uvinul D 50, das zum Schutz der Präparate gegen UV-Licht verwendet werden darf. Die Überprüfung mehrerer Proben bestätigte den Zusammenhang zwischen nachgewiesenem UV-Filter und Gelbfärbung der Nägel. Die Herstellerfirma leitete nach Bekanntwerden der Beschwerden umgehend eine Rückrufaktion ein“ (OG).

„In einem *Lippenstift* wurde Hexachlorbenzol (HCB) nachgewiesen, allerdings lag der Gehalt deutlich unterhalb der für tierische Fette zulässigen Höchstmenge von 0,5 mg/kg. Drei Proben der Cremegrundlage Wollfett wurden ebenfalls überprüft. In zwei Proben fand sich das übliche Spektrum an chlorierten Kohlenwasserstoffen im Spurenbereich, d. h. Gehalte um oder unter 0,1 mg/kg. Eine Probe jedoch enthielt starke Verunreingungen durch Phosphorsäureester-Pestizide in der Größenordnung von 10 mg/kg. Solche Gehalte sind für Wollfett unüblich, ein solches Produkt sollte dem Verbraucher weder als Arzneimittel noch in Form eines Kosmetikbestandteils zugemutet werden. Diese Charge wurde daher auch als nicht zur Verwendung in Kosmetika geeignet beanstandet" (KA).

„In einem *Haargel* eines Hamburger Herstellers wurde von uns am Jahresanfang der krebserregende Stoff Benzol nachgewiesen. In der Stellungnahme durch den Hersteller wurde uns versichert, daß zur Herstellung seines Erzeugnisses künftig nur noch benzolfreie Ausgangssubstanzen verwendet werden. Wir haben Ende 1988 sein Erzeugnis aus der neuesten Produktion analytisch überprüft und konnten dabei kein Benzol (Nachweisgrenze 0,1 mg/kg) mehr feststellen.

Für die Keimbelastung in kosmetischen Mitteln kann eine unhygienische Abpackmethode im Herstellerbetrieb oder das Verpackungsmaterial selbst, das mit Keimen kontaminiert ist, die Ursache sein. Bei 5 untersuchten *Babykosmetika* (Pflegetücher, Waschlappen, Vliestücher, Ölreinigungstücher) zeigten alle angelegten Spatelabklatschkulturen sowie ihre Anreicherungen kein mikrobiologisches Wachstum. Ebenso konnten bei 11 eingelieferten *Reinigungstüchern* (Feuchttücher, Erfrischungstücher, Intim-Waschtücher) keine Salmonellen, Hefen und Schimmelpilze nachgewiesen werden. Die Ergebnisse von Keimwachstumsversuchen mit Testkeimen ließen die Anwesenheit von keimhemmenden Substanzen vermuten" (HH).

4 Ausgewählte Untersuchungsschwerpunkte

4.1 Rückstände in Frauenmilch

Frauenmilch ist eines der wichtigsten Lebensmittel. Allerdings ist sie vom Lebensmittel- und Bedarfsgegenständegesetzt nicht erfaßt und wird somit nicht routinemäßig im Rahmen der amtlichen Kontrollen nach diesem Gesetz überwacht.

Die in jüngster Zeit geführte Diskussion um Schadstoffe in der Frauenmilch verunsicherte stillende Mütter und Frauen in der Schwangerschaft. Als Schadstoffe wurden in der Öffentlichkeit insbesondere im Fettgewebe gespeicherte Pflanzenbehandlungsmittelrückstände (Pestizide), Schwermetalle, Schimmelpilzgifte, Nitrat, Räucherrauchinhaltstoffe und Dioxine (wobei das Seveso-Gift 2,3,7,8-TCDD gemeint ist) diskutiert. Kritiker des Stillens wiesen auf das geringe Körpergewicht des Säuglings hin, verglichen z. B. die Pesitizidbelastungen der Frauenmilch mit den lebensmittelrechtlichen Grenzwerten für Kuhmilch und sahen durch einen solchen Vergleich eine Gefahr für den Säugling bewiesen. Andere heben die wesentlichen und unumstrittenen ernährungsphysiologischen Vorteile des Stillens hervor.

Zu diesem Zeitpunkt der Diskussion hat die Deutsche Forschungsgemeinschaft 1984 eine weitere Mitteilung ihrer Kommission zur Prüfung von Rückständen in Lebensmitteln unter dem Titel „Rückstände und Verunreinigungen in der Frauenmilch" herausgegeben. Danach haben die Vorteile des Stillens in den ersten Lebensmonaten des Säuglings uneingeschränktes Gewicht. Empfohlen wird eine 4monatige Periode des Vorstillens, weil bis zu diesem Zeitpunkt die Frauenmilchernährung für den Säugling die optimalste Ernährung darstellt. Erst nach Ablauf der ersten 4–6 Lebensmonate verlieren die Vorteile des Stillens an Gewicht bei gleichbleibendem Schadstoffrisiko. Die Kommission empfiehlt daher im Sinne eines vernünftigen Nutzen-Risiko-Vergleichs, die Milch solcher Mütter einer Prüfung zu unterziehen, die länger als 6 Monate stillen wollen. Dies bezieht sich insbesondere auf persistente Organochlorverbindungen (Schädlingsbekämpfungsmittelrückstände und polychorierte Biphenyle), für die sie Richtwerte zur Beurteilung des Risikos festgelegt haben.

Für andere Schadstoffe ist im Augenblick kein erhöhtes Risiko zu erkennen. Dies gilt sowohl für Schwermetalle als auch für Nitrit und Nitrosamine. Auch die Nitratgehalte liegen zwischen 10–100 mal niedriger als die im Trinkwasser. Gehalte an polycyclischen aromatischen Kohlenwasserstoffen (Räucherrauchinhaltsstoffe) sind ebenfalls extrem niedrig und ohne gesundheitliches Risiko.

Tabelle 1. „Richtwerte" für die Beurteilung des Risikos durch persistente Organochlorverbindungen in Frauenmilch für einen Säugling, der länger als 4 Monate gestillt werden soll. (Angaben in mg/kg Milchfett) Organische Chlorverbindungen sind Rückstände aus Pflanzenschutzanwendungen, die lange zuvor im mütterlichen Organismus gespeichert sein können.

Rückstand	Tagesaufnahme Frauenmilch			
	850 ml 34,5 g Fett	600 ml 24,4 g Fett	400 ml 16,2 g Fett	250 ml 8,1 g Fett
HCB	1,2	1,6	2,4	4,9
α-HCH	9,6	13,6	20,3	40,7
β-HCH	1,9	2,7	4,1	8,1
γ-HCH	19,1	27,1	40,7	81,3
Heptachlorepoxid	1,0	1,4	2,0	4,1
Dieldrin	0,2	0,3	0,4	0,8
Ges.-DDT	9,6	13,6	20,3	40,7
PCB	1,9	2,7	4,1	8,1

Quelle: Deutsche Forschungsgemeinschaft. Rückstände und Verunreinigungen in Frauenmilch. Mitteilung XII der Kommission zur Prüfung von Rückständen in Lebensmitteln, Verlag Chemie Weinheim, 1984

Die Festlegung von Richtwerten für die Risikobeurteilung durch persistente Organochlorverbindungen setzt jedoch voraus, daß betroffene Frauen ihre Milch untersuchen lassen können. Einige Chemische und Lebensmitteluntersuchungsanstalten sind deshalb von ihren Trägern (Länder oder Kommunen) angewiesen worden, solche Untersuchungen zusätzlich zu den normalen Überprüfungen von Lebensmitteln und Bedarfsgegenständen durchzuführen.

Persistente Organochlorverbindungen

„Die seit mehreren Jahren durchgeführte kostenlose Untersuchung von Humanmilch fand auch 1988 sehr großes Interesse bei den Müttern. So wurden 260 Proben Humanmilch (1987: 183) zur Untersuchung auf Pflanzenbehandlungsmittel-Rückstände eingesandt. Die ermittelten Konzentrationen für die einzelnen Wirkstoffe bewegten sich in den nachfolgenden Bereichen:

Hexachlorbenzol (HCB):	0,01–0.75 mg/kg Milchfett,
a-Hexachlorcyclohexan (a-HCH):	n.n.–0,06 mg/kg Milchfett,
ß-Hexachlorcyclohexan (β-HCH):	0,01–1,05 mg/kg Milchfett,
Lindan:	n.n.–1,98 mg/kg Milchfett,
Heptachlorepoxid:	n.n.–0,07 mg/kg Milchfett,
Gesamt-DDT:	0,03–3,23 mg/kg Milchfett,
Dieldrin:	n.n.–0,05 mg/kg Milchfett,
Polychlorierte Biphenyle (PCB):	0,23–4,52 mg/kg Milchfett.

Im Vergleich zu den Werten der letzten Jahre ist ein Rückgang der Spitzenwerte zu verzeichnen. Dies kann bedingt sein durch einen höheren Anteil jüngerer Mütter (unter 27 Jahren). Die Belastung speziell durch DDT und HCB hat seit den 70er Jahren deutlich abgenommen, nachdem entsprechende Anwendungsverbote erlassen wurden.

Dies gilt jedoch nur bedingt für Frauen, die in den letzten Jahren aus Asien oder dem Ostblock zugewandert sind. Dort zeigte sich oftmals eine stärkere Belastungen durch HCH-Isomere oder auch DDT. Dies rührt wohl aus der noch bestehenden Anwendung von DDT in der Schädlingsbekämpfung und dem Einsatz technischen Lindans her, welches hohe Verunreinigungen des stabilen Isomeren β-HCH enthält" (KA).

„Der seit 1985 anhaltende Probenrückgang hat sich 1988 nicht fortgesetzt. Im Gegenteil, die anhaltende Diskussion über Schadstoffe in der Nahrung und insbesondere über polychlorierte Biphenyle (PCB) in der Kuhmilch führte zu einer Verunsicherungen vieler Mütter und zu einem deutlichen Anstieg der Probenzahl (339 Proben). Bei etwa 62% der Proben wären Überschreitungen der Pestizidhöchstmengen nach der Pflanzenschutzmittelhöchstmengenverordnung zu verzeichnen gewesen, wenn man die Höchstmengen für Kuhmilch zugrundegelegt hätte. Für Humanmilch gibt es bekanntlich keine gesetzlichen Grenzwerten.

Sonderfälle mit auffällig hohen Gehalten waren selten und konnten mit Hilfe der Fragebogen bzw. nach Rücksprache mit den Müttern geklärt werden." (SIG).

„Stillende Mütter, die sich über eine mögliche Belastung der Muttermilch mit chlorierten Kohlenwasserstoffen informieren wollen, können diese Untersuchungen im Institut kostenlos durchführen lassen. Zusätzlich zum Untersuchungsergebnis wird die Auftraggeberin über die generelle Belastung und ein evtl. Risiko beim Stillen informiert. Im Berichtsjahr wurden 5 Proben aus Wuppertal und 2 Proben aus Solingen untersucht (1987 insgesamt 11 Proben). Von 26 überprüften chlorierten Kohlenwasserstoffen wurden nachfolgende Gehalte an Wirkstoffen (mg/kg Fett) gefunden:

„In diesem Jahr wurden uns 72 Muttermilchproben zur Verfügung gestellt, um sie auf Rückstände an Pflanzenschutzmittel, PCB und Schwermetalle zu untersuchen. In allen Proben waren Rückstände an Pflanzenschutzmitteln und PCB

Tabelle 2.

Wirkstoff	Minimum	Maximum
Hexachlorbenzol	0,003	0,21
Lindan	0,009	0,09
p,p'-DDE*	0,13	0,57
PCB-138**	0,08	0,49
PCB-153	0,07	0,80
PCB-180	0,06	0,51

* p,p'-DDE = Abbauprodukt (Metabolit) des p,p'-DDT.
** PCB = Polychlorierte Biphenyle mit verschiedenem Chlorgehalt (W).

enthalten, in neun Proben (=12,7%) lagen sie über den für Kuhmilch vorgegebenen Höchstmengen. Im Rückblick zum letzten Jahr ist der Prozentsatz der Überschreitungen nahezu vergleichbar (dort 15,6%)" (PF).

„Zur Beurteilung der Rückstände an Organochlorverbindungen wurden die von der Deutschen Forschungsgemeinschaft aufgestellten Richtwerte herangezogen. Danach wurde der niedrigste Richtwert für PCB (1,9 mg/kg Fett) bei 5 von 229 Humanmilchproben (2%) und der nächst höhere Richtwert (2,7 mg/kg Fett) bei 1 Probe (0,4%) überschritten. 1987 lagen die entsprechenden Richtwert-Über-Schreitungen bei 11 bzw. 4%. Den Müttern wurde in diesen Fällen empfohlen, sich bei ihren Haus- oder Kinderärzten oder einem Arzt des Gesundheitsamts beraten zu lassen, ob und mit welcher Tagesmenge sie in ihrem individuellen Fall weiterstillen können und welche Beikost in welcher Menge sie zufüttern sollen.

Frauen, die in außereuropäischen Ländern aufgewachsen sind, haben auch nach mehrjährigem Aufenthalt in der Bundesrepublik Deutschland noch ein anderes Verteilungsmuster an persistenten Organochlorverbindungen in ihrer Muttermilch, als die Frauen die in der Bundesrepublik aufgewachsen sind. So wies die Milch einer Frau, die 31 Jahre in Malaysia lebte und vor 4 Jahren in die Bundesrepublik übergesiedelt war, einen deutlich höheren β-HCH- (0,49 mg/kg Fett) und Gesamt-DDT-Gehalt (2,8 mg/kg Fett) sowie einen niedrigeren PCB-Gehalt (0,20 mg/kg Fett, ber. als Chlophen A 60) auf. Das gleiche galt für eine Frau aus Paraquay, die sogar schon 16 Jahre in der BRD lebte (β-HCH: 0,33 mg/kg; Gesamt-DDT: 2,2 mg/kg: PCB, ber. als Chlophen A 60: 0,55 mg/kg Fett) (OG)."

„Die seit mehreren Jahren laufende Untersuchung von Humanmilch wurde weitergeführt. Insgesamt 426 Proben wurden vorwiegend auf Rückstände von persistenten Pflanzenschutzmitteln und auf Verunreinigungen mit PCB untersucht. Bei einer größeren Anzahl der Proben wurden die Schwermetalle Blei, Cadmium und Quecksilber bestimmt. Rückstände und Verunreinigungen wurden, wie auch in den zurückliegenden Jahren, in allen Proben gefunden.

Bei den Pflanzenschutzmitteln war eine weitere Abnahme von Gesamt-DDT und HCB erkennbar. Bei den anderen chlororganischen Pflanzenschutzmitteln und bei PCB waren weder eine Abnahme noch eine Zunahme festzustellen." (S).

Polychlorierte Dibenzofurane und Dibenzodioxine

„Polychlorierte Dibenzofurane (PCDF) und Dibenzodioxine (PCDD) sind Verbindungen, die offenbar schon seit längerer Zeit bei Verbrennungsvorgängen und einigen chemisch-technischen Prozessen gebildet werden. Dennoch gibt es erst seit wenigen Jahren Erkenntnisse über die Verbreitung dieser Stoffe in der Umwelt und die Belastung der Bevölkerung. Dies ist insbesondere darauf zurückzuführen, daß diese Stoffe nur in äußerst geringen Konzentrationen vorkommen: Human- und Lebensmittelproben weisen Gehalte im ppt- und ppq-Bereich auf (ppt = parts per trillion = 10^{-12} = Picogramm [pg] pro Gramm; ppq = parts per quadrillion $= 10^{-15} =$ Femtogramm (fg) pro Gramm). Erst seit wenigen Jahren verfügt die Rückstandsanalytik über die erforderlichen apparativen Voraussetzungen, um diese geringen Spuren noch genau zu bestimmen. Da es insgesamt 210 verschiedene PCDDs und PCDFs gibt, die sich auch in ihrer Toxizität stark unterscheiden, ist es erforderlich, diese Bestimmungen auch isomerenspezifisch abzusichern.

Der hohe Aufwand für jede einzelne Analyse ist Ursache dafür, daß wir heute immer noch lückenhafte Informationen über diese Stoffe und ihre Verbreitung besitzen. Für die Verbindung mit der höchsten Toxizität, das 2,3,7,8-TCDD, wird vom Bundesgesundheitsamt und vom Umweltbundesamt ein Bereich von 1–10 pg/kg KG/d als tolerierbare Dosis angesehen (Bericht „Sachstand Dioxine-Stand November 1984"). Daher sind trotz der äußerst geringen Konzentrationen weitere Kenntnisse über die Verbreitung dieser Stoffe in der Umwelt und die Belastungspfade für den Menschen unabdingbar.

Wegen der erheblichen gesundheitspolitischen Bedeutung der Belastung der Muttermilch mit Schadstoffen wurden im Bundesgesundheitsamt weitere Frauenmilchproben untersucht. Die Bestimmung der PCDD- und PCDF-Gehalte erfolgt nach einem aufwendigen Extraktions- und Aufbereitungsverfahren mittels Kapillarsäulen-Gaschromatographie und hochauflösender Massenspektrometrie.

Von den 210 existierenden PCDDs und PCDFs werden nur 15 Verbindungen in Frauenmilch gefunden. Dies ist insofern bemerkenswert, weil in Umweltproben und Emissionen (z. B. Flugasche) auch viele andere PCDDs und PCDFs in teilweise erheblich höheren Konzentrationen gefunden werden. Die in Frauenmilch festgestellten Isomere weisen alle eine Chlorsubstitution in den Stellungen 2,3,7 und 8 des Dibenzodioxins bzw. Dibenzofurans auf. Offensichtlich ist eine derartige Substitution gegenüber biologischem Abbau besonders persistent. Obendrein sind neben dem hochtoxischen 2,3,7,8-TCDD auch die anderen 2,3,7,8-substituierten Tetra- bis Hexachlor-PCDDs und PCDFs zu den toxischen Isomeren dieser Substanzklasse zu zählen. Ferner fällt auf, daß die Summe aller Dioxine rund zehnmal größer ist als die der Furane. Nur bei den Pentachlorverbindungen ist die Konzentration der Furane größer als die der Dioxine. Dies deutet auf längere Halbwertszeiten der PCDD gegenüber den PCDF hin.

Die Streuung der Werte, d.h. die Spanne zwischen Minimum und Maximum der einzelnen Verbindungen, ist auffallend gering und liegt größtenteils innerhalb einer Zehnerpotenz. Vergleicht man einzelne Proben miteinander, so fallen die ähnlichen Konzentrationsverhältnisse der einzelnen Verbindungen zueinander auf. Angesichts der vielen unterschiedlichen Emissionsquellen ist das einheitliche Kontaminationsmuster bemerkenswert.

Wenn auch aufgrund der geringen Probenzahl das vorliegende Datenmaterial nicht für eine statistisch abgesicherte Aussage herangezogen werden kann, so ist dennoch festzustellen, daß bisher offensichtlich keine signifikanten regionalen Unterschiede in der PCDD/PCDF-Belastung von Frauenmilch vorliegen oder diese Unterschiede zumindest nicht groß sein können. Diese Aussage wird durch die Daten anderer Chemischer Untersuchungsämter (Münster und Oldenburg) untermauert, die mit den hier ermittelten Ergebnissen gut übereinstimmen. Das bedeutet aber auch, daß der Einfluß lokaler Emissionsquellen auf die Unterschiede in den PCDD- und PCDF-Gehalten der Frauenmilch nur von untergeordneter Bedeutung ist.

Wegen der denkbaren Auswirkungen dieser Schadstoffbelastungen auf die Frage der Stillempfehlungen hat sich auch die WHO mit dieser Problematik befaßt, indem sie zur Bestimmung der PCDD und PCDF in Frauenmilch zunächst einen Ringversuch durchführte, um die Vergleichbarkeit der Analysenergebnisse zu gewährleisten. Anschließend wurden in einer Feldstudie in den einzelnen Ländern nach gemeinsamen Kriterien Frauenmilchproben gesammelt und analysiert. An beiden WHO-Studien hat das BGA erfolgreich teilgenommen. Die Ergebnisse der Feldstudie zeigen, daß die in der Bundesrepublik gemessenen PCDD- und PCDF-Gehalte mit denen der anderen industrialisierten Länder gut übereinstimmen.

Für eine Abschätzung des Risikos einer PCDD- und PCDF-Belastung werden die Konzentrationen der einzelnen Isomere nach Einstufung ihrer Toxizität mit den von BGA und Umweltbundesamt vorgeschlagenen Faktoren in „TCDD-Äquivalente" (TE) umgerechnet und summiert.

Daraus ergibt sich für einen Säugling von 5 kg Körpergewicht (KG), der mit 800 ml Frauenmilch (3% Fett) gestillt wird, im Mittel eine Aufnahme von 87 pg TE/kg KG/d (s. Tab 4). Vergleicht man diese Mengen mit der im Bericht „Sachstand Dioxine – Stand November 1984" vorgeschlagenen tolerierbaren Dosis von 1–10 pg TCDD/kg KG/d bei einer lebenslangen täglichen Aufnahme, so erkennt man, daß dieser Wert erheblich überschritten wird. Es muß allerdings betont werden, daß diese am ADI-Konzept orientierte Vorgehensweise kein wissenschaftliches Verfahren für die Ermittlung eines realen Risikos ist, vielmehr nur ein Hilfsmittel für administrative Grenzwertfestsetzung darstellt. Außerdem ist die relativ kurze Zeit des Stillens gegenüber einer lebenslangen täglichen Aufnahme zu berücksichtigen.

Es gibt bisher keine Untersuchung, die aus diesen Schadstoffbelastungen der Frauenmilch ein gesundheitliches Risiko für den Säugling belegt. Demgegenüber sind die vielfältigen Vorteile des Stillens in zahlreichen Arbeiten nachgewiesen worden. In Übereinstimmung mit der WHO sieht das BGA daher trotz dieser relativ hohen Gehalte an PCDD und PCDF in der Frauenmilch keine Gründe, die eine Einschränkung des Stillens rechtfertigen würden.

Aus der Sicht des vorbeugenden Gesundheitsschutzes sollte trotzdem an Maßnahmen zur Minimierung aller PSDD/PSDF-Emissionen gearbeitet werden" (BGA).

„Als Entstehungsquellen für polychlorierte Dibenzodioxine (PCDD) und Dibenzofurane (PCDF) sind nach dem derzeitigen Erkenntnisstand insbesondere

Tabelle 3. Dioxin-Äquivalent-Konzentrationen in Humanmilch von 74 Proben aus der Bundesrepublik Deutschland (pg/g Fett)

	Minimum	Maximum	Mittelwert
Dioxin-Äquivalente	6	39	18

Tabelle 4. Tägliche Aufnahme von PCDD und PCDF (pg/kg KG/d) eines Säuglings aus Frauen-milch (n = 74)

	Minimum	Maximum	Mittelwert
2,3,7,8-TCDD	6	47	18
Dioxin-Äquivalente	29	190	87

die Herstellung von Chlorphenolen und ihren Derivaten (Herbicide vom Chlor-phenoxyessigsäure-Typ), die Herstellung von Polychlorierten Biphenylen (PCB) und anderen chlorierten aromatischen Verbindungen, von bestimmten Metall-chloriden, die Zellstoffbleichung, Müllverbrennung, Hausbrand und andere Ver-brennungsprozesse von Bedeutung, wobei PCDD/PCDF als unerwünschte Ne-benprodukte in geringsten Spuren gebildet werden. In der Umwelt reichern sich PCDD/PCDF als schwerabbaubare fettlösliche Substanzen in der Nahrungskette an. Von besonderem toxikologischem Interesse sind hierbei die 2,3,7,8-substitui-erten Tetra- bis Hexa-CDD/CDF, das sogenannte „dirty dozen", da diese eine hohe Toxizität und in der Regel auch hohe Stabilität aufweisen.

Im Berichtsjahr wurden in beschränktem Umfang Untersuchungen auf PCDD/ PCDF in Humanmilch, Kuhmilch und Flußfischen durchgeführt. Eine Übersicht über die Ergebnisse ist den folgenden Tabellen zu entnehmen.

Humanmilch-Sammelproben

Ca. 20–30 ml von etwa 25 verschiedenen Humanmilch-Sammelproben wurden untersucht. Insgesamt 10 solcher Humanmilch-Sammelproben wurden unter-sucht. Die Ergebnisse stellen somit einen Quasi-Durchschnittsgehalt von ca. 250 Einzelmilch-Proben dar und geben einen Überblick über die mittlere Belastung der Humanmilch von Frauen aus Baden-Württemberg mit PCDD/PCDF. Außer 2,3,7,8-substituierten PCDD/PCDF konnten keine anderen PCDD/PCDF gefun-den werden. Die Gehalte und das Verteilungsmuster stimmten außerordentlich gut mit den Ergebnissen anderer Laboratorien in der Bundesrepublik und in Europa überein, so daß daraus geschlossen werden kann, daß, zumindest in der Bundesrepublik, eine weitgehend gleichmäßige Belastung von Humanmilch mit PCDD/PCDF vorliegt (Tabelle 5).

Humanmilch-Einzelproben

Die Ergebnisse entsprechen denen der Humanmilch-Sammelproben, mit dem Unterschied, daß zwischen den einzelnen Proben größere Unterschiede im Gehalt an PSDD/PCDF festzustellen sind, was jedoch zu erwarten ist, da der nivellierende Effekt des Mischens hier nicht gegeben ist. Eine Probe fiel insbesondere durch überraschend hohe Gehalte an 2,3,7,8-TCDD und -TCDF, 1,2,3,7,8- und 2,3,4,7,8-P5CDF sowie 1,2,3,7,8,-P5CDD auf (Tabelle 6).

Tabelle 5. 2,3,7,8-substituierte PCDD/PCDF in Humanmilch-Sammelproben (ng/kg Fett)
Probenzahl: 10

Stoff	Mittelwert (alle Befunde)	Niedrigster Wert	Höchster Wert
Fett (%)	3,28	3,0	3,7
2,3,7,8-TCDF	2,2	< 0,5	4,0
2,3,7,8-TCDD	3,8	2,9	5,1
1,2,3,7,8-P5CDF	0,5	< 0,3	1,0
2,3,4,7,8-P5CDF	35,3	27	43
1,2,3,7,8-P5CDD	10,4	7,9	15
1,2,3,4,7,8-H6CDF	8,0	5,4	12
1,2,3,6,7,8-H6CDF	6,0	4,0	7,8
2,3,4,6,7,8-H6CDF	2,9	2,0	4,2
1,2,3,7,8,9-H6CDF	0,0	< 0,1	< 0,7
1,2,3,4,7,8-H6CDD	9,8	6,6	16
1,2,3,6,7,8-H6CDD	34,9	23	27
1,2,3,7,8,9-H6CDD	7,0	3,9	11
1,2,3,4,6,7,8-H7CDF	7,4	3,9	18
1,2,3,4,7,8,9-H7CDF	0,1	< 0,2	1,9
1,2,3,4,6,7,8-H7CDD	66,7	42	109
OCDF	1,9	< 0,8	19
OCDD	572,2	379	1008
Toxizitätsbewertung der Humanmilch-Sammelproben			
Tägliche Verzehrsmenge: 150 g/kg Körpergewicht (KG)			
Summe Toxizitätsäquivalente (BGA, ng/kg)	0,558	0,4	0,77
Aufgenommene Toxizitätsäquivalente (pg/kg KG·d)	83,7	60	115,5
Sicherheitsabstand zum No-effect-level (NOEL) von 1 ng/kg KG·d (NOEL / aufgenommene Toxizitätsäquivalente)	12,4	8,7	16,7

TCDF:	Tetrachloridbenzofuran	H6CDF:	Hexachlordibenzofuran
TCDD:	Tetrachlordibenzodioxin	H6CDD:	Hexachlordibenzodioxin
PCDF:	Polychlorierte Dibenzofurane	H7CDF:	Heptachlordibenzofuran
P5CDF:	Pentachlordibenzofuran	H7CDD:	Heptachlordibenzodioxin
PCDD:	Polychlorierte Dibenzodioxine	OCDF:	Octachlordibenzofuran
P5CDD:	Pentachlordibenzodioxin	OCDD:	Octachlordibenzodioxin

Zur Toxizitätsbewertung

Die tägliche Verzehrmenge bei Humanmilch wurde einer Publikation von Neubert entnommen (VCI Schriftenreihe Chemie und Fortschritt, 1/1985, 21–25); die übrigen täglichen Verzehrmengen entstammen dem Ernährungsbericht 1984 der DGE, wobei bei Milch der Wert „Milch, gesamt" und bei Fischen der Wert für „Fisch und Fischwaren, gesamt" zugrunde gelegt wurde.

Zur Berechnung des Gehaltes der Proben an 2,3,7,8-TCDD-Toxizitätsäquivalenten (= Summe Toxizitätsäquivalente) wurden die Umrechnungsfaktoren des

Tabelle 6. 2,3,7,8-substituierte PCDD/PCDF in Humanmilch-Einzelproben (ng/kg Fett)
Probenzahl: 4

Stoff	Mittelwert (alle Befunde)	Niedrigster Wert	Höchster Wert
Fett (%)	4,3	3,4	6,5
2,3,7,8-TCDF	12,3	< 1,8	39
2,3,7,8-TCDD	7,6	1,5	14
1,2,3,7,8-P5CDF	6,0	< 0,5	23
2,3,4,7,8-P5CDF	37,0	12	59
1,2,3,7,8-P5CDD	12,5	3,0	20
1,2,3,4,7,8-H6CDF	7,8	2,0	12
1,2,3,6,7,8-H6CDF	6,4	1,4	10
2,3,4,6,7,8-H6CDF	1,7	< 3,7	3,6
1,2,3,7,8,9-H6CDF	0,6	< 0,3	2,5
1,2,3,4,7,8-H6CDD	7,6	2,0	14
1,2,3,6,7,8-H6CDD	30,1	7,7	64
1,2,3,7,8,9-H6CDD	7,4	1,1	17
1,2,3,4,6,7,8-H7CDF	5,0	2,1	9
1,2,3,4,7,8,9-H7CDF	0,0	< 0,4	< 3,4
1,2,3,4,6,7,8-H7CDD	42,0	16	86
OCDF	0,0	< 0,9	< 20
OCDD	399,7	183	796
Toxizitätsbewertung der Humanmilch-Einzelproben			
Tägliche Verzehrsmenge: 150 g/kg Körpergewicht (KG)			
Summe Toxizitätsäquivalente (BGA, ng/kg)	0,889	0,21	1,17
Aufgenommene Toxizitätsäquivalente (pg/kg KG·d)	133,3	31,4	175
Sicherheitsabstand zum No-effect-level (NOEL) von 1 ng/kg KG·d (NOEL / aufgenommene Toxizitätsäquivalente)	12,4	5,7	31,8

TCDF:	Tetrachloridbenzofuran	H6CDF:	Hexachlordibenzofuran
TCDD:	Tetrachlordibenzodioxin	H6CDD:	Hexachlordibenzodioxin
PCDF:	Polychlorierte Dibenzofurane	H7CDF:	Heptachlordibenzofuran
P5CDF:	Pentachlordibenzofuren	H7CDD:	Heptachlordibenzodioxin
PCDD:	Polychlorierte Dibenzodioxine	OCDF:	Octachlordibenzofuran
P5CDD:	Pentachlordibenzodioxin	OCDD:	Octachlordibenzodioxin

Bundesgesundheitsamtes (Sachstand Dioxine, November 1984. Umweltbundesamt, S. 264) herangezogen. Diese berücksichtigen die Toxizität der unterschiedlichen PCDD/PCDF im Vergleich zum 2,3,7,8-TCDD -Toxizitätsäquivalente. Die aufgenommenen Toxizitätsäquivalente errechnen sich durch Multiplikation der täglichen Verzehrmenge mit der Summe der 2,3,7,8-TCDD-Toxizitätsäquivalente.

Der No-effect-level (Noel), bei dem im Tierversuch bei lebenslanger Zufuhr gerade noch keine Wirkung beobachtet werden kann, beträgt für 2,3,7,8-TCDD 1 ng/KG KG·d). Der Sicherheitsabstand ist der Quotient aus NOEL (pg/kg KGd) durch die aufgenommenen 2,3,7,8-TCOD-Toxizitätsäquivalente (pg/kg KG·d).

Ein Sicherheitsabstand von 10 000 bedeutet somit, daß das 10 000fache der durchschnittlichen Verzehrmenge des betreffenden Lebensmittels aufgenommen werden könnte, ohne daß eine Schädigung zu befürchten wäre" (S).

Schwermetalle

In den letzten Jahren wurde auch intensiv die Belastung der Frauenmilch mit toxischen Schwermetallen überprüft. In einer neuen Arbeit von Zuhair, Sachde und Bundt[1] aus der Chemischen und Lebensmitteluntersuchungsanstalt Hamburg wird folgendes zusammengefaßt:

„Die Ergebnisse für die toxischen Elemente Pb, Cd, Hg, As und Tl waren in den meisten Fällen unauffällig und gaben keinen Anlaß zu Bedenken. Diese Ergebnisse zeigen auch die Humanmilchuntersuchungen von Baden-Württemberg für die Elemente Blei, Cadmium und Quecksilber[11]. Der mütterliche Organismus wirkt für toxische Metalle weitgehend als biologische Schranke, so daß deren Gehalte in der Humanmilch als unbedenklich zu betrachten sind (ZEBS)[19].

Auffallend hohe Quecksilbergehalte von 19, 24 und 30 μg/l wurden jedoch in 3 der 79 Humanmilchproben festgestellt. Diese Proben stammten von Müttern, die durch ihre beruflichen Expositionen Quecksilberdämpfe durch Inhalation aufgenommen haben könnten (Zahnärztin, Zahnarztgehilfin). Ob diese Vermutung bestätigt wird, müssen weitere Untersuchungen zeigen. Es ist jedoch bekannt, daß elementares Quecksilber aufgrund seines hohen Dampfdruckes bei Raumtemperatur sehr flüchtig und somit der wichtigste Resorptionsweg die Inhalation ist. Im Hinblick auf die einatomige Struktur und gute Fettlöslichkeit gelangt Quecksilber sehr leicht in den menschlichen Körper. Aus klinischen Daten von Vergiftungsfällen hat die WHO[21] eine vorläufige duldbare wöchentliche Aufnahmemenge von 290 μg Quecksilber pro Person (58 kg Körpergewicht bei Frauen) abgeleitet. Berechnet man dieses für das Gewicht eines Säuglings von durchschnittlich 5 kg, so ist die berechnete Auslastung des WHO-Wertes mit 25 μg bereits erreicht. Es muß jedoch berücksichtigt werden, daß die Verhältnisse beim Säugling anders als beim Erwachsenen liegen[10], so daß niedrigere Konzentrationen gefordert werden müssen."

„Die seit 1980 durchgeführten Untersuchungen von Muttermilch auf Schwermetalle wurden im Berichtsjahr fortgesetzt. Die Gehalte an Blei und Quecksilber erreichten in keinem Falle die zur Bewertung herangezogenen Richtwerte für Kuhmilch. Der Richtwert für Cadmium (0,0025 mg/kg) wurde von einer Probe

[1] Sachde, G., J. Bundt: Bestimmung von gesundheitlich relevanten Metallen und essentiellen Spurenelementen in Humanmilch von Hamburger Frauen. Dtsch. Lebensm.-Rdsch. 85, 108–111 (1989)
[11] Miethke, H., A. Heffter u. W. Jörtig: Humanmilch-Untersuchungen 1980–1986. Dtsch. Lebensm.-Rdsch. 84, 137–143 (1988).
[19] Weigert, P.: ZEBS-Info Nr. 1., 5. Jahrgang (1983).
[21] WHO: Evaluation of certain food additives and contaminants. Joint FAO/WHO Expert-Committee on Food Additives WHO. Technical Report Series, No. 631, Geneva (1978).

Tabelle 7.

	N	Ele-ment	n	Minimal-wert	Maximal-wert	Mittel-wert	Richt-wert/ Höchst-menge
				mg/kg	mg/kg	mg/kg	mg/kg
0101 Humanmilch	69	Pb	69	< 0,010	0,048	0,011	
		Cd	69	< 0,001	0,004	< 0,001	
		Hg	69	< 0,005	< 0,005		

Bei der Mittelwertbildung wurde für Werte unter der Bestimmungsgrenze die halbe Bestimmungsgrenze eingesetzt.

N = Zahl der Proben,

n = Zahl der Bestimmungen,

> H = Proben mit Überschreitungen von Höchstmengen bzw. Grenzwerten (PF).

(0,028 mg/kg) überschritten. Ursache war, wie schon in den vergangenen Jahren mehrmals festgestellt, die Cadmiumlässigkeit des Gummiballs der verwendeten Milchpumpe" (OG).

4.2 Bestrahlung von Lebensmitteln

Seit vielen Jahren wird die Anwendung einer neuen Konservierungsart, die Bestrahlung von Lebensmitteln mit ionisierenden Strahlen, diskutiert. Ionisierende Strahlen, vorwiegend werden β- und γ-Strahlen verwendet, sind sehr energiereich und zerstören in Zellen von Mikroorganismen lebenswichtige Moleküle, so daß diese abgetötet werden. Als Strahlenquelle finden beispielsweise radioaktive Isotope der Elemente Kobalt und Cäsium Verwendung. Gegner der Bestrahlung von Lebensmitteln führen an, daß im Lebensmittel nicht nur Mikroben abgetötet werden, sondern auch lebensmittelspezifische Inhaltsstoffe (z. B. Vitamine) zerstört werden und unkontrolliert neue, in ihren Auswirkungen nicht bekannte Stoffe entstehen können. Die Befürworter argumentieren damit, daß in den zahlreichen Untersuchungen, darunter auch viele Tierexperimente, sich bisher keinerlei Hinweise auf eine gesundheitliche Bedenklichkeit durch bis zu 1 Mio rad bestrahlte Lebensmittel ergeben haben.

In der Bundesrepublik Deutschland ist die Bestrahlung von Lebensmitteln nach dem Lebensmittel- und Bedarfsgegenständegesetz, im Gegensatz zu vielen anderen Ländern (darunter auch einige unserer Nachbarländer) grundsätzlich verboten. Für die Lebensmittelüberwachungsbehörden besteht dadurch die Notwendigkeit, Untersuchungsverfahren zu entwickeln, die einen Nachweis der Bestrahlung bei importierten Lebensmitteln gestatten. Bisher gibt es jedoch nur wenige in der allgemeinen Routinekontrolle einsetzbare Methoden. Lediglich bei bestrahlten Gewürzen und Trockengemüse ist eine sichere Erkennung der Bestrahlung möglich. Bei anderen Lebensmitteln, wie Erdbeeren, Garnelen und anderen fetthaltigen bzw. eiweißhaltigen Lebensmitteln, sind Untersuchungsverfahren in der Entwicklung.

Erste Ergebnisse der Überprüfung von Bestrahlungen werden aus Karlsruhe gemeldet:

„Die CLUA Karlsruhe ist im Rahmen der amtlichen Lebensmittelüberwachung seit 1987 zentrale Meßstelle in Baden-Württemberg für den Nachweis einer erfolgten Bestrahlung von Lebensmitteln mit ionisierenden Strahlen. Die angewandten Methoden zur Messung der Chemi- (CL) und Thermolumineszenz (TL) eignen sich zur Überprüfung von wasserarmen Lebensmitteln.

Insgesamt wurden 277 Lebensmittel und 54 Arzneimittel untersucht.

Die Lebensmittel gliedern sich wie folgt:

Gewürze, Gewürzmischungen, Gewürzzubereitungen:	222
Trockengemüse:	27
Trockenpilze:	14
Milchpulver:	8
Kakao und Tee:	6
An Arzneimitteln wurden geprüft:	
Arzneiliche Drogen:	45
Puder und Pudergrundlagen:	6
Gelatinekapseln:	3

Die Lebensmittelproben wurden überwiegend bei Gewürzherstellern, -importeuren und weiterverarbeitenden Betrieben in Baden-Württemberg erhoben, daneben auch im Einzelhandel. Ein besonderer Schwerpunkt wurde auf Gewürzzubereitungen zur Herstellung von Fleisch- und Wurstwaren gelegt.

Die Anwendung ionisierender Strahlen war bei *keiner* Probe nachweisbar.

Daneben wurde in einem Bestrahlungs- und Lagerversuch mit 60 Gewürz- und Gemüsearten (insgesamt 120 Proben) geprüft, wie lange die Lumineszenz von bestrahlten Proben gegenüber unbestrahlten Kontrollproben deutlich erhöht ist. Die Bestrahlung erfolgte mit einer Dosis von 10 kGy und wurde dankenswerterweise in der Bundesforschungsanstalt für Ernährung, Karlsruhe, und im Institut für Strahlenhygiene des Bundesgesundheitsamtes durchgeführt.

Ergebnis:

- Bei lediglich sechs Gewürz- und Gemüsearten war die Lumineszenz nach Bestrahlung nicht signifikant erhöht.
- Bei folgenden Trockenlebensmitteln ist die Lumineszenz mindestens sechs Monate lang signifikant erhöht und eine Bestrahlung damit nachweisbar: Basilikum, Kakao, Kreuzkümmel, Liebstöckel, Lorbeerblatt, Milchpulver, Orangenschalen, Oregano, Senfsaat, Zitronenschalen.
- Bei folgenden Trockengemüsen ist die Bestrahlung mindestens ein Jahr lang nachweisbar: Knoblauch, Spargel, Spinat, Zwiebelblätter.

– Bei folgenden Produkten ist die Bestrahlung mindestens $1^1/_2$ Jahre lang nachweisbar: Anis, Bohnenkraut, Chillies, Cumin, Curcuma, Curry, Dill, Karotten, Koriander, Majoran, Paprika, Petersilie, Pfeffer schwarz, Pilze, Salbei, Schnittlauch, Sellerieblätter, Selleriesaat, Thymian, Zimt.
(Hierunter fallen mit Pfeffer und Paprika die mengenmäßig am häufigsten in die BR Deutschland importierten Gewürze)" (KA).

4.3 Tetrachlorethen aus chemischen Reinigungsanlagen – Übergang auf Lebensmittel

Die Kontamination von Lebensmitteln mit Tetrachlorethen (kurz auch Per genannt), die in unmittelbarer Nachbarschaft von chemischen Reinigungsanlagen hergestellt oder zum Verkauf angeboten werden, wurde im Berichtsjahr von fast allen Chemischen und Lebensmitteluntersuchungsanstalten weiterverfolgt.

Zwischenzeitlich ist eine Verordnung über Höchstmengen an bestimmten Lösungsmitteln verkündet worden. Diese sogenannte „Lösungsmittel-Höchstmengenverordnung" trat am 1. Januar 1989 in Kraft und verbietet Lebensmittel gewerblich in den Verkehr zu bringen, deren Gehalt an Tetrachlorethen (Perchlorethylen), Trichlorethen (Trichlorethylen) oder Trichlormethan (Chloroform) für einen dieser Stoffe 0,1 mg/kg oder insgesamt 0,2 mg/kg überschreitet.

Mit dieser Verordnung ist zwar eine Rechtssicherheit in der Beurteilung und Weiterverfolgung lösungsmittelkontaminierter Lebensmittel eingetreten. Fraglich ist jedoch, ob die Verordnung für den Verbraucher wirksam sein kann. Es ist fast nicht zu erwarten, daß Betreiber von Lebensmitteleinzelhandelsgeschäften, Bäkkereien oder Metzgereien in der Nachbarschaft von chemischen Reinigungen ihre angebotenen Waren in der Praxis überhaupt überprüfen können. Auf alle Fälle bleibt der eigentliche Verursacher der Lebensmittelverunreinigung, die chemische Reinigung, ungeschoren.

Erfahrungen bei Lebensmitteluntersuchungen haben verschiedentlich gezeigt, daß auch bei Einhaltung aller gewerberechtlichen Vorschriften die diffusen Emissionen aus chemischen Reinigungsbetrieben ausreichen können, um Lebensmittel über die jetzt vorgeschriebenen Höchstgehalte hinaus mit Tetrachlorethen zu kontaminieren. Problematisch wird es in jedem Fall für Lebensmittelbetriebe sein, die direkten Kontakt zur Chemischen Reinigung haben und die fetthaltige Lebensmittel verkaufen.

„Die Probenahme von Lebensmitteln im Einflußbereich von chemischen Reinigungen wurden in Zusammenarbeit mit der Gewerbeaufsicht planmäßig fortgesetzt. Die Kontrolle und Untersuchung von insgesamt 436 Lebensmittelproben ergab folgende neueren Erkenntnisse:

– Hohe Gehalte wurden bei tiefgefrorenen Lebensmitteln, wie z. B. Speiseeis festgestellt. Offensichtlich wirkt die Tiefkühltruhe ähnlich einer Kältefalle und nimmt Lösungsmittel aus der Raumluft verstärkt auf. Hohe Belastungen wurden auch bei fetthaltigen Lebensmitteln und Backwaren festgestellt.

– Bei der Probeentnahme wurden auch alle überprüften Betriebe aus dem Jahre 1987 mit berücksichtigt. Hierbei stellte sich heraus, daß selbst in Betrieben, aus denen die chemischen Reinigungen entfernt worden waren, weiterhin noch Per-Rückstände in den Lebensmitteln festgestellt wurden, die jedoch im Vergleich zum Vorjahr deutlich geringer waren. Offensichtlich sind das Mauerwerk und die Räumlichkeiten immer noch mit Lösungsmittelresten kontaminiert, die sich erst langsam verflüchtigen. Folgendes Beispiel macht dies sehr deutlich:

In den Nebenräumen einer ehemaligen Chemischen Reinigung war die Einrichtung einer Gaststätte geplant. Obwohl ein neuer Bodenestrich und ein neuer Wandverputz angebracht wurden, waren bei späteren Luftmessungen immer noch erhöhte Werte festzustellen. Dies zeigt, daß zur Zeit noch keine baulichen und technischen Empfehlungen für Sanierungsmaßnahmen gegeben werden können.

Wie die bisherigen Untersuchungen von Proben zeigen, sind langfristig befriedigende Lösungen nur durch völliges Entfernen der Chemischen Reinigungen aus den Lebensmittelbetrieben zu erreichen. Bauliche und technische Maßnahmen zeigten oftmals nicht den gewünschten Erfolg. 19 Chemische Reinigungen wurden durch Anordnung oder freiwillig aus Lebensmittelmärkten entfernt. Das Ausweichen auf Fluorchlorkohlenwasserstoffe ist, abgesehen von den umweltschädigenden Bedenken gegen diese Stoffgruppe (Ozonloch), keine Lösung, weil auch diese Lösungsmittel zu geringen Rückständen in den Lebensmitteln führen.

Bei einer Chemischen Reinigung, die angeblich auf Fluorchlorkohlenwasserstoffe umgestellt hatte, wurde als Abfall eine ölige, stark nach Perchlorethylen riechende Flüssigkeit vorgefunden. Bei der Untersuchung wurde festgestellt, daß die verwendete Reinigungslösung aus einer Mischung von Fluorchlorkohlenwasserstoff und überwiegend Perchlorethylen bestand. In einem zweiten Falle wurde Perchlorethylen dem verwendeten Fluorchlorkohlenwasserstoff zudosiert, angeblich um die Reinigungswirkung zu verbessern" (S).

„Pflanzliche und tierische Lebensmittel aus Lebensmittelbetrieben im Umfeld chemischer Reinigungen
61 Proben
22 Beanstandungen
Infolge eines Rohrbruchs in einer chemischen Reinigung kam es zu einem etwa 5minütigen Austritt von Perchlorethylen. Da die Reinigung in einem City-Rondell zusammen mit 6 Lebensmittelgeschäften bzw. Verkaufsständen und 3 Restaurants untergebracht war, verteilte sich das Perchlorethylen im gesamten Gebäude. 12 kurz nach dem Unfall erhobene Proben von Backwaren, Käse, Fleischerzeugnissen und Tee aus Verkaufsständen in unmittelbarer Nähe der Reinigung wiesen Perchlorethylen-Gehalte von 0,28–5,0 mg/kg auf. Nach 2 und 9 Tagen wurden bei der Untersuchung von 22 Lebensmittelproben aus allen Betrieben im City-Rondell in 4 Proben noch Perchlorethylen-Gehalte über 1 mg/kg und in 8 Proben Gehalte von 0,1–1 mg/kg festgestellt.

Beanstandet wurden insgesamt 6 Proben Käse und Wursterzeugnisse mit Perchlorethylen-Gehalten über 1 mg/kg Lebensmittel nach § 17 Abs. 1 Nr. 1 LMBG als nicht zum Verzehr geeignet. Bei Gehalten über 0,1 mg/kg erfolgte eine Beanstandung nach den Landes-Hygiene-Verordnungen für Back- und Fleischwaren (Bäckerei-Hygiene-VO und VO über die Hygiene im Verkehr mit Lebensmitteln tierischer Herkunft).

Nach diesem Perchlorethylen-Unfall mit seinen Folgen stellte der Inhaber der chemischen Reinigung seinen Betrieb im City-Rondell auf eine Annahmestelle um und lagerte seine Reinigungsmaschinen ins Gewerbegebiet aus.

Untersuchungen von Lebensmitteln aus 6 weiteren Bäckereien und Metzgereien im Emissionsbereich chemischer Reinigungen ergaben in 3 Fällen Perchlorethylen-Gehalte von 0,1–1,0 mg/kg Lebensmittel.

In 2 Betrieben wurde die Kontaminationsquelle beseitigt, indem die Reinigungen in Annahmestellen umgewandelt wurden. Der dritte Betrieb ist nach wie vor ein Problemfall. Wenn die vorgesehene Lösungsmittel-Höchstmengen-VO mit einer Höchstmenge von 0,1 mg Per/kg Lebensmittel in Kraft tritt, könnte auch dieser Fall mit rechtlichen Mitteln geklärt werden.

In sämtlichen Proben, die aus Lebensmittelbetrieben außerhalb des Einflußbereiches chemischer Reinigungen entnommen wurden, war Perchlorethylen nicht nachweisbar" (OG).

„In einem früher von einer Chemischen Reinigung genutzten Gewerberaum sollte ein Imbißbetrieb eingerichtet werden. Um sicherzustellen, daß keine PER-Rückstände in dem Raum mehr vorhanden wären, wurde ein Stück Butter (PER-frei) offen ausgelegt und nach 48 Stunden der Analyse auf PER mittels Headspace-Kapillargaschromatographie (Methodenentwurf § 35 LMBG) zugeführt. Als Ergebnis war eine eindeutige Kontamination mit PER festzustellen. Daraufhin wurden Untersuchungen am Wandputzmaterial durchgeführt. Hier zeigte sich eine deutliche Belastung mit PER, obwohl der Wandputz keine Fettsubstanzen enthielt. Eine Erklärung dafür liegt in der jahrelangen Emission von PER in den Gewerberaum und Ansammlung in dem gasdurchlässigen Wandmaterial. Wie lange die Diffusion von PER aus dem Wandmaterial anhält kann nur durch Langzeitmessung festgestellt werden.

Um zu prüfen wieviel Perchlorethylen auf fetthaltige Backwaren übergehen kann, wurde ein vollkommen unbelasteter Nougatring in einen Glaszylinder mit Deckel (50 cm Höhe, Durchmesser 25 cm) eingebracht. Die Gasphase wurde mit 10 μl PER versetzt. Der subjektive Geruchsbefund der Gasphase ergab einen Hinweis auf PER. Die Einwirkungsdauer betrug 24 Stunden. Hierbei zeigte sich, daß der PER-Gehalt in der Lebensmittelprobe deutlich anstieg (bis zu 5 mg/kg). Aus den Ergebnissen ist abzuleiten, daß in Räumen, die sich an oder über einer Chemischreinigung befinden, trotz geruchlicher Nichtwahrnehmung von PER, eine Anreicherung auf Lebensmitteln stattfindet" (DU).

„Auffallend hoch waren auch die Meßwerte in Milchspeiseeis aus einer italienischen Eisdiele, die Wand an Wand neben einer Chemischen Reinigung gelegen ist. Bei der Besichtigung vor Ort wurde festgestellt, daß die Abluft aus den Reinigungsräumen nach hinten und dann etwa in 2-m-Höhe auf den Hof herausgeleitet wurde. Das Abluftrohr endete direkt unterhalb des Schlafzimmerfensters der Eisdielenbesitzer, die sich bereits durch die PER-belastete Luft belästigt fühlten. Versuche, bei denen Butter in dem erwähnten Raum ausgelegt wurde und nach verschiedenen Zeitintervallen die PER-Konzentration gemessen wurde, überzeugten den Besitzer der Chemischen Reinigung schließlich, eine Aktivkohlefilteranlage zusätzlich zu installieren. Die Auswirkung auf den Eisherstellungsbetrieb muß in der kommenden Saison anhand von erneuten Untersuchungen an Eisproben nachvollzogen werden.

In einem anderen Fall sah sich der Bäcker durch die Chemischen Reinigung und das durch diese verursachte PER-Problem in seiner Existenz bedroht. Trotz ständigen Geschlossenhaltens der Eingangstür und Abdecken seiner Waren nahm die PER-Kontamination der Backwaren bei den häufig wiederholten Messungen nicht ab. Die Abluft aus dem Reinigungsbetrieb wurde mehr oder weniger direkt vor das meist geöffnete Fenster der Backstube geblasen. Als Sofortmaßnahme wurde ein Lüftungsrohr installiert, das 2 m über das Dach ragt, und als weitere Maßnahme, um das Problem langfristig zu beheben, sollen entweder im Bereich der Abluftwege Umbauarbeiten durchgeführt werden – die Baugenehmigung liegt bereits vor – oder der Besitzer entschließt sich zum Kauf einer neuen Reinigungsmaschine mit neuartigem System und Filter.

Das überzeugendste Beispiel für wirkungsvoll technische Neuerungen und konsequente Trennung der Bereiche Lebensmittelverkauf und Chemischen Reinigung gab es innerhalb eines Verbrauchermarktes. Noch während der ersten Untersuchungen lag der Bäckereifilialbetrieb über Eck etwa 5 m von der nach vorne offenen Reinigungsannahmetheke entfernt. Direkt dahinter stand die Maschine (geschlossenes System). Die Umluftanlage im Verbrauchermarkt ermöglichte einen gründlichen Luftaustausch. Die Dauerbackwaren mit Fettglasur waren innerhalb eines Tages durch PER im Milligramm-Bereich belastet. Nach den Umbaumaßnahmen liegt jetzt die Chemische Reinigung ca. 25 m von dem Stand der Bäckereifiliale entfernt. Außerdem besitzt die Chemischen Reinigung ein Luftansaug- und -umwälzsystem, das im Markt und so auch vor dem Bäckereistand einen geringen Unterdruck erzeugt; die Abluft wird über Dach nach außen geführt. Die Untersuchungen an den Backwaren erbrachten, daß die PER-Kontamination durch den Umbau auf ein Minimum reduziert worden ist" (DU).

„Bei 62 untersuchten Proben fielen vier Proben durch Überschreitung des aufgrund der Empfehlung des BGA derzeit als Grenzwert der Verkehrsfähigkeit anzusehenden Gehaltes von 1 mg/kg auf. Immerhin weitere 18 Proben wiesen Gehalte über 0,1 mg/kg auf. Diese Proben wären nach Inkrafttreten des entsprechenden Höchstmengenentwurfes vom Verkehr ausgeschlossen. In der Hauptsache handelte es sich hierbei um fetthaltige Backwaren, wie z. B. Berliner, Nougatringe usw.

In den o. g. Überschreitungen der 1 mg/kg-Grenze konnte in einem Fall durch angeordnete bauliche Maßnahmen (Verlegung der Eingangstür, Errichtung einer massiven Mauer mit Aluminiumbeschichtung zur angrenzenden Reinigung statt der vorherigen Spanplattenwand) Erfolg erzielt werden.

Im anderen Fall bereitet zunächst die Ursachenermittlung der PER-Kontamination Schwierigkeiten. Die in einem Verbrauchermarkt direkt neben dem Backwarenverkaufsstand liegende Reinigung (beide Geschäfte mit offener Verkaufsfront) verwendete nachweislich als Lösungsmittel ausschließlich den Fluorchlorkohlenwasserstoff F 113. Ermittlungen vor Ort durch das chemische Untersuchungsamt führten zu der Erkenntnis, daß ein perchlorethylenhaltiges Imprägnierungsmittel verwendet wurde, das in die Reinigungsmaschine eingesprüht wurde und sich auf diese Weise bei dem im Kreislauf betriebenen System das PER allmählich anreicherte. Untersuchungen ergaben, daß das frisch angelieferte F 113 frei von PER war, aus dem laufenden Betrieb entnommenes Lösungsmittel hingegen 4,5 % enthielt. Nach Verwendung eines anderen Imprägnierungsmittels waren die PER-Belastungen der Backwaren unter 0,1 mg/kg reduziert" (HAM).

„In unserem Einzugsbereich sind zwei „Schadensfälle" besonders zu erwähnen. In einem Fall wurden in Fritierfett aus einem Privathaushalt extrem hohe PER-Werte festgestellt (33,7 mg/kg). Verursacher war eine Reinigung, die im selben Gebäude angesiedelt war und hohe Emissionswerte zeigte.

Im zweiten Fall war ein Supermarkt betroffen. Die Lagerräume dieses Betriebes wiesen durch die unsachgemäß entsorgten Rückstände einer ehemaligen Reinigung deutlich meßbare PER-Werte in der Raumluft auf. Lebensmittel verschiedenster Art, die längere Zeit der belasteten Raumluft ausgesetzt waren, enthielten deutlich meßbare Werte an PER. Um die Sanierungsmaßnahmen des Betriebes zu überprüfen, wurden in Zusammenarbeit mit dem Lebensmittel-Überwachungsamt Lagerversuche mit ausgewählten Lebensmitteln durchgeführt" (NE).

„Insgesamt 14 Lebensmittel (Sonnenblumenkerne, Nüsse, Getreideprodukte, Backwaren, Eis, Käse und Schmalz) aus Betrieben, die im Emissionsbereich chemischer Reinigungen liegen, wurden auf Lösungsmittel überprüft. Die Lebensmittel waren nicht zu beanstanden. Die Probenahme erfolgte parallel zu Raumluftmessungen, die das Gewerbeaufsichtsamt Karlsruhe über einen Zeitraum von sieben Tagen durchführte" (PF).

„Auch im Berichtsjahr 1988 wurden wieder Lebensmittelproben aus Geschäften im Gebiet der Stadt Aachen, die in unmittelbarer Nähe von Chemischen Reinigungen liegen, entnommen und auf Perchlorethylen und andere HKW's untersucht. Nennenswerte Mengen an Perchlorethylen und anderen HKW's wurden nicht festgestellt" (AC).

4.4 Das Nitratproblem

Im Hinblick auf eine mögliche Gefährdung der menschlichen Gesundheit durch Methämoglobinämie oder Nitrosaminbildung wird die Untersuchung von Lebensmitteln auf den Nitrat- und Nitritgehalt durchgeführt. Nitrat- und Nitritbestimmungen werden auch durchgeführt, um die Einhaltung rechtlich festgelegter Höchstmengen zu kontrollieren und um mögliche Verfälschungen zu erkennen.

Die direkte Gefahr durch Nitrat ist relativ gering, solange es nicht zu Nitrit reduziert werden kann. „ Die Reduktion von Nitrat zu Nitrit erfolgt innerhalb des Körpers in der Mundhöhle sowie im Magen-Darm-Trakt, außerhalb während einer unsachgemäßen Lagerung von Lebensmitteln oder bei langem Stehenlassen und Warmhalten von zubereiteten Speisen. In beiden Fällen handelt es sich um einen bakteriell verursachten Abbau. Über den Reaktionsweg Nitrat → Nitrit → Nitrosamin steht das Nitrat im Verdacht, ursächlich an der Entstehung von Krebs beteiligt zu sein. In saurer Lösung, z. B. in Lebensmitteln als auch im menschlichen Magen, kann Nitrit mit Aminen unter Bildung von Nitrosaminen reagieren.

Verzehrsstudien ist zu entnehmen, daß bis zu 70 % der in der flüssigen und festen Nahrung enthaltenen Nitratmenge vom Gemüse geliefert wird. Ca. 20 % stammen aus Fleisch und Wurst, die übrigen 10 % verteilen sich auf Obst, Gebäck und Milchprodukte. Nicht berücksichtigt ist in diesen Zahlen das durch Getränke- und Trinkwasserkonsum zugeführte Nitrat.

Gemüse ist also die wesentlichste Nitratquelle in der Nahrung. Nitrat ist ein pflanzeneigener, für das Wachstum unbedingt erforderlicher Stoff. Unsachgemäße Düngung kann jedoch neben anderen Faktoren zu einer übermäßigen Anreicherung dieses Nährstoffes in der Pflanze führen. Überschüssiger Dünger, der ins Grundwasser gelangt, kann darüber hinaus in landwirtschaftlich intensiv genutzten Gegenden erhöhte Nitratgehalte im Grundwasser und damit eventuell im Trinkwasser verursachen. Nitrit kommt dagegen in Lebensmitteln natürlicherweise nicht vor.

Gezielt werden Nitrit- und Nitratsalze (Salpeter) bei der Fleischpökelung und bei der Herstellung bestimmter Schnittkäse zugesetzt. Die auf diesem Weg aufgenommenen Mengen sind jedoch von untergeordneter Bedeutung" (OG).

„In der Bundesrepublik Deutschland gibt es noch keine rechtlichen Bestimmungen über die maximal zulässige Aufnahme an Nitrat. Die Weltgesundheitsorganisation hat als ADI-Wert (duldbare tägliche Aufnahme über ein Leben lang) 3,65 mg Nitrat pro Kilogramm Körpergewicht festgesetzt. Für einen 70 kg schweren Menschen würden dies 256 mg Nitrat/Tag bedeuten.

Möglichkeiten für den Verbraucher, die tägliche Nitratzufuhr zu verringern, liegen zum einen in der gezielten Auswahl von nitratarmen Gemüsesorten bzw. in dem täglichen Wechsel von nitratarmen und -reichen Sorten und zum anderen in der Verminderung durch entsprechende Zubereitung. Beispielsweise läßt sich der Nitratgehalt von Spinat durch Entfernen der Stengel und durch Blanchieren bzw. Kochen um bis zu 70 % senken. Diese Möglichkeit der Verringerung ist in der guten Wasserlöslichkeit des Nitrats begründet" (OG).

„Für einzelne Produkte wünschenswert wäre die Festsetzung eines Grenzwertes vom Gesetzgeber. Für Trinkwasser ist ein Grenzwert festgelegt worden.

Es ist aus unserer Sicht nicht einzusehen, daß ein Trinkwasser mit über 50 mg/l Nitrat nicht mehr verkehrsfähig sein soll, Gemüse aber mit bis zu 6000 mg/kg (doppelter Richtwert von Kopfsalat und Rote Rüben) in den Handel kommen darf" (BI).

Milch, Milcherzeugnisse, Käse

"Milch und Milchprodukte enthalten von Natur aus nur geringe Mengen Nitrat und Nitrit.

Bei der Herstellung von Schnittkäse ist zur Vermeidung einer unerwünschten Buttersäuregärung ein Zusatz von Natrium- und Kaliumnitrat (Salpeter) zur Käsereimilch zulässig (max. 0,15 g/l), sofern der Käse frühestens 4 Wochen nach der Herstellung in den Verkehr gebracht wird. Die höchsten Gehalte wies ein Gouda mit 39 mg Nitrat/kg und ein Edamer mit 4 mg Nitrit/kg auf" (OG).

Fleischerzeugnisse, Wurstwaren

Wenig Aufmerksamkeit wurde bislang den Nitratgehalten in Lebensmitteln tierischer Herkunft geschenkt, obwohl gerade hier Nitrat- und Nitritsalze gezielt eingesetzt werden und Grenzwerte zu beachten sind. Die Berichte über Grenzwertüberschreitungen (100 mg/kg, berechnet als $NaNO_3$) sind regional sehr unterschiedlich.

Bei Fleischerzeugnissen werden mittlere Nitratgehalte von unter 100 mg/kg genannt (PF, OG, HA). Vereinzelt kommen Spitzengehalte von 2138 (SIG), 846 (KA), 620 (OG) und 303 mg/kg (S) vor.

In (SIG) waren insbesondere Schwarzwälder Schinken wegen erhöhter Nitratgehalte (Spitzenwert 3843 mg KNO_3/kg) zu beanstanden. Speck (316/483 mg/kg) und Nußschinken (290–944 mg/kg) waren in (KA) wesentlich an Überschreitungen beteiligt.

In Wurstwaren finden sich meist deutlich weniger als 100 mg/kg Nitrat (OG, HA, PF, S, SOG). Dabei fielen in (HA) und (KA) Blutwürste durch vermehrte Grenzwertüberschreitung auf.

Kartoffeln

„Aufgrund eines Artikels in einem Umweltmagazin, in dem konventionell angebaute Kartoffeln als nitratbelastet angeprangert wurden (als Durchschnittswert von 32 Proben wurde ein Gehalt von 300 mg/kg Nitrat angegeben), wurden 24 Proben Speisekartoffeln einheimischer Erzeuger aus biologischem und konventionellem Anbau auf ihre Nitratgehalte untersucht. Im Gegensatz zu den Ausführungen der Zeitschrift waren keine gravierenden Unterschiede bzgl. der Nitratgehalte zwischen den beiden Anbauformen festzustellen (siehe nachstehende Tabelle).

Insgesamt ist die Belastung von Kartoffeln mit Nitrat als gering anzusehen. Dies zeigten auch die Untersuchungen der Vorjahre an Speisekartoffeln aus dem In- und Ausland" (SIG).

Frischgemüse

„Jede Pflanze benötigt für ihr Wachstum Nitrat. Sie nimmt es aus der Bodenlösung über die Wurzeln mit dem Wasser auf und stellt daraus Pflanzeneiweiß her. Diese

Tabelle 8.

Nitratgehalte in Kartoffeln (mg/kg):

	alternativ	konventionell	
Anzahl der Proben	13	11	
niedrigster Wert	29	10	
höchster Wert	220	231	
Mittelwert	76	89	(SIG)"

Auch aus anderen Ämtern werden im Mittel niedrige Gehalte berichtet: unter 100 mg/kg (KA, OG, S, PF, SIG, Bl).

Umwandlung in Pflanzeneiweiß erfolgt in den verschiedenen Pflanzen unterschiedlich schnell. Im Moment nicht verarbeitbare Mengen an Nitrat werden in den Leitungsbahnen gespeichert, es kommt zur Anreicherung. Von entscheidender Bedeutung für den Nitratgehalt eines Pflanzenorganes ist damit entweder das Verhältnis von Nitrataufnahme zu Nitratreduktion oder auch der Anteil der Leitbündel am Gesamtvolumen einzelner Organe, wie beispielsweise Knollen oder Rüben.

Diesen biologischen Gegebenheiten folgend wird auch das System verständlich, nach dem die Gemüse normalerweise bezügliche ihres Nitratgehaltes eingeteilt werden:

hohe Gehalte: Sproß-, Stiel-, Blattgemüse,
mittlere Gehalte: Wurzel- und (teilweise) Knollengemüse,
niedrige Gehalte: Fruchtgemüse.

Zusätzlich beeinflussen auch der Reifezustand, vor allem aber Düngung, Standort- und Klimafaktoren, die Höhe der Nitratgehalte in Pflanzen" (OG).

„Das Bundesgesundheitsamt hat Richtwerte für Nitrat in Kopfsalat und Roten Rüben (3000 mg/kg) sowie für Spinat (2000 mg/kg) mit dem Ziel veröffentlicht (Bundesgesundh.Bl. (1986) 29:167), der Lebensmittelüberwachung und anderen Untersuchungsstellen aufzuzeigen, bei welchen Konzentrationen unerwünscht hohe Nitratgehalte vorliegen und infolgedessen durch Anbau-, Dünge- und Ernteempfehlung auf eine Reduzierung der Nitratbelastung hingewirkt werden soll" (S).

„In alternativ angebautem Gemüse wurden folgende Nitratgehalte (mg/kg) ermittelt: Sommer-Kopfsalat: 1550, 821, 455; Rettich: 5680, 770; Radieschen: 77; Spinat: 811; Karotten: 39, 29; Fenchel: 770, 245; Mangold: 2519; Weißkohl: 189; Blumenkohl: 41; Kohlrabi: 1188; Schwarzwurzeln: 95. Ein alternativ angebauter Rettich wies somit den höchsten Gehalt bei allen im Jahr 1988 untersuchten Erzeugnissen auf" (OG).

„Es bestanden signifikante Unterschiede zwischen Sommer-Kopfsalat aus Freilandanbau und Winter-Kopfsalat aus dem Gewächshaus. Der Winter-Mittelwert betrug fast das Doppelte der Sommer-Ergebnisse. Es ist bekannt, daß bei schlechten Lichtverhältnissen die Nitrat-Umwandlung verlangsamt abläuft und deshalb Nitrat entsprechend stärker gespeichert wird. Bei einer Probe Winter-Kopfsalat aus Frankreich wurde mit 3810 mg/kg eine Überschreitung des Nitrat-Richtwertes festgestellt" (OG).

„12 von insgesamt 17 untersuchten Proben Salat französischer, holländischer und belgischer Herkunft überschritten mit ihrem Nitratgehalt den Richtwert von 3000 mg/kg. Die Gehalte schwankten zwischen 2050 und 5030 mg/kg, der Mittelwert der 17 Proben betrug 3750 mg/kg" (SIG).

Gemüseerzeugnisse

„In Gemüsesäften, hergestellt aus alternativ angebauter Rohware, wurde folgendes festgestellt: 8 Sauerkrautsäfte enthielten 245–647 mg Nitrat/kg (Mittelwert:

Tabelle 9.

Nitratgehalt in Gemüse	Mittelwerte [mg/kg]	(Ort)		
Auberginen			340 (SIG)	
Blumenkohl	307 (KA)	130 (OG)	186 (SIG)	41 (S)
Bohnen	411 (KA)	238 (OG)	293 (S)	607 (Bl)
Broccoli	104 (KA)	366 (OG)		
Chicorée		190 (OG)	0 (SIG)	
Chinakohl	932 (KA)	1066 (OG)		
Endivie/Eissalat	823 (KA)	788 (OG)	1164 (D)	660 (S)
Feldsalat	2832 (KA)	1587 (OG)		
Fenchel	1233 (KA)	508 (OG)		
Grünkohl	815 (KA)	51 (OG)		
Karotten	246 (KA)	331 (OG)	35 (SIG)	123 (S)
Knollensellerie	463 (KA)	953 (OG)	26 (SIG)	129 (S)
Kohlrabi	1605 (KA)	1418 (OG)	973 (S)	1102 (Bl)
Kopfsalat	1650 (KA)	1459 (OG)	3610 (SIG)	1254 (Bl)
Kresse	5005 (KA)			
Mangold		1887 (OG)		
Paprika	73 (KA)	69 (OG)		
Porree/Lauch	295 (KA)	289 (OG)	165 (S)	38 (Bl)
Radieschen	1623 (KA)	1439 (OG)	1944 (S)	
Rettiche	1847 (KA)	1937 (OG)		
Rosenkohl	18 (KA)	30 (OG)	33 (SIG)	0 (S)
Rote Rüben		1325 (OG)	1390 (S)	
Rotkohl	244 (KA)	642 (OG)	821 (Bl)	740 (D)
Spargel	19 (KA)	51 (OG)		
Spinat	687 (KA)	904 (OG)	927 (S)	1319 (Bl)
Tomaten	138 (KA)	0 (OG)	0 (S)	
Weißkohl	252 (KA)	459 (OG)	244 (S)	782 (Bl)
Wirsing	305 (KA)	422 (OG)		
Zucchini	958 (KA)		323 (S)	

453 mg/kg) und 5 Rote-Bete-Säfte zwischen 1183 und 1460 mg Nitrat/kg (Mittelwert: 1303 mg/kg" (OG).

Bei Gemüsekonserven und tiefgefrorenem Gemüse werden meist Nitratgehalte von unter 500 mg/kg angetroffen (WI, PF, KA, SIG, OG). Dies trifft erwartungsgemäß aber nicht für Produkte wie Rote Bete, Spinat, Grün- und Rotkohl sowie Sauerkraut zu (OG).

Obst

Für Obst finden sich meist erfreulich niedrige Nitratmengen von unter 100 mg/kg. Auch in Fruchtsäften ist folglich nicht viel Nitrat zu erwarten: 5 mg/kg (KA), 33 mg/kg (SIG), 2 mg/kg (PF), 5 mg/kg (S), 4 mg/kg (OG). Ähnlich niedrige Größenordnungen werden für Fruchtnektare und alkoholfreie Erfrischungsgetränke angegeben (KA, SIG, S, OG, PF).

Säuglingsnahrung

Erfreulich selten wird von Überschreitungen der Höchstmenge (250 mg/kg) berichtet. Bei einer Mangoldzubereitung für Babies aus biologisch-dynamischem Anbau wurden 345 mg/kg festgestellt (KA). Sonst finden sich Mittelwerte von 38 bis 80 mg/kg (OG, KA, SIG, PF, S).

Bei der Zubereitung von Säuglingsnahrung in Pulverform wirkt sich der Nitratgehalt des Zubereitungswasser stärker aus als der aus dem Produkt, der zwischen 1,4 und 70 mg/kg im Pulver ermittelt wurde. Für das verzehrfertige Erzeugnis ergeben sich Endgehalte von 2 bis 26 mg/kg, bei einem Nitratgehalt des Wassers von 20 mg/kg (HA).

Mineral-, Quell- und Tafelwasser

„Ein Grenzwert für den Nitratgehalt in Mineralwasser ist nicht festgelegt worden. Normalerweise sind die Nitratgehalte von Mineralwässern nur gering. Erhöhte Nitratgehalte können auf einen Zufluß von oberflächennahem, durch Düngemittel beeinflußtem, wenig mineralisiertem Grundwasser hindeuten. In diesem Fall wäre die geforderte ursprüngliche Reinheit nicht mehr gegeben" (OG).

„Bei drei im Regierungsbezirk Freiburg abgefüllten Mineralwässern mit erhöhtem Nitratgehalt wurden Auflagen zur Sanierung der Brunnen gemacht, um zukünftig den Zutritt von nitrathaltigem Wasser zu verhindern.

Bei einem anderen Brunnen lagen die Nitratgehalte bereits seit Beginn dieses Jahrhunderts bei etwa 20 mg pro Liter, so daß hier eine Beeinflussung des Mineralwassers durch die in letzter Zeit intensivierte Düngung wohl auszuschließen ist" (OG).

Tabelle 10.

Nitratgehalt in Mineral- und Tafelwasser	Proben- zahl	Gehalt [mg/l] Mittelwert	Maximalwert	Zahl mit Gehalt über 50 mg/l
Bericht aus				
Karlsruhe	168	5	39	0
Sigmaringen	1	3		0
Stuttgart	135	5	32	0
Pforzheim	25	5	28	0
Offenburg	192	4	33	0
Offenburg	192	< 10 = 173, 11–25 = 17		0

Mit einem Nitratgehalt von im Mittel 5 mg/l zählen Mineral- und Tafelwässer zu den nitratarmen Lebensmitteln. Dies sollte aber insbesondere die Mütter von Kleinkindern nicht dazu verleiten, Mineralwasser mit hohem Salzgehalt zur Zubereitung von Säuglingsnahrung zu verwenden. Bei hohen Sulfatgehalten z. B. könnte dies laxierende Wirkung haben.

Trinkwasser

Die Beanstandungsrate für die Überschreitung des Nitratgehaltes in Trinkwasser ist seit der Absenkung des Grenzwertes auf 50 mg/l in den Gebieten gestiegen, die ihr Trinkwasser aus Grundwasser im Bereich landwirtschaftlich genutzter Flächen beziehen. Am schwierigsten haben es ländliche Eigenbrunnenanlagen, Wasser mit weniger als 50 mg/l Nitrat zu erhalten und Brunnen in Gebieten mit intensiver Landwirtschaft. Es führte bei einer Reihe von Einzelversorgern zu vorübergehenden oder dauernden Schließung der Versorgungsanlage durch die zuständige Behörde (NE).

„Von 596 in (OG) untersuchten Trinkwasserproben wiesen 308 Nitratgehalte über 50 mg/l auf. Diese hohe Beanstandungsquote ist auf die Fortführung der Untersuchungen im Bereich Markgräflerland-Kaiserstuhl zurückzuführen. In diesem Gebiet mit intensiver Landbewirtschaftung (Mais, Wein) werden jeweils im Abstand von 4 Wochen 34 Proben aus Trink- und Grundwasserentnahmestellen

Tabelle 11.

Nitratgehalt in	Trinkwasser			Rohwasser für Trinkwasser		
Gehalt [mg/l] Bericht aus	Proben- zahl	Mittel- wert	Maximal- wert	Proben- zahl	Mittel- wert	Maximal- wert
Karlsruhe	262	29	131	137	43	92
Sigmaringen	233	36	135	26	39	91
Stuttgart	173	25	66	22	36	65
Offenburg	557	47	102	1	52	52
Pforzheim	< 25 = 41 %, 25 – 50 = 8,9 %					

auf ihren Nitratgehalt untersucht. Abgesehen von Schwankungen im Nitratgehalt war auch in diesem Jahr keine Tendenz zu niedrigeren Nitratkonzentrationen erkennbar.

Bei insgesamt 22 zentralen Wasserversorgungen und 10 Einzelwasserversorgungen wurde der Nitratgrenzwert überschritten.

Zwei weitere Gemeindebrunnen wurden stillgelegt, und die betroffenen Gemeinden beziehen nun ihr Trinkwaser aus einem neu gebohrten Brunnen, aus dem Trinkwasser mit bislang relativ niedrigen Nitratgehalten gefördert wird.

Zahlreiche Gemeinden können ihr Trinkwasser nur aufgrund von zeitlich befristeten Ausnahmegenehmigungen abgeben" (OG).

4.5 Mykotoxine

Mykotoxine sind sehr giftige Stoffwechselprodukte von lebensmittel- und futtermittelverderbenden Mikroorganismen. Häufig werden sie von Schimmelpilzen verursacht, weswegen sie allgemein als „Schimmelpilzgifte" bezeichnet werden. Eine Hauptgruppe sind die Aflatoxine, die in verschiedene Typen unterteilt werden. Aflatoxin B_1 ist einer der stärksten kanzerogenen Stoffe. Für Aflatoxine hat der Gesetzgeber in der sog. Aflatoxin-Verordnung für bestimmte Lebensmittel Grenzwerte festgelegt. Von chemisch ähnlicher Struktur wie die Aflatoxine ist das überwiegend auf Getreide, Reis und ölhaltigen Samen vorzufindende Ochratoxin. Insbesondere in faulendem Obst und Gemüse ist das Mykotoxin Patulin anzutreffen. Auch Patulin ist kanzerogen und kann auch noch in pasteurisierten Fruchtsäften über hitzeresistente Schimmelpilzsporen entstehen.

Besonders Roggenblütenstände werden häufig durch den Pilz Claviceps purpurea infiziert. Anstelle des eigentlichen Kornes entwickelt sich ein Pilzgeflecht mit kornähnlichem Aussehen. Es ist dunkel und hat einen hohen Alkaloidgehalt.

Aflatoxine

„Als ,Problemkinder' erwiesen sich Buchweizenmehl/-schrot, getrocknete türkische Feigen und – wie auch bereits im Vorjahr – Erdnußcremes.

Tabelle 12.

Anzahl Überschreitungen Nitratgrenzwert bei öffentl. Wasserversorgung		Eigenversorgung	
Nitrat [mg/l]	50 – 90	über 90	50 – 90	über 90
Stuttgart	9	0	5	0
Offenburg	255	21	21	1
Sigmaringen	38	0	10	3
Pforzheim	2			
Wuppertal	12	(bei 273 Proben)		
Karlsruhe	9	0	51	4

Buchweizen

Buchweizen erfreut sich im Rahmen der sog. Reform- und Vollwertkost zunehmender Beliebtheit und ist daher häufiger als früher im Handel anzutreffen. Dies war für uns Anlaß, Buchweizenerzeugnisse auf Aflatoxine zu untersuchen.

Bei 10 Proben mußten Beanstandungen ausgesprochen werden, weil die Grenzwerte der Aflatoxin-Verordnung überschritten waren. Es handelte sich dabei um Erzeugnisse von 5 verschiedenen Anbietern, jeweils eine Planprobe und – wegen der festgestellten Aflatoxingehalte – eine Verfolgsprobe. Die Werte lagen im Bereich von 5,9 bis 56 μg Aflatoxin B_1 bzw. von 8,5 bis 61 μg Gesamtaflatoxin = Summe der Aflatoxine B_1, B_2, G_1 und G_2 pro Kilogramm. Die Aflatoxinverordnung läßt als Grenzwerte 5 μg Aflatoxin B_1/kg und 10 μg Gesamtaflatoxine/kg zu.

Hinzuweisen ist auf die Tatsache, daß einige Buchweizenproben eine Substanz enthielten, die Aflatoxin B_1 vortäuschte. Sie war mit dem in der amtlichen Methode (Amtliche Sammlung von Untersuchungsverfahren nach § 35 LMBG L 00.00-2) angegebenen Meßverfahren nicht abzutrennen und wurde daher miterfaßt. Die Schwierigkeit wurde dadurch umgangen, daß B_1 über ein Derivat quantitativ ausgewertet wurde bzw. eine selektive Vorreinigung mit aflatoxinspezifischen monoklonalen Antikörpern erfolgte. Nur am Rande sei bemerkt, daß die Überprüfung solcher, vom amtlichen Verfahren abweichender Methoden enorm viel Zeit und damit Kosten verursacht.

Trockenfeigen

Nachdem sich zu Beginn des Jahres 1988 vier Proben getrockneter Feigen bei der Mykotoxin-Untersuchung unauffällig gezeigt hatten, wurden wir bei der vorweihnachtlichen Untersuchungsaktion aufgrund eines ministeriellen Dringlichkeitserlasses in einem Fall fündig.

Die Problematik hinsichtlich einer Gesundheitsgefährdung und gleichzeitig auch hinsichtlich der effektiven Kontrolle bei der grobstückigen Ware ‚Trockenfeigen‘ liegt darin, daß nur einzelne Früchte, die aber besonders stark, betroffen sind. Die Mehrzahl solcher Früchte ist an ihrem gelb-grünen Leuchten (Fluoreszenz) unter dem ultravioletten Licht erkennbar; leider kommen aber auch befallene Feigen vor, die nicht fluoreszieren. So können selbst bei (unterstellter) sorgfältiger Herstellungskontrolle und Auslese fluoreszierender Feigen vor dem Abpacken bei qualitativ schlechten Chargen noch stark aflatoxinhaltige Einzelfrüchte in den Packungen verbleiben. Man wird einen solchen Befall als naturgegeben und unvermeidbar ansehen müssen. Der Verbraucher aber kann äußerlich eine kontaminierte Feige – im Unterschied zu Nüssen – in der Regel nicht erkennen. Wer also eine solche Feige ißt, nimmt mit einem Schlag eine hohe Menge Aflatoxin auf.

Erdnußcremes

Bei zwei Fabrikaten, jeweils aus Plan- und Verfolgsprobe bestehend, mußten Beanstandungen ausgesprochen werden; positive Befunde in zwei weiteren Fällen wiesen Aflatoxingehalte knapp über dem gesetzlichen Grenzwert auf. Erdnußcremes gehören nach wie vor zu den Risiko-Lebensmitteln, die einer kontinuierlichen Überwachung bedürfen.

Leinsamen

Innerhalb dieses Projektes wurden in Düsseldorf 50 Proben Leinsamen auf die Aflatoxine B und G untersucht; davon stammten 10 Proben aus Duisburg. Ein positiver Befund ergab sich nicht: Die routinemäßige Überwachung dieses Lebensmittels auf Aflatoxin kann also vorübergehend zurückgefahren werden." (D, DU).

„Im Berichtsjahr 1988 wurden insgesamt 179 Aflatoxinuntersuchungen (Aflatoxine B_1, B_2, G_1, G_2) durchgeführt. Die Bestimmungen erfolgten ausschließlich durch Hochdruckflüssigkeitschromatographie mit anschließender fluorimetrischer Detektion der Trifluoressigsäurederivate.

Beanstandungen wegen überhöhter Mycotoxingehalte wurden nicht ausgesprochen.

Erstmalig wurden im Berichtsjahr *Maronen* verstärkt mit in die Aflatoxinuntersuchungen einbezogen, da die im Handel befindliche Ware oftmals hohe Anteile verschimmelter Kerne aufwies. Die Aflatoxinbestimmung erfolgte in solchen Fällen nach Aussortierung der für den Verbraucher sichtbar verschimmelten Kernen. In keiner Maronenprobe wurden die Aflatoxine B_1, B_2, und G_2 nachgewiesen.

Die Untersuchungsergebnisse zeigen, daß die Belastung dieser Lebensmittel mit Aflatoxinen im Augenblick kein Problem darstellt. Zwar sind Aflatoxine im Spurenbereich – insbesondere bei Erdnüssen – gelegentlich festzustellen, doch liegen diese Werte weit unterhalb der zulässigen Höchstwerte gemäß Aflatoxinverordnung.

Aufgrund der Meldungen überhöhter Aflatoxingehalte in *Trockenfeigen*, insbesondere türkischer Herkunft, wurden über die o. g. Aflatoxinbestimmungen hinaus von 24 Proben Trockenfeigen jede Einzelfeige im UV-Licht auf mycotoxinverdächtige Fluoreszenz hin untersucht. Auffälligkeiten konnten nicht festgestellt werden" (HA).

„Bei Feigen fallen in erster Linie die festgestellten hohen Aflatoxingehalte auf. Sie beruhen hauptsächlich auf der Kontamination weniger Einzelfeigen, die meistens im UV-Licht durch ihre gelbgrüne Fluoreszenz erkennbar sind. So wurden bei einer 5 kg-Probe, die aus 10 Einzelpackungen à 500 g bestand, 190 g gelbgrün fluoreszierende Feigenteile ausgelesen. Das Auslesen ganzer Feigen war in diesem Fall nicht möglich, da die Feigen stark verklumpt waren. Bei diesen Feigen wurde ein Gesamtaflatoxingehalt von 207 μg ermittelt, was einem Gehalt von 1090 μ/kg entspricht. Bezogen auf die Gesamtprobe von 5 kg errechnet sich hieraus ein Aflatoxingehalt von 41 μg/kg.

Nach wie vor können aflatoxinhaltige Feigen nicht nach der Aflatoxinverordnung, sondern lediglich nach der allgemeinen lebensmittelrechtlichen Bestimmung, wonach es verboten ist, zum Verzehr nicht geeignete Lebensmittel gewerbsmäßig in den Verkehr zu bringen, beanstandet werden. Dies erscheint inkonsequent, da das gesundheitliche Risiko beim Verzehr aflatoxinhaltiger Lebensmittel wohl kaum von der Art des Lebensmittels abhängig sein dürfte. Deshalb ist eine Änderung der Aflatoxinverordnung erforderlich, die Höchstmengen für alle Lebensmittel festlegt.

Um zu einer wirklich bedarfsorientierten Beurteilung aflatoxinhaltiger Feigen zu gelangen, sollten auch Höchstmengen für aflatoxinhaltige Einzelfeigen festgelegt werden, um den Verdünnungseffekt des Aflatoxingehaltes, der sich bei einer großen Stichprobe ergeben kann, zu eliminieren, und somit sicherzustellen, daß auch Warenbestände mit einem geringen Anteil an hochaflatoxinhaltigen Einzelfeigen nicht verkehrsfähig sind" (KA).

„Hohe Aflatoxingehalte wurden in Trockenfeigen festgestellt. Möglicherweise ist diese Kontamination, insbesondere bei den türkischen Produkten, darauf zurückzuführen, daß die Früchte auf den Bäumen zu lange reifen, auf den Boden fallen und sich mit aflatoxinbildenden Schimmelpilzen kontaminieren. Wahrscheinlich wird beim Verpacken der Trockenfeigen kein Unterschied zwischen gepflückten und aufgesammelten Früchten gemacht. Eine weitere Kontamination beim Trocknen der Früchte an der Sonne wäre denkbar. Um zu vermeiden, daß kontaminierte Trockenfeigen dem Verbraucher angeboten werden, sollten diese bereits im Erzeugerland mittels UV-Lampe auf Grund der grüngelben Fluoreszenz aussortiert werden.

Nach wie vor wurden wieder hohe Aflatoxingehalte in *Muskatnußpulver* festgestellt, für das offenbar weiterhin minderwertige Ware (BWP-Ware) aufgearbeitet wird.

In einer einzelnen Probe *Kakaomasse* wurden Aflatoxingehalte festgestellt, obwohl Befunde an Aflatoxinen darin sonst selten vorkommen.

Wie zu entnehmen ist, wurden bei Milchprodukten Gehalte an Aflatoxin M_1 gefunden, die jedoch unter der vorgeschlagenen Höchstmenge von 0,5 μ/kg lagen" (S).

„Insgesamt wurden 231 Proben der verschiedensten Lebensmittel, hauptsächlich Nüsse und Ölsaaten, auf ihre Aflatoxingehalte überprüft. An der grundlegend günstigen Situation hat sich nichts geändert.

Im Nachgang zu den Aflatoxinuntersuchungen im Jahr 1987 wurden wiederum Feigen auf dieses Toxin hin untersucht. Es wurde erfreulicherweise jedoch nur eine einzelne aflatoxinhaltige Frucht gefunden.

In je einer Probe Kakaopulver bzw. Muskatnuß waren 5,8 bzw. 3,9 μg Aflatoxin B_1/kg nachzuweisen" (SIG).

„Nachweisbare Mengen an Aflatoxinen wurden

3x in Mandeln	(1. 1,7 ppb B_2 2. 0,2 ppb B_2 3. 0,26 ppb B_1)
1x in Erdnüssen	(0,26 ppb B_1, 0,28 ppb B_2, 1,57 ppb G_1, 0,21 ppb G_2)
1x in Pistazien	(0,72 ppb G_1, 0,17 ppb G_2)
1x in Kokosraspeln	(0,58 ppb B_1, 0,39 ppb G_1)

festgestellt.

Diese Mengen lagen jedoch alle unter der erlaubten Höchstmenge von insgesamt 10 ppb der Aflatoxine B_1, B_2, G_1 und G_2 oder Aflatoxin B_1 für sich allein mehr als 5 ppb (μg/kg)" (BO).

„1988 wurden insgesamt 295 Proben auf Rückstände von Aflatoxinen B_1, B_2, G_1 und G_2 untersucht. Lediglich eine Probe türkische Pistazien wies einen erheblichen Gesamtgehalt von Aflatoxinen B_1, B_2 und G_2 auf" (HAM).

„Nutztiere, die toxinhaltige Futtermittel aufgenommen haben, können einzelne Mykotoxine in unveränderter oder in metabolisierter Form in ihren Organen ablagern oder ausscheiden (Milch, Eier, Urin u. a.). Auf diese Weise können in Lebensmitteln tierischer Herkunft Pilztoxine gelangen, ohne daß das Produkt selbst verschimmelt gewesen war. Eine solche Kontamination ist äußerlich nicht erkennbar. So können nach dem Verfüttern von Aflatoxin-B_1, B_2-haltigem Kraftfutter an Milchkühe die ebenfalls kanzerogen wirkenden Aflatoxine M_1, M_2 in der Milch bzw. Milchprodukten nachgewiesen werden.

In allen auf Aflatoxin-M_1,M_2 untersuchten Proben waren jedoch keine derartigen Rückstände nachweisbar" (HAM).

„Erdnüsse und gemahlene Mandeln gehören nach wie vor zu den Lebensmitteln, bei denen mit einer Aflatoxinkontamination zu rechnen ist. Je 2 Proben Erdnüsse und Mandeln überschritten die zulässigen Höchstmengen für Aflatoxine.

In 3 von 15 Proben gemahlener Muskatnüsse konnten wir Aflatoxine nachweisen. Die Zahl der kontaminierten Proben unterstreicht die seit langem erhobene Forderung, auch für Muskatnüsse Höchstmengen für Aflatoxin zu erlassen.

Es bestätigte sich auch, daß bei Feigen mit einer Aflatoxinkontamination zu rechnen ist. Wir forderten beim Wirtschaftskontrolldienst jeweils Proben von 5 kg an. Die Feigen wurden einzeln unter der UV-Lampe betrachtet. Feigen mit grünlicher Fluoreszenz wurden aussortiert und gesondert auf Aflatoxine untersucht. So stellten wir beispielsweise in 6 Feigen 196 μg Aflatoxin B_1 fest. Von insgesamt 22 Proben Feigen erwiesen sich 7 (= 30%) als aflatoxinhaltig.

Nach dem Entwurf einer ersten Verordnung zur Änderung der Aflatoxin-Verordnung (Stand Februar 1989) werden künftig alle Lebensmittel von der Aflatoxin-Verordnung erfaßt, was von uns sehr begrüßt wird.

Aflatoxin M_1 ist nur dann in der Milch nachweisbar, wenn das Futter der Kühe mit Aflatoxinen verunreinigt ist. Wir haben daher nur jene Proben Rohmilch auf Aflatoxin M_1 untersucht, bei denen wir wußten, daß Mastfutter verwendet worden war. In keiner der untersuchten Proben konnten wir Aflatoxin M_1 nachweisen" (OG).

Ochratoxin A

„Ochratoxin A kann in feuchtem Futtergetreide durch einen bestimmten Schimmelpilz gebildet werden. Wenn Schweine mit derart verunreinigtem Futter gemästet werden, kann Ochratoxin A deshalb im Schweinefleisch, insbesondere aber in Schweinenieren vorkommen. In keiner der Proben konnten wir Ochratoxin A nachweisen" (OG).

„Untersucht wurden 10 Proben Schweinenieren und 9 Proben Mais bzw. Maismehl/-grieß. Ochratoxin war in keiner Probe nachweisbar" (SIG).

„In 16 Proben Getreide und Getreideerzeugnissen wurden max. 0,9 und in 10 Proben Trockenfeigen max. 1,9 μg/kg an Ochratoxin A gefunden. Angewendet wurde die Methode M. Baumann und B. Zimmerli (Einfache Ochratoxin A-Bestimmung in Lebensmitteln, Mitt. Gebiete Lebensm.Hyg. (1988) 79: 151–158" (S).

Patulin

„Das Mykotoxin Patulin kann bei verschimmeltem Obst und daraus hergestellten Erzeugnissen auftreten. Es bestätigte sich wie in den Vorjahren, daß Patulin kein schwerwiegendes Problem darstellt" (OG).

„In 4 von 10 Proben Apfelsaft war Patulin nachweisbar ($>5\,\mu$g/l). Überschreitungen des Richtwertes (50 μg/l) lagen nicht vor" (SIG).

„Wie auch in dem vorhergehenden Jahr wurde in keiner Probe der o. a. Richtwert überschritten. Patulin scheint daher z. Z. kein schwerwiegendes Problem darzustellen. Stichprobenartige Untersuchungen sollten jedoch weiterhin durchgeführt werden, da durch schlechte Obsternten und/oder unhygienische Verhältnisse im Herstellerbetrieb durchaus wesentlich höhere Patulingehalte erreicht werden können" (HAM).

Mutterkornalkaloide

„Der Berechnung des Gesamtalkaloidgehaltes wurden die folgenden 9 Einzelalkaloide zugrundegelegt: Ergometrin, Ergometrinin, Ergosin, Ergotamin, Ergotaminin, Ergocornin, α-, β-Ergokryptin, Ergocristin.

Nach Literaturangaben enthält in Mitteleuropa vorkommendes Mutterkorn einen Gesamtalkaloidgehalt von durchschnittlich 0,2 %. Nach der Verordnung 1569/77 der Europäischen Gemeinschaft wurde für Getreide eine Höchstmenge von 0,05 % Mutterkorn festgelegt. Dies entspricht einer Höchstmenge von 1000 μg/kg für die Summe der Alkaloide im Getreide. In einer Probe Roggenmehl konnten wir 2560 μg/kg Gesamtalkaloide des Mutterkorns (= 0,13 %) nachweisen" (OG).

„Für die Berechnung des Gesamtalkaloidgehaltes wurden 5 Einzelalkaloide (Ergometrin, Ergosin, Ergotamin, Ergotaminin und α-Ergokryptin) zugrunde gelegt. Nur bei einer Probe Roggenmehl wurde die nach der VO 1569/77 (EWG) für Getreide festgesetzte Höchstmenge von 0,05% Mutterkorn (entsprechend 1000 μg/kg Gesamtalkaloide) mit 1240 μg/kg überschritten. [Methode; Christian Klug, Bestimmung von Mutterkornalkaloiden in Lebensmitteln, Heft 2/1986 des Max-von-Pettenkofer-Institut des Bundesgesundheitsamtes]" (S).

„In 8 Fällen lag der Mutterkorngehalt in Roggen bzw. Roggenschrot über den noch zulässigen 0,05%" (AC, 69).

4.6 Formaldehyd

Formaldehyd und Wohnwelt

Die Zahl der Bürger, die aufgrund des Einsatzes evtl. formaldehydhaltiger Anstrichmittel, Platten oder nach Verlegen von Teppichböden den Wunsch nach Überprüfung der Raumluft äußerten, nahm weiter zu.

„Es hat sich erwiesen, daß Formaldehyd im menschlichen Wohnbereich als Reizsubstanz anzusehen ist, die vor allem allergische Reaktionen auszulösen vermag und dazu noch im häuslichen Bereich verbreitet vorkommen kann, sei es im Holzleim der Möbel oder auch im Klebstoff der Teppichböden. Die Untersuchungsergebnisse ließen erkennen, daß der vom Bundesgesundheitsamt empfohlene Richtwert für Formaldehyd der Raumluft (ca. 120 μg/m^3) nur in seltenen Fällen überschritten wurde" (NE).

„Es wurden 52 Messungen, teils für private Auftraggeber, teils für die Verwaltung durchgeführt. Das waren fast dreimal soviele Messungen wie im Vorjahr.

In fünf Fällen überschritt die Formaldehyd-Konzentration den vom Bundesgesundheitsamt als unbedenklich angegebenen Richtwert von 0,12 mg/m^3 Raumluft. Die Ursache dafür lag in neuem Mobiliar bzw. baulichen Veränderungen. In allen Fällen klagten die Betroffenen über Reizungen der Schleimhäute" (D).

„Während im Vorjahr viele Formaldehydmessungen in öffentlichen Gebäuden durchgeführt wurden, waren es im Berichtsjahr fast nur Privatpersonen, die Messungen in Auftrag gaben. Der Richtwert des BGA wurde bei keiner Messung überschritten" (HA).

„Positive Befunde ergaben sich in den seltensten Fällen" (PF).

„In 2 von 40 untersuchten Wohnungen lagen die in der Raumluft festgestellten Formaldehydkonzentrationen mit 0,3 und 0,2 mg/m^3 über dem vom BGA empfohlenen Höchstwert. Bei der Überprüfung von 14 öffentlichen Gebäuden wurden 9x Überschreitungen festgestellt" (BO).

„Die Zahl der Formaldehydbestimmungen lag mit 87 über der des Vorjahres. Der BGA-Grenzwert war in 5 Fällen überschritten. Als Ursache der überhöhten Werte kamen insbesondere Emissionen aus Möbeln und Spanplatten in Betracht" (ME).

„Die empfohlene Richtwertkonzentration wurde bei 62 Messungen in 17,7% der Meßwerte überschritten. Eine mögliche Belästigung durch Überschreiten der individuell stark schwankenden mittleren Reizschwelle von etwa 0,075 mg Formaldehyd je m^3 Raumluft war bei 48,4% der Meßwerte gegeben" (AC).

„Im Berichtsjahr wurden 156 Fälle an das Institut herangetragen. Das entspricht einer Steigerung gegenüber dem Vorjahr von 21 Fällen. Wie bei der Muttermilch wurde hier für die Bürger in unserem Einzugsbereich in Zusammenarbeit mit den Gesundheitsämtern ein besonderer ‚Service' im Rahmen des Umweltschutzes eingerichtet. Bei Verdacht des Vorliegens von Formaldehyd in der Raumluft kann bei dem zuständigen Gesundheitsamt ein von uns präparierter Passivsammler angefordert werden. Dieser wird mit Verwendungsanweisung dem ‚Beschwerdeführer' zugesandt. Nach entsprechender Aufnahmezeit muß dieser Sammler an das Institut gesandt werden. Das Ergebnis der Auswertung erhält der Bürger über das jeweilige Gesundheitsamt.

Weder die 89 überprüften Proben aus dem Wuppertaler Raum, noch die 67 aus Solingen übersandten Proben lagen in den Gehalten über 0,12 mg/m^3. Dieser Wert gilt als Richtwert für Wohnräume" (W).

Spanplatten

„Insgesamt wurden 25 Proben Spanplatten zur Feststellung des Formaldehydgehaltes untersucht. 6x war die E 1-Norm mit 10 mg HCHO/100 g Holz deutlich überschritten" (BO).

„Beschichtete und unbeschichtete Spanplatten enthielten bis zu 56 mg Formaldehyd pro 100 g Holzmasse, während in Tischlerplatten und dünnem Sperrholz nach DIN EN 120/6 bis zu 274 mg/100 g festgestellt wurden. Isolierschaum enthielt 320 mg Formaldehyd pro 100 g, doch wurden auch höhere Gehalte ermittelt" (HA).

Besonderheiten

„Nach einer Meldung der Zeitschrift „Natur" soll der Trockenbrennstoff Esbit (Hexamethylentetramin, Urotropin) beim Verbrennen Formaldehyd und Paraformaldehyd abgeben. Eigene Versuche zeigten, daß beim nicht unterbrochenen Abbrennen diese beiden Stoffe nicht entstehen. Formaldehyd findet sich jedoch in den Verbrennungsgasen, wenn das Abbrennen mehrfach unterbrochen wird. Der Hersteller wird einen entsprechenden Warnhinweis auf den Packungen anbringen" (S).

Formaldehyd und Haushalt

„Textile Bedarfsgegenstände mit Hautkontakt (Kleidungsstücke, Bettwäsche, Einmalwindeln und Windelvlieseinlagen) wurden auf ihre Formaldehydabgabe geprüft.

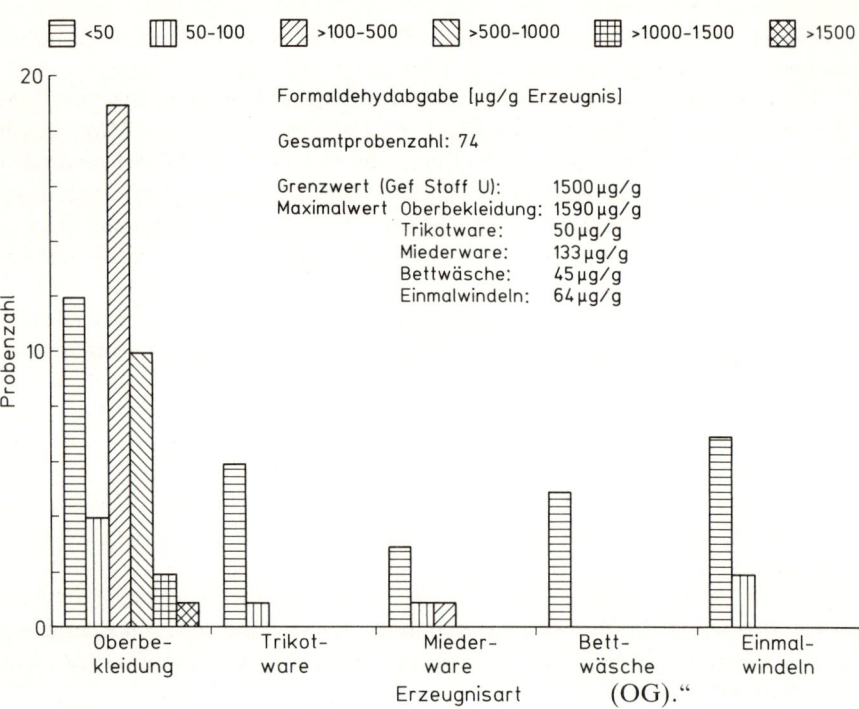

⊞ <50   ▥ 50-100   ▨ >100-500   ◩ >500-1000   ⊞ >1000-1500   ⊠ >1500

Formaldehydabgabe [µg/g Erzeugnis]

Gesamtprobenzahl: 74

Grenzwert (Gef Stoff U):   1500 µg/g
Maximalwert Oberbekleidung: 1590 µg/g
                Trikotware: 50 µg/g
                Miederware: 133 µg/g
                Bettwäsche: 45 µg/g
                Einmalwindeln: 64 µg/g

Probenzahl (y-axis: 0, 10, 20)

Erzeugnisart   (OG)."

Oberbe-kleidung   Trikot-ware   Mieder-ware   Bett-wäsche   Einmal-windeln

Textilien aus Baumwolle und Viskose kommen heute praktisch nur hochver-edelt in den Handel. Während früher zur Veredlung der Fasern Formaldehyd verwendet wurde, setzt man heute sogenannte N-Methylolverbindungen ein, die gebundenen Formaldehyd enthalten. Unerwünschte Nebenreaktionen während des Veredlungsprozesses können Formaldehyd allerdings freisetzen. Auch beim Tragen veredelter Textilien entsteht Formaldehyd, insbesondere im durchnäßten Achselbereich. Während der Lagerung solcher Textilien kann ebenfalls Formal-dehyd freigesetzt werden. Die Überprüfung der Formaldehydabgabe zeigte, daß mit hohen Abgaben besonders bei Viskose-Samt und Viskose-Futterstoffen zu rechnen ist. Wie aus der Verteilungsgraphik ersichtlich, wiesen von 48 Proben Oberbekleidung 13 Proben (= 27 %) Formaldehydabgaben von mehr als 500 µg/g auf (kennzeichnungsauslösender Grenzwert bei kosmetischen Mitteln). Eine Probe Futtertaft wurde beanstandet, da die Formaldehydabgabe mit 1590 µg/g den für Kleidungsstücke eine Kennzeichnung auslösenden Wert von 1500 µg/g überstieg.

Bei allen anderen Erzeugnissen lagen die Formaldehydabgaben meist unter 50 µg/g.

„Nach der Gefahrstoff-VO (Anhang I 2.6) sind Textilien, die mit der Haut in Berührung kommen und mehr als 0,15 % freien Formaldehyd enthalten, wie folgt zu kennzeichnen:

,Enthält Formaldehyd. Es wird empfohlen, das Kleidungsstück zur besseren Hautverträglichkeit vor dem ersten Tragen zu waschen'.

Es wurden 34 Proben von Kleidungsstücken (Unterwäsche, Strümpfe) aus Baumwolle oder Baumwollmischgewebe, hergestellt im In- und Ausland, auf ihren Gehalt an freiem Formaldehyd geprüft. Nur einer wies einen Gehalt von 0,006 % auf" (D).

„Dreizehn Unterwäscheteile aus Baumwolle wurden ebenfalls auf Formaldehyd überprüft. Nur in zwei Teilen war eine sehr geringe Abgabe bis zu 0,005 % bestimmbar" (PF).

„Der gegenwärtig in der Gefahrstoffverordnung festgelegte Wert von 1,5 g/kg, der eine Kennzeichnung auslöst, ist unseres Erachtens zu hoch. Er sollte niedriger angesetzt werden. Wir halten auch eine Überprüfung für erforderlich, inwieweit bei Personen, die beruflich der ständigen Einwirkung derart ausgerüsteter Stoffe ausgesetzt sind, wie z. B. Näherinnen, allergische Reaktionen verstärkt auftreten" (OG).

„Die Verwendung von *Formaldehyd bei Reinigungsmitteln* ist weiterhin rückläufig, jedoch sind immer noch Produkte anzutreffen, die mit ‚Formaldehyd-frei' werben, aber noch Spuren davon enthalten. Diese dürften auf technologische Verunreinigungen zurückzuführen sein, deren Ursache aber noch nicht bekannt ist. Bei Geschirrspülmitteln wurden nur drei Produkte angetroffen, die zwischen 50 und 100 mg/l enthielten, zwei davon entstammten stadtverwaltungsinternen Großbestellungen" (DU).

Besonderheiten

„Fabrikneuer *Toaster* entwickelte deutliche Gehalte an Formaldehyd, Übergang auf Lebensmittel gegeben" (HA).

„Rasierpinsel mit Naturhaarborsten gaben an 70 °C heißes Wasser während einer halben Stunde Formaldehyd bis zu 100 μg/Gegenstand und Naphthalin bis 1 mg/Gegenstand ab. Nach Angaben der Hersteller soll Borstenmaterial, das diese Stoffe enthält, nicht mehr verwendet werden" (S).

Formaldehyd und Kosmetik

„Formaldehyd wird kosmetischen Mitteln zur Konservierung zugesetzt, kann aber insbesondere bei Gehalten über 0,05 % zu allergischen Reaktionen führen. Deshalb wurden 118 kosmetische Mittel verschiedener Produktgruppen überprüft. Die Untersuchung ergab in 75 % der Proben Formaldehydgehalte im Spurenbereich zwischen 0 und 10 mg/kg. In den restlichen Proben wurden Gehalte zwischen 10 und 500 mg/kg festgestellt, in keinem Fall wurde die gesetzlich maximal zulässige Menge von 0,05 % für einen deklarationsfreien Formaldehydgehalt überschritten. Diese Ergebnisse zeigen, daß die Verwendung von freiem Formaldehyd zur Konservierung kosmetischer Mittel (zulässige Höchstmenge 0,1 bzw. 0,2 %)

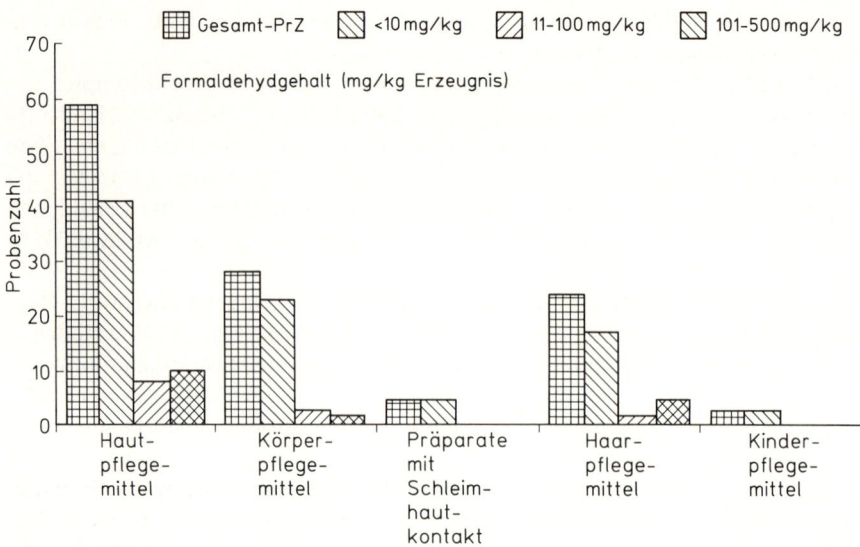

weitgehend durch den Einsatz von Formaldehydabspaltern abgelöst wurde. Diese entfalten ihre antimikrobielle Wirksamkeit, ohne daß der deklarationsfreie Gehalt an freiem Formaldehyd von 0,05 % überschritten wird" (OG).

„Vier verschiedene Haarshampoos eines Herstellers enthielten in der Kennzeichnung irreführende Angaben. So gelangten die mit synthetischen Substanzen, wie z. B. Tenside, hergestellten Produkte als ‚biologische' Haarshampoos in den Verkehr. Des weiteren wurde in der Kennzeichnung u. a. auf einen ‚hautfreundlichen pH-Wert von 5,5' hingewiesen, obwohl bei drei Proben die Werte (zwischen 8,4 und 9,2) deutlich höher lagen. Formaldehydgehalte bis zu 0,03 % waren trotz des Hinweises ‚enthält keine giftigen Konservierungsstoffe wie Formaldehyd o. ä.' nachweisbar" (PF).

„Eine Nagelkur wurde als geeignetes Mittel zur Behandlung von Nägeln angepriesen, die trotz Anwendung eines Nagelhärters brechen, splittern oder blättern. Als Wirkstoff wurde Formaldehyd in einer Konzentration von 11 % nachgewiesen, was 220 % der zulässigen Höchstmenge in Nagelhärtern entspricht. Formaldehyd wirkt koagulierend auf Proteine und festigt dadurch die Nägel, greift aber gleichzeitig versehentlich benetzte Haut stark an. Die für Nagelhärter vorgeschriebenen Hinweise zum Schutz der Gesundheit fehlten" (OG).

4.7 Holz und Holzschutzmittel

Seit Jahren lassen beunruhigte Bürger in zunehmendem Maße Profilholz, Deckenpaneele und Spanplatten auf biozide Holzschutzmittel untersuchen. „Da sich die Betroffenen erst zu diesem Schritt entschließen, wenn bereits bei einem Familienmitglied gesundheitliche Störungen aufgetreten sind oder ein Arzt zur

Untersuchung des Holzes rät, werden in den meisten Proben tatsächlich Rückstände von bioziden Holzschutzmitteln festgestellt.

Am häufigsten wird die Kombination Lindan- und Dichlofluanid nachgewiesen. In einigen Hölzern ist zusätzlich Tolylfluanid und Furmecyclox enthalten. Lindan wirkt als Insektizid gegen den Holzwurmbefall. Dichlofluanid schützt spezifisch vor den Bläuepilzen, die bevorzugt eiweißhaltige Hölzer befallen. Tolylfluanid und Furmecyclox haben eine allgemeine pilzhemmende Wirkung. In vor 1980 verbauten Hölzern wird häufig Pentachlorphenol in Kombination mit Lindan nachgewiesen. Pentachlorphenol und sein Natriumsalz galten jahrzehntelang als ideale Holzschutzmittel mit breiter Wirkung. Seltener wird das Insektizid Endosulfan gefunden.

Lindan wurde bis zu 33,4 mg, Pentachlorphenol bis 4,6 mg, Dichlofluanid bis 94,3 mg und Tolylfluanid bis 9,9 mg in einem Kilogramm Holz festgestellt. Diese recht hohen Gehalte sind dadurch bedingt, daß Profilholz relativ dünn ist und meistens beidseitig behandelt wird.

Die heute angebotenen chemischen Holzschutzmittel enthalten durchschnittlich 0,4 % Lindan, 0,8 % Dichlofluanid, 0,8 % Tolylfluanid und 1 % Furmecyclox. Aufgrund ihres hohen Dampfdruckes diffundieren diese Biozide allmählich in die Raumluft.

Darüber hinaus gibt es Holzschutzmittel, die etwa 1,5 % Terbutylzinnoxid oder 0,1 % Carbendazim enthalten, fungizide Wirkstoffe, die nicht oder nur geringfügig in die Raumluft gelangen.

In jüngster Zeit wird anstelle von Lindan das ebenfalls insektizide Permethrin mit einem Synergisten für den chemischen Holzschutz verwendet" (HA).

„Fünf Holzproben waren auf Pentachlorphenol aus früher verwendeten Anstreichmitteln zu untersuchen. In 4 Fällen konnte der Stoff nachgewiesen werden" (ME).

„Aus dem privaten Wohnbereich wurden 4 Holzproben auf den Gehalt an HCH-Isomeren und PCP analysiert. Pentachlorphenol wurde nicht nachgewiesen. Alle Proben enthielten jedoch größere Mengen an Lindan (γ-HCH). Festgestellt wurden Gehalten zwischen 150 und 500 mg Lindan je m^2 Holzoberfläche" (AC).

Das Ergebnis der Untersuchungen auf das Holzschutzmittel Pentachlorphenol gab keinen Grund zur Besorgnis (NE).

„In 3 Wohnbereichen wurde die Raumluft auf Gehalt an Hexachlorcyclohexan (α-, β-, γ-HCH) und in 4 Wohnräumen auf Pentachlorphenol (PCP) untersucht. In keinem Fall wurden meßbare Gehalte festgestellt" (AC).

„Es wurden fünf Messungen auf PCP und Lindan in Räumen durchgeführt, in denen Holz mit Holzschutzmitteln älteren Datums behandelt worden war.

In einem Raum wurden 0,60 μg PCP/m^3 Raumluft ermittelt, ansonsten waren kein PCP und Lindan nachweisbar.

Die Grundbelastung an PCP beträgt 0,10 μg/m^3 Raumluft" (D).

4.8 Blutalkohol

Als stellvertretendes Beispiel für die vielen anderen Untersuchungsämter, die Alkohol im Blut bestimmen, sollen die bezüglich der Verteilung interessanten Ergebnisse aus Stuttgart dienen.

Seit dem 1. 1. 1988 ist die Chemische Landesuntersuchungsanstalt Stuttgart für die Untersuchung von Blutproben auf den Gehalt an Alkohol aus den Bereichen des Landes Baden-Württemberg zuständig.

Gesamtzahl der Proben einschließlich Urinproben: 22 999. Höchster Wert: 4,49 ‰.

Tabelle 13. Verteilung der Promilleklassen auf Berufsgruppen

Promille	< 0,80 ‰		0,80 – 1,30 ‰		> 1,30 ‰		Summe ‰	
Beruf unbekannt	388	1,8	429	2,0	1523	7,3	2351	11,1
Ohne Beruf Schüler, Studenten	67	0,3	109	0,5	402	1,9	578	2,7
Lehrlinge	243	1,2	489	2,3	558	2,6	1290	6,1
Rentner Pensionäre	91	0,4	87	0,4	345	1,6	523	2,5
Arbeiter	319	1,5	782	3,7	2306	10,9	3407	16,1
Angestellte	358	1,7	944	4,5	2729	12,9	4031	19,1
Beamte	42	0,2	78	0,4	224	1,1	344	1,6
Soldaten	72	0,3	168	0,8	260	1,2	500	2,4
Handwerker	569	2,7	1505	7,1	4175	19,8	6249	29,6
Kraftfahrer	94	0,4	201	1,0	493	2,3	788	3,7
Hausfrauen	30	0,1	49	0,2	181	0,9	260	1,2
Selbst. Berufe (nicht Akadem.)	43	0,2	171	0,8	432	2,0	646	3,1
Selbst. Berufe (Akadem.)	15	0,1	33	0,2	98	0,5	146	0,7

(S)

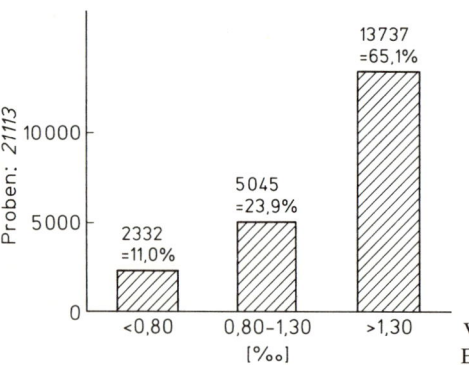

Verteilung der Blutproben (ohne 2. und 3. Entnahme) auf bestimmte Promille-Basis

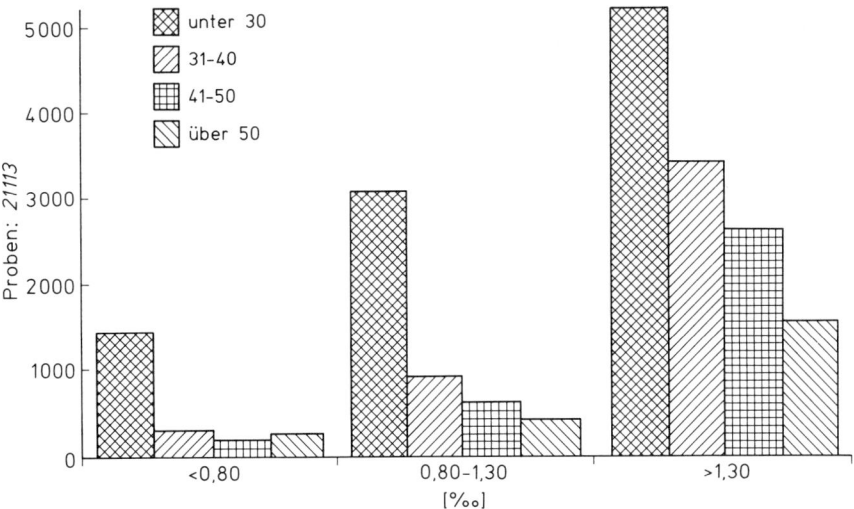

Verteilung von Promillebereichen auf Altersgruppen

4.9 Lebensmittel mit geringen Alkoholgehalten

Daß Alkohol in Branntwein, Likör, Wein und Bier enthalten ist, ist jedem Verbraucher geläufig. Ob er solche Produkte verzehren möchte oder nicht, obliegt seiner freien Entscheidung.

Immer wieder gibt es jedoch Beschwerden von Verbrauchern mit Kindern oder von Personen aus dem Bereich der Betreuung von Alkoholgefährdeten über nicht vermutete Zugaben von alkoholhaltigen Produkten zu normalen Lebensmitteln. Bei den abgepackten Produkten ist die Zugabe von alkoholhaltigen Beigaben aus der Zutatenliste erkennbar. Alles, was lose verkauft wird, unterliegt nach dem deutschen Lebensmittelrecht, von einigen Zusatzstoffkennzeichnungen abgesehen, keiner speziellen Kennzeichnungspflicht. Viele Verbraucher fragen mit Recht, warum gerade der öffentlich als „Droge Nr. 1" bezeichnete Alkohol in Lebensmitteln versteckt ohne Warnhinweis verwendet werden darf. Das ChLUA Duisburg hat sich dieser Problematik angenommen und sie in einer umfangreichen Studie (die im folgenden in gekürzter Form wiedergegeben wird) beschrieben.

Zur Notwendigkeit von Kennzeichnungs- und Warnhinweisen bei Lebensmitteln mit geringen Alkoholgehalten

Sachstandsbericht vom Dezember 1988
Berichterstatter: Dr. W. Sturm

1. Problemstellung

Anlaß für diese Studie waren wiederholte Verbraucherbeschwerden, insbesondere von Verbrauchern mit Kindern und aus dem Bereich der Betreuung von Alkoholgefährdeten: Der fatalste Fall: ein Betreuer kaufte „Berliner" mit rumhaltiger Konfitüren-Füllung, die er ahnungslos (ausgerechnet) an seine entwöhnten Schützlinge verschenkte.

2. Marktsituation

Alkohol ist als „Geschmacksaufwerter" in unübersehbarer und ständig zunehmender Anzahl von Lebensmitteln, insbesondere auch in warmen und kalten Speisenzubereitungen, enthalten. Hierbei weisen die wenigsten Verkehrsbezeichnungen bzw. Speisenamen auf alkoholische Zutaten hin und auch aus Zutatenlisten sind sie nur selten ersichtlich. Meist geht es um Alkoholgehalte von weniger als 1 %, die viele Verbraucher nicht vermuten und/oder nicht (bewußt) „herausschmecken". Bei bestimmten Speiseeis- und Süßwarenarten sind auch höhere Gehalte üblich. (Schwellenwerte für die Wahrnehmung von Alkohol in Lebensmitteln: 0,2–0,5 % [1]).

3. Gefahr für Kinder und Jugendliche

Mittels Ausstellung und einer Flugblatt-Aktion, alkoholhaltige Lebensmittel betreffend, wandte sich die Verbraucherzentrale Hamburg an Eltern, Erzieher und Lehrer: Anhand einiger beispielhafter, bei Kindern schon beliebter, alkoholhaltiger Naschereien (Eis am Stiel und Törtchen), warnte man eindringlich davor, Kinder solche, teils sogar als alkoholhaltig deklarierte Produkte kaufen zu lassen und diese – wie geschehen – schon in den Kindergarten mitzugeben (!). Auch solle man Kindern alkoholhaltige Speisen (wie z. B. Nachtischcremes oder Ragout fin) – wie leider noch üblich – nicht als 'etwas besonders Gutes' anbieten. Es sei überflüssig, solche Lebensmittel als 'Gipfel des Genusses' zu präsentieren, zumal es genug alkoholfreie, ebenfalls attraktive Lebensmittel gibt [2].

4. Alkoholkranke und Alkoholverbrauch in der Bundesrepublik Deutschland

Derzeitig kennt man etwa 1,8 Millionen alkoholkranke Bundesbürger; davon seien etwa 500 000 Frauen und 150 000 Jugendliche [3]. (Dazu kommt noch die sicher hohe sog. Dunkelziffer). So zählt man in der Arbeitswelt auf 1000 Berufstätige schon 50–70 Alkoholabhängige (5–7%), d. h. mehr bei höherem Durchschnittsalter und höherem Männeranteil der Belegschaften. Besonders schwerwiegende soziale Folgen ergeben sich für alkoholabhängige 40 bis 50-jährige nach einer Kündigung, da sie bei der derzeitigen Lage des Arbeitsmarktes auch als Abstinenter beruflich keine oder nur eine sehr geringe Chance haben [4]. Die

Zahl vom Alkohol Abhängiger und der dadurch mitbetroffenen Angehörigen ist bisher ständig gestiegen. Nach Äußerung eines kompetenten Wissenschaftlers ist „jeder Alkoholkonsument mehr oder weniger gefährdet in Richtung Alkoholabhängigkeit" [5].

„... Der hohe Pro-Kopf-Konsum von 11,6 Litern Alkohol (berechnet als 100%iger Alkohol), der sich nach einem Anstieg von „nur" noch 0,9% auch für 1987 hier wieder ergeben hat, ist wie folgt entstanden: der Konsum von Wein- und Schaumwein war stark erhöht (10,7%), der von Bier aber nur schwach (1,6%), während der von Branntwein gesunken ist ... Die Bundesrepublik Deutschland nimmt weiterhin einen Spitzenplatz ion der Weltrangliste ein und wird ihn auch weiter beibehalten, denn in vielen westlichen Ländern nimmt der Alkoholkonsum kontinuierlich ab [6].

Aufklärungsmaterial mit Appellcharakter (an die Vernunft) sind zwar zur Sichtbarmachung der Größenordnung der Probleme notwendig, doch zeigt es bisher relativ wenig Wirkung [7].

5. Bisherige Aktivitäten

In der Vergangenheit haben als Reaktion auf gleichartige Beschwerden die Verbraucherverbände bereits mehrfach auf diese Problematik hingewiesen. Der Bundesminister für Jugend, Familie, Frauen und Gesundheit hat schon vor über sieben Jahren eine Kennzeichnungspflicht bei Lebensmitteln mit Alkoholzusätzen ernstlich in Erwägung gezogen. Nach seinen Vorbereitungsarbeiten hat er jedoch damals ausgeführt, „... daß die zu der Frage der Gefährdung entwöhnter Alkoholiker durch kleine (verdeckte) Mengen an Alkohol vorliegenden wissenschaftlichen Erkenntnisse derzeit noch sehr lückenhaft sind ..." [8].

In einer aktuellen Fragestunde des Deutschen Bundestages zum Thema „Alkoholfreies Bier" antwortete der Parlamentarische Staatssekretär Pfeifer am 28. 1. 88 u. a. wie folgt: „... Dieser Ausschuß (ALÜ) teilt mehrheitlich die Auffassung des BMJFFG, daß die Angabe 'alkoholfreies' Bier bei nachweisbarem Alkoholgehalt als irreführend anzusehen und daher unzulässig ist ..." [9].

6. Eigene Fragebogen-Aktion

Wissenschaftlich-systematische Versuche mit entwöhnten Alkoholikern kann es wegen der dabei unvermeidlichen und unzumutbaren Risiken auch künftig nicht geben. Da hier jegliche Forschung auf Beobachtungen und Berichte aus dem betroffenen Personenkreis angewiesen ist, starteten wir eine bundesweite Fragebogen-Aktion an die Zielgruppe der organisierten entwöhnten Alkoholiker. Durch sehr aktive Mitwirkung aller Verbands-, Vereins- und Betreuungszentralen – teils erfolgten dort zusätzliche Fragebogen-Verteilungen („Schneeball-Prinzip") – und durch Engagement auch gerade von Betroffenen gelang hier offensichtlich die bisher umfangreichste und zweifellos repräsentative Erhebung.

7. Zusammengefaßte Umfrage-Ergebnisse

7.1 Rückfälle. Authentischen Berichten zufolge sind nach Verzehr von Lebensmitteln mit nicht deklarierten bzw. vorher nicht erkannten geringen Alkoholgehalten tatsächlich Rückfälle vorgekommen und zwar bei: Malzbier, Speiseeis,

Soßen, Suppe, Pralinen, „alkoholfreiem" Bier, Desserts, Kuchen, Torten, Back-aroma, Konfitüren.

Die Anzahl der authentisch gemeldeten Rückfälle steht allerdings in keinem Verhältnis zu den zig-fachen sorgenvollen Äußerungen in bezug auf die Rück-fallgefahr durch Lebensmittel mit nicht deklarierten Alkoholgehalten; das könnte nachfolgende Information erklären: Die Ursachen für Rückfälle durch „alkohol-freies" Bier, Malzbier, Eis, Pralinen und Torten werden meist leicht erkannt; dagegen sind die auf Verzehr anderer Lebensmittel mit mehr „verstecktem" Al-kohol zurückgehenden für die Betroffenen kaum nachvollziehbar.

7.2 Risiken. Die größte Gefahr bei „alkoholfreiem" Bier und bei „alkoholfreiem" Wein sowie bei Malzbier: Schon die Namen „Bier"/„Wein" und die ähnlichen Eigenschaften erwecken starke Assoziationen; bleibt die erwartete Wirkung aus, wird das Verlangen danach um so stärker. Die derzeitig noch gängige Bezeichnung „alkoholfrei" (bei Restgehalten von 0,5 Vol.-% Alkohol) wird deshalb gerade von den Betroffenen einhellig abgelehnt.

Grundsätzlich bestehen für entwöhnte Alkoholkranke Rückfall-Risiken beim Verzehr bzw. Trinken von alkoholhaltigen Lebensmitteln aller Art, einschließlich warmer und kalter Speisenzubereitungen – soweit Alkohol(ika) zu schmecken ist (sind): Nach am weitesten verbreiteter Erfahrung komme es in der Regel auf das (bewußte) Wahrnehmen von Alkohol an –. Als riskant hervorgehoben werden Speiseeis, insbesondere mit 'rumgetränkten Rosinen', auch nachträglich mit Al-kohol beträufelte Kuchen und Torten, bei denen der Alkohol erfahrungsgemäß leicht zu schmecken ist. Solche Lebensmittel nehmen bei Alkoholkranken dann eine 'Auslöserfunktion' ein, wenn seine innerpsychische bzw. psycho-soziale Si-tuation ihn anfälliger macht.

Daß die psychische Verfassung ausschlaggebend, das Schmecken von Alkohol aber offensichtlich nicht immer erforderlich sei, wird durch folgende (Mehr-fach-)Beobachtungen belegt: Nur an alkoholische Getränke erinnernde Ge-schmackseindrücke (z. B. Rumaroma) sollen schon ein Rückfall-Risiko in sich bergen.

Andererseits wird angemerkt, daß auch eine 'physiologische Wirkungsweise, ein biochemischer Mechanismus' unbewußt mit im Spiele ist; solange man das nicht eindeutig widerlegt, ist es wohl nicht ganz auszuschließen.

7.3 Ohne Risiko. Für Alkoholkranke sind Fruchtsäfte trotz vorkommender gerin-ger Alkoholgehalte (bis 0,3 Vol.-%) nicht nur ohne Risiko, sondern bei ihnen am beliebtesten und gelten sogar als unentbehrliche „Alternativgetränke". Denn darin wird Alkohol nicht erwartet, nicht bemerkt und daher nicht als bedenklich assoziiert. Sogar mehrfach beobachteter „… exzessiver Konsum von Fruchtsäften … als 'Spannungslöser' benutzt," … sei folgenlos verlaufen.

Weil viele Alkoholiker einesteils von (gelegentlich entstehendem) Gärungsal-kohol nichts wissen, sollte man darauf keinesfalls hinweisen; andererseits unter-scheiden die Alkoholkranken hier offensichtlich zwischen '… zwei Alkoholarten': „Den natürlich entstandenen geringen Alkohol kann ich annehmen, den zuge-fügten halte ich für gefährlich".

Mit Fruchtsäften sieht man sich stolz als „Umsteiger". Dieses Alternativgetränk *darf „nicht angetastet"* werden.

7.4 Kennzeichnungs-Frage. Mit großer Mehrheit wird die Einführung einer Kennzeichnungspflicht von Alkohol bei praktisch allen Lebensmitteln für erforderlich erklärt, d. h. auch gerade beim Verkauf loser Ware.

Man betont u. a., daß „... soviele Zutaten gekennzeichnet" werden und fragt verständlicherweise, „... warum nicht auch der Alkohol...?"

Wie bedeutungsvoll die Kennzeichnung von Alkohol hier eingeschätzt wird, zeigen sowohl die konkreten Begründungen (siehe 7.5), als auch die im Sinne unverändert gebliebenen Reaktionen auf unsere Nachfrage, wie die Alkoholkranken entscheiden würden, wenn durch obligaten Hinweis auf Alkohol (und dessen Werbewirkung) noch mehr alkoholhaltige Lebensmittel auf den Markt drängten; (s. Anhang 2 Nr. 5. und 5.1, S..u...).

7.5 Begründung. Die entwöhnten Alkoholkranken bekunden überzeugend, daß sie auf eine Kennzeichnung oder einen Hinweis auf Alkohol achten würden, um solche Produkte erst gar nicht zu kaufen und folglich nicht aus Unkenntnis bzw. unbewußt Alkohol aufzunehmen; sie möchten – ihrer unbedingten Abstinenz wegen – jedes unnötige Risiko ausgeschaltet wissen, kurzum: Man will nicht mangels Information durch geringfügig alkoholhaltige Lebensmittel einen Rückfall erleiden.

Ein wesentliches Argument für eine umfassende, d. h. auch für Speisekarten vorgeschriebene Kennzeichnung, sind die peinlichen Situationen des Alkoholgefährdeten als Käufer bzw. Kunde: Er ist derzeitig noch genötigt, vor Kauf oder Bestellung (im Speiselokal) nach eventuellem Alkoholgehalt zu fragen und ist dabei auf Auskünfte von (oft nicht sachkundigem) Personal angewiesen. Hinzukommt die stets sich wiederholende Angst der Betroffenen, durch dieses Erfragen-Müssen ihre so wichtige Anonymität als 'Alkoholiker' preiszugeben.

8. Schlußfolgerung

Die sehr einhelligen Beurteilungen und Vorschläge (s. beil. Anhang 2) dürften auf Grund der Kompetenz der befragten Zielgruppe vom Gesetzgeber nunmehr als Entscheidungshilfe aufgegriffen werden können: *Alle Lebensmittel mit alkoholischen Zutaten – sowohl in Fertigpackungen als auch bei loser Abgabe, angezeigt auf Speise- und Getränkekarten sowie auf Speiseplänen – sollten künftig mit einem deutlich lesbaren Warnhinweis versehen sein.*

9. Eigene Vorschläge für künftige Kennzeichnungen

A. Für Lebensmittel aller Art, denen Alkohol zugesetzt ist: „Warnhinweis! (in Verbindung mit:) „Alkoholhaltig" oder „...enthält Alkohol".

B. Für folgende Begriffe besteht Handlungsbedarf:
Soweit für Biere, Malztrunk, Sekt und Weine der Hinweis „*Alkoholfrei*" überhaupt noch zugelassen wird, sollte ein für erforderlich angesehener Höchstgehalt an Alkohol festgelegt und zwar könnte der z. B. auf „maximal: 0,05 Vol.-%" begrenzt werden.

Für die genannten Getränke sollte als zutreffender Hinweis „*Alkoholarm*"
vorgeschrieben und ein Höchstwert festgelegt werden; (evtl. wäre zu prüfen, ob
der tatsächliche Alkoholgehalt anzugeben ist).

Was Fruchtsäfte betrifft, ist jedoch kein Handlungsbedarf, im Gegenteil: Hier
sollte von jeglichem Hinweis – auch z. B. von „Alkoholarm" o. ä. unbedingt
abgesehen werden.

Der in den „Richtlinien für alkoholfreie Erfrischungsgetränke" enthaltene Begriff „alkoholfrei" sollte nach einstimmiger Stellungnahme des ALS ohnedies
gestrichen werden (10).

„Ein besonderer Hinweis auf die Verwendung von Alkoholika könnte als ein
auf die Ermächtigung des *§ 9* Abs. 1 Nr. 5 LMBG gestützter Warnhinweis...
vorgeschrieben werden" (8).

Anhang. Lebensmittel und Speisenzubereitungen mit nicht deklarierten Zusätzen alkoholischer Getränke

teils aus Rezeptbüchern* – teils handelsüblich

Bezeichnung	Alkoholisches Getränk
Speiseeis	
Schokoladen-Eis-Mix	Amaretto
Marzipaneis	Amarettolikör
Lebkuchenparfait	Arrak
Brombeereis	Brombeerlikör
Apfelparfait	Calvados
Parfait von Sommerbeeren	Cassislikör u. Cognac
Schokoladeneis	Cognac
Vanilleeis mit Schattenmorellen	Cognac
Fruchteis II	Fruchtsaftlikör, Kirschwasser
Johannisbeersorbet	Johannisbeerlikör
Pralinenparfait	Kakaolikör u. Rum
Eisgugelhupf	Kirschwasser
Festliche Eisbombe	Kirschwasser
Eisbecher „Alaska"	Marsala oder Sherry
Sorbet von rosa Grapefruit	Pomeranzenlikör
Bittermandelparfait	Rum
Eisbombe mit Haselnüssen	Rum
Fruchteis I	Rum
Walnußeis	Rum
Eisbombe Hawaii	Rum-Rosinen
Birnensorbet	Weißwein
Limonadenparfait	Weißwein
Rhabarbersorbet	Weißwein
Waldmeistersorbet	Weißwein
Süßigkeiten	
Medaillon Pralinenmischung	Eierlikör, Cointreau
Trüffel u. Kirsch	Kirschwasser
Mozart Pastete	Weinbrand
Wiener Herzl	Weinbrand
Konfitüren	
Sauerkirschkonfitüre	Kirschwasser
Marillenkonfitüre	Marillenbrand
Zwetschgenkonfitüre	Rum

---

* siehe Literatur und Zitate, S. 172

Süßspeisen

Cassis-Creme	Alkohol
Joghurt-Cocktail	Alkohol
Speisequarkzubereitung	Alkohol
Karussell-Eis	Eierlikör
Liqueur-Café-Eis	Eierlikör
Gino Ginelli	Eierlikör u. Rum
Crêpes „Mandarin"	Grand Marnier
Eiskrönung Vanille mit heißen Himbeeren	Himbeergeist
Miami	Himbeergeist
Mousse au chocolat	Kaffeelikör
Polnische Quarkpfannkuchen	Kirschwasser
Maxim's Erdbeer-Sorbet	Malagawein
Kirsch-Sahne-Becher	Maraschino
Rote Grütze	Rotwein
Buttermilchgelee	Rum
Caribic	Rum
Charlotte Malakoff	Rum
Plumpudding	Rum
Quarkschichtspeise	Rum
Schweizer Reis	Rum
Fruchtsaftcreme	Rum u. Weinbrand
Ananas mit Früchten	Weinbrand
Bananen vom Grill	Weinbrand
Gefüllte Melone	Weinbrand
Genießer-Dessert „Karolin"	Weinbrand
Pfirsich „Montblanc"	Weinbrand
Schoko-Marrakesch	Weinbrand
Zitronencreme	Weinbrand
Bratäpfel für Feinschmecker	Weinbrand u. Rum
Apfelkompott	Weißwein
Pikante Birnen	Weißwein
Puttäpfel	Weißwein

Gerichte mit Alkoholzusatz

Suppen

Weinbergschneckensuppe	Gin
Wildsuppe	Madeira oder Cognac
Mockturtlesuppe	Madeira oder Rotwein
Buttermilchkaltschale	Rotwein
Einbrennsuppe	Rotwein
Ochsenschwanzsuppe	Rotwein/Weinbrand/Madeira
Echte Schildkrötensuppe	Sherry
Apfelsinenkaltschale	Weißwein
Champignoncremesuppe	Weißwein
Fischsuppe	Weißwein
Hühnercremesuppe	Weißwein
Hühner-Curry-Creme	Weißwein
Kalbsbriescreme	Weißwein
Königinsuppe	Weißwein

Fortsetzung Suppen

Krabben-Fischsuppe	Weißwein
Muschelsuppe	Weißwein
Paprika-Sahnesuppe	Weißwein
Zwiebelsuppe	Weißwein oder Sherry
Hummer-Rahmsuppe	Weißwein u. Weinbrand
Perlhuhnsuppe	Weißwein/Weinbrand/Madeira

Soßen

Meerrettichsauce	Calvados
Barbecusauce	Gin
Chillisauce	Gin
Steak-Sauce	Gin
Cumberlandsoße	Likörwein
Polnische (Pfefferkuchen)-Soße	Rotwein
Salatsoße „Italia"	Rotwein
Wiener Zwiebelsoße	Rotwein
Schokoladensoße	Rum
Worcester-Sauce	Rum u. Likörwein
Sauce Béarnaise	Weißwein
Teufelssoße	Weißwein oder Rotwein
Cocktail-Sauce	Whisky

Salate

Beerensalat	Himbeergeist
Obstsalat mit Quarksahne	Maraschino
Andalusischer Salat	Weinbrand
Obstsalat mit Pampelmusenkörbchen	Weinbrand
Döbel-Salat	Weißwein
Kabeljausalat	Weißwein
Obstsalatgelee	Weißwein
Ochsenmaulsalat	Weißwein

Fleischgerichte

Schweinebauchscheiben, gegrillt	Bier
Rehrippchen mit Reis	Bier oder Weißwein
Frühlingsrollen mit Currysoße	Calvados
Ente mit Apfelsinenscheiben	Grand Manier
Kümmelbraten	Kümmelschnaps
Nierenragout	Madeira
Würzfleisch	Madeira
Kalbsleber mit Pfirsichen	Orangenlikör
Ente in Weintraubensoße	Portwein
Wildente mit Bratäpfeln	Portwein oder Rotwein
Ente mit Äpfeln u. Backpflaumen	Rotwein
Franz. Lammtopf	Rotwein
Geschmortes Rehblatt	Rotwein
Hammelragout nach Jägerart	Rotwein
Hasenpastete	Rotwein

Fortsetzung Fleischgerichte

Hasenpfeffer	Rotwein
Hirschragout	Rotwein
Leberreis	Rotwein
Ragout von Wildresten	Rotwein
Rehkeule „Hubertus"	Rotwein
Rehragout	Rotwein
Rehrücken „Nouvelle Cuisine"	Rotwein
Schweineschulter mit Mintkruste	Rotwein
Wildschweinbraten	Rotwein
Wildschweinkeule	Rotwein
Geschmorte Zunge in Paprikasoße	Rotwein u. Weinbrand
Wildpastete	Rotwein u. Sherry u. Weinbrand
Schweinebraten mit süßer Kruste	Rum
Panierte Schweinelendchen mit Käsesoße	Sherry
Putenkeulen in Rahmsoße	Sherry
Pikantes Ochsenschwanzragout	Sherry u. Malzbier
Gebratener Fasan	Weinbrand
Koteletts mit Pfifferlingen	Weinbrand
Pfeffersteaks	Weinbrand
Stockholmer Schweinebraten	Weinbrand
Frühlings-Rippenbraten	Weißwein
Gänsebrust mit Äpfeln	Weißwein
Gebratene Gans mit Geleeäpfeln	Weißwein
Geschmorte Lammkeule	Weißwein
Geschnetzeltes mit Champignons	Weißwein
Huhn „Chivry"	Weißwein
Kalbfleischragout	Weißwein
Kalbfleisch-Schinken-Pastete	Weißwein
Kalbsbraten mit Weintrauben u. Pfirsichen	Weißwein
Kalbsfrikassee	Weißwein
Kalbshaxe auf italienische Art	Weißwein
Kalbsröllchen mit Schinken	Weißwein
Kaninchen in Senf-Estragonsoße	Weißwein
Königsberger Klopse	Weißwein
Polnischer Bortsch	Weißwein
Ragout fin	Weißwein
Ragout vom Huhn	Weißwein
Rindfleischsülze	Weißwein
Spätzle mit Rindfleisch	Weißwein
Tournedos exquisit	Weißwein
Weinberg-Schnecken	Weißwein
Zöpfli-Nudeln mit Geschnetzeltem	Weißwein

Fischgerichte

Feiner Aaltopf	Rotwein
Fischfilet auf Feinschmeckerart	Rotwein
Rotgekochter Fisch	Sherry
Gefüllte Fischfilets	Weinbrand oder Weißwein
Fischragout	Weißwein
Flämisches Fischgericht	Weißwein
Forelle blau, gekocht	Weißwein

Fortsetzung Fischgerichte

Gedünstete Muscheln	Weißwein
Gekochter Heilbutt in Zitronensahne	Weißwein
Hecht in Frikasseesoße	Weißwein
Thunfischsteaks „Alhambra"	Weißwein
Scampicocktail in Dillrahm	Weißein und Weinbrand

Gemüse

Gedünstete Maronen	Madeira
Rassiger Rotkohl	Rotwein
Buntes Paprikagemüse	Weißwein
Gurkengemüse	Weißwein
Sauerkraut auf elsässische Art	Weißwein
Staudensellerie	Weißwein

Eintopfgerichte

Gemüse-Fisch-Eintopf	Weißwein
Lyoner Kartoffeln	Weißwein
Provencialischer Eintopf	Weißwein

Käsegerichte

Welsh rabbit	Bier
Käseeier im Nest	Weinbrand
Rarebits	Weißwein

Fondue

Rambol-Käse	Cognac
Käse-Fondue	Weißwein u. Kirschwasser
Neuenburger Fondue	Weißwein u. Kirschwasser

Sonstiges

Essig u. Zitrone	Branntwein
Kräuteressig	Branntwein
Senf	Branntwein
Tafelessig	Branntwein

Backwaren

Kuchen

Apfelkuchen	Aprikot-Brandy
Aprikosen-Zopfkuchen	Arrak
Margaretenkuchen	Arrak
Pistazien-Napfkuchen	Arrak
Hutzelbrot St. Nikolaus	Birnengeist
Hefebrot mit kand. Früchten	Cognac oder Rum

Fortsetzung Kuchen

Apfelkuchen, gedeckter	Kirschwasser
Kirschkuchen	Kirschwasser
Marmorgugelhupf	Kirschwasser oder Rum
Kirschkuchen, Englischer	Kirschwasser oder Weinbrand
Teekuchen, türkischer	Madeirawein
Orangen-Kastenkuchen	Orangenlikör
Baba (= Russisch. Hefekuchen)	Rum
Baumkuchen	Rum
Christstollen	Rum
Dundee Cake	Rum
Früchtebrot	Rum
Hefekuchen mit Quark	Rum
Käsekuchen, englischer	Rum
Königskuchen	Rum
Königskuchen, Schneller	Rum
Liegnitzer Bomben	Rum
Liegnitzer Honigkuchen	Rum
Marzipanzopf	Rum
Napfkuchen, Altdeutscher	Rum
Napfkuchen, gefüllter	Rum
Osterbrot/-kranz	Rum
Osterbrot, einfaches	Rum
Quarkstollen mit Mohnfüllung	Rum
Quarkstollen, Feiner	Rum
Räderkuchen	Rum
Reiskuchen, Französischer	Rum
Savarin mit Erdbeeren	Rum
Schokoladenkranz mit Nüssen	Rum
Schwarzweiß-Kastenkuchen	Rum
Wiener Gugelhopf	Rum
Früchtebrot, Brüsseler	Sherry
Honigkuchen	Weinbrand
Nußkuchen	Weinbrand
Nußkuchen (mit Zimtglasur)	Weinbrand
Mürbeteigkuchen mit Äpfeln	Weißwein
Savarin mit Erdbeeren	Weißwein

Torten

Himbeer-Baiserkuchen	Cognac
Österliche Sahnetorte	Cognac
Schokoladentorte, Festliche	Cointreau
Erdbeertorte	Himbeergeist
Himbeereis-Torte	Himbeergeist
Grannys Cremetorte	Kirschlikör
Aida-Torte	Kirschwasser
Budapester Roulade	Kirschwasser
Linzer Torte	Kirschwasser
Haselnußtorte ohne Mehl	Kirschwasser oder Rum
Malakow Torte	Marsalawein und Rum
Heidelbeer-Sahnetorte	Orangenlikör
Ananas-Buttercremetorte	Rum

Fortsetzung Torten

Bûche de Noel (Schok.-Roulade)	Rum
Carolinentorte	Rum
Hochhaustorte	Rum
Hochzeitstorte, Englische	Rum
Kardinalstorte	Rum
Kiwi-Sahnetorte	Rum
Kokosnußtorte	Rum
Mailänder Makronentorte	Rum
Marzipantorte	Rum
Nußroulade	Rum
Pfirsichcreme-Torte	Rum
Quarktorte, Feine	Rum
Russische Mazurka	Rum
Schichttorte, Feine	Rum
Schwarzbrottorte	Rum
Stachelbeer-Baisertorte	Rum
Schokol.-Torte, Altwiener	Sherry
Diplomatentorte	Weißwein
Mangotorte Coconut	Weißwein

Gebäckschnitten

Bobbes	Arrak
Orangenschnitten	Cointreau
Mandel-Kirschblätterteig	Kirschwasser
Orangen-Windrädchen	Orangenlikör
Mandelschnitten	Rum
Mandeltörtchen der Madame	Rum
Schokoladenschnitten	Rum

Kleingebäck

Baseler Leckerli	Arrak und Kirschwasser
Petits fours à la Ritz	Curaçao
Orangenplätzchen	Grand Marnier
Bozener Crostoi	Grappa
Biskuitwaffeln	Kirschwasser
Zimtsterne, Zarte	Kirschwasser
Apfel-Beignet	Rum
Holländische Zebras	Rum
Ingwer-Häufchen	Rum
Lübecker Kokosmakronen	Rum
Makronenzwieback	Rum
Mandel-Doughnuts	Rum
Marillenringe	Rum
Nußschleifen, Glasierte	Rum
Rosinenplätzchen	Rum
Schmalznüsse	Rum
Spritzkuchen, Feine	Rum
Zimtsterne	Rum
Zimt- und Mandelkissen	Rum
Schokoladen-Nußstreifen	Weinbrand
Petits fours, Klassische	Weißer Rum

Literatur und Zitate

[1] Preuß, A. u. K. Zipfel: Dampfraum-Gaschromatographische Identifizierung alkoholischer Getränke in Lebensmitteln. Lebensmittelchemie u. gerichtl. Chemie *39*, 97 (1985)

[2] Andreas-Siller, P: Versteckter Alkohol, 2/88 u. Leserbrief v. R. Schneider 4/88. Partner 22. (6/7) 2, (1988)

[3] Presseinformation: Aktion lohnender Verzicht, 1988, Rechtzeitig aussteigen. Blaues Kreuz in Deutschland e. V. Pf. 201610, 56 Wuppertal 2

[4] Ziegler, H.: Alkoholabhängigkeit im Betrieb, Partner 22. (4), 6, (1988)

[5] Tölle, R.: Dem Alkoholismus vorbeugen. Artikeldienst f. Presse, Funk u. Fernsehen, Herausgegeben v. d. Presse u. Informationsstelle d. Westfälischen Wilhelms-Universität, 44 Münster, v. 4. 8. 1987

[6] Ziegler, H.: Alkoholhaltige und alkoholfreie Getränke 1987. DHS-Infodienst '88, 41. 2, Heft November (1988)

[7] Lehmann, H.: Alkohol am Arbeitsplatz, Flugblatt AIDA (*A*lkoholprobleme *in d*er Arbeitswelt), Adenauerallee 45, 2000 Hbg. 1

[8] BMJFG: Der Bundesminister für Jugend, Familie und Gesundheit an die Obersten Landesgesundheitsbehörden, Schreiben v. 2. 2. 1982, S. 4, Az.: 411-6131-2

[9] Pfeifer, Parlamentar. Staatssekretär, BMJFFG: Zu Alkoholfreies Bier, (Aktuelle Fragestunde, 28.01.1988). Drucksache 11/1825, Deutscher Bundestag

[10] ALS (*A*rbeitsgemeinschaft *L*ebensmittelchemischer *S*achverständiger): ALS-Stellungnahme zu § 1 Abs. 1 der Richtlinien für Erfrischungsgetränke, Bericht über die 48. ALS-Sitzung am 24.–26.11.86 (Berlin)

[11] Liebheit, H. W.: Eis und Sorbets, Falken-Verlag GmbH, 6272 Niedernhausen/Ts., 1987

[12] Verbraucher-Zentrale: Faltblatt: Lebensmittel mit Alkohol (Tabellenform), Verbraucher-Zentrale Hamburg e. V. Große Bleichen 23, Hamburg 36, mit Flugblatt Nr. 49 v. 4.12.1985

[13] Gööck, R.: Das neue große Kochbuch, Bertelsmann GmbH, München/Gütersloh/Wien, 1974

[14] Mostar, K.: Das große Reader's Digest Kochbuch, Das Beste GmbH, Stuttgart/Zürich/Wien 1970

[15] Dr. Oetker: Das Dr. Oetker Kochbuch, Ceres: Bielefeld 1982

[16] Dr. Oetker: Die schönsten Backstubenrezepte, Ceres, Bielefeld 1979

[17] Teubner, C. u. A. Wolter: Backvergnügen wie noch nie, Gräfe u. Unzer, München 1986

Sachverzeichnis